기후
변화
충격

기 후 변 화 충 격

자연학자 공우석이 들려주는
대한민국 기후위기의 현실

공우석 지음

청아출판사

왜 기후가 문제인가?

　21세기 지구촌은 기후변화, 신종 코로나바이러스 감염증(COVID -19), 생물 다양성 붕괴, 쓰레기 등 환경 문제로 몸살을 앓고 있다. 지구 온난화, 폭염, 태풍, 폭우, 가뭄, 한파, 해빙, 침수, 사막화, 침엽수 고사, 산사태, 산불 등은 자주 듣는 기후와 관련한 단어다. 기후변화라는 용어로는 부족한지 기후위기, 기후재앙, 기후재난, 기후붕괴, 기후비상, 이상기후 등 자극적인 용어까지 새로 생겼다. 지구 온난화를 넘어 지구 가열, 끓는 지구 같은 용어도 새로 등장했다.

　우리가 겪고 있는 기후변화, 전염병, 생물 다양성 소실 등은 서로 관련이 없는 것처럼 보인다. 하지만 이들은 보이지 않는 연결고리로 이어져 영향을 주고받는 원격상관(tele-connection) 또는 연결(nexus)된 지구 시스템을 이룬다. 지구를 이루는 땅, 공기, 물, 생명, 인간을 이어 주는 끈이 끊어지면 오늘과 같은 내일을 기대할 수 없다. 지구 시스템이 외부 충격으로 허물어져 스스로 회복할 수 있는 능력인 충격복원력 (resilience)을 잃으면서 기후 시스템의 조화와 균형이 무너져 생긴 문제가 바로 기후변화다.

지구는 만들어진 이래로 단 한 차례도 똑같은 날씨와 기후가 존재하지 않고 끊임없이 변했다. 하지만 과거의 기후변화와 오늘날이 다른 점은 변화 속도가 빠르고 정도가 심하며 넓은 지역에 걸쳐 나타나고, 자연적이지 않으며 사람 탓에 발생한다는 점이다. 미래를 예측하기 힘들 정도로 불확실성이 많다. 기후변화 가운데 지구 온난화는 인류의 지속 가능성에 가장 위협적이다.

사람들은 자신이 피해자가 될 수 있는 전염병, 환경 오염 문제 등에는 관심이 많지만, 자신이 가해자가 되는 기후변화와 생물 멸종 등의 해결에는 소극적이다. 우리는 기후변화와 생물 멸종의 피해자가 될 수 있는 동시에 원인 제공자임을 인정하고, 지구와 더불어 사는 삶의 방식을 찾아야 한다.

• 우리나라 기후변화의 현주소

기후변화는 인간이 배출한 이산화탄소 등 온실기체(온실가스), 검댕(black carbon)과 같은 에어로졸, 도시화, 인간 활동에 의한 숲의 파괴와 같은 토지 이용 변화 등의 영향을 받는다. 우리나라의 기후변화는 강도, 빈도, 속도, 범위 등에서 우려할 만한 수준이다.

한반도는 유라시아 대륙 동쪽 끝 중위도 온대에 있어 대륙과 해양의 기후변화 영향을 동시에 받는다. 인구 밀도가 높고 빠른 도시화와 압축 성장한 산업화를 거치면서 대기 중 온실기체가 가파르게 늘어 온난화, 폭염, 폭우, 가뭄 등이 끊이지 않는다.

국립기상과학원의 2018년 발표에 따르면, 1912~2017년 사이 우리나라의 연평균 기온은 13.2℃, 연 강수량은 1,237.4mm였고, 여름은 19일 길어졌으나 겨울은 18일 짧아졌다. 지난 30년의 연평균 기온은 1912~1941년보다 1.4℃ 상승했고, 특히 최저 기온이 크게 올랐다. 30년 사이에 강수량은 20세기 초보다 124mm 늘었고, 변동성도 매우 커졌다.

온난화가 계속되면 1995~2014년의 평균 기온 11.2℃는 2081~2100년에 어떻게 달라질까? 국립기상과학원은 탄소가 적게 늘면 기온은 13.8℃(+2.6℃)로 오르고, 많으면 18.2℃(+7.0℃)까지 상승할 것으로 봤다. 연평균 강수량도 현재의 1,195.2mm에서 1,233.4~1,370.5mm까지 많아질 것으로 예측했다.

1988년에 국제연합환경계획(이하 UNEP)과 세계기상기구(이하 WMO)는 기후변화의 위험을 평가하고자 UN 산하 기후변화에 관한 정부 간 협의체(이하 IPCC)를 만들었다. 1990년에 IPCC는 과학적인 정보를 바탕으로 《제1차 기후변화평가보고서》를 냈고, 2023년에는 6차 보고서를 승인했다. IPCC 등 국제기구와 기후변화 전문가들은 기후변화가 부인

할 수 없는 과학적인 사실이고, 인류가 이산화탄소, 메탄, 염화불화탄소(CFCs) 등 온실기체를 늘리고 숲을 파괴한 결과라고 강조했다.

• 이 책에서는 무엇을 다루었나

기후변화는 이제 부정하거나 피할 수 없는 현실이며, 사회에 미치는 영향은 갈수록 커지고 있다. 물론 기후변화를 음모나 사기극이라고 주장하는 목소리도 더러 있다. 날마다 새로운 기후변화 내용이 언론 매체에서 소개되지만, 우리나라 기후변화의 원인, 현황과 심각성, 사회에 미칠 부작용과 피해 그리고 대응과 적응을 종합적으로 다룬 책은 드물다. 기후변화에 대응하려면 한반도에서 일어나는 기후변화의 경향, 원인, 영향, 적응과 감축 등을 과학적으로 알아야 한다.

대한민국 환경부와 기상청은 2011년, 2015년, 2020년 세 차례에 걸쳐 기후변화에 대한 국가보고서인 《한국기후변화평가보고서》를 발간했다. 《한국기후변화평가보고서》는 국내 기후변화 전문가 384명이 6,179편의 과학 논문과 정부 공식 보고서 등에 기초해 작성했다. 과학적으로 검증받은 문헌을 바탕으로 총괄 주 저자, 주 저자, 기여 저자, 전문가 검토자 등이 여러 단계를 거쳐 완성했다.

이 책에서 인용한 자세한 참고 문헌은 《한국기후변화평가보고서》에서 확인할 수 있으며, 추가한 문헌의 출처도 밝혔다. 2020년 이후의 기후변화에 관한 최근 내용은 여러 언론 기사를 참고했다.

이 책은 필자의 개인적인 주장보다는 《한국기후변화평가보고서》를 바탕으로 기후변화 과학, 영향과 적응 그리고 대응 방안을 종합적으로 다루었다. 필자는 《한국기후변화평가보고서》의 고기후와 생태계 분야 주 저자로 세 차례 참여하면서 기후변화를 일반인뿐만 아니라 미래의 주인공인 청소년 눈높이에 맞춰 소개하는 책이 꼭 필요하다고 생각했다. 그러나 기후변화라는 주제 자체가 복잡하고 무거운 현안이고, 자연과학과 사회 경제 여러 분야가 연계되어 있어 쉽게 쓰는 데 한계가 있었다. 이 책에서는 다음과 같은 화두를 고민하면서 해답을 찾으려 했다.

* 과거 기후는 어떻게 바뀌어 오늘에 이르렀을까?
* 기후는 왜 바뀌었을까?
* 기후변화가 자연과 국민의 삶에 어떠한 영향과 피해를 미칠까?
* 기후변화에 어떻게 적응하고 대응해야 할까?
* 미래 세대가 지금보다 행복한 환경에서 살 수 있는 길은 무엇일까?
* 대한민국이 기후 악당이 아닌 존경받는 나라가 될 길은 있을까?

이 책에서는 첫째, 기후와 관련된 용어와 개념을 체계적으로 정리했다. 둘째, 한반도의 고기후가 어떤 변화 과정을 거쳐 현재에 이르렀는지 선사 시대, 역사 시대, 100여 년 동안의 관측 시대별로 복원했다. 셋째, 기후변화의 원인, 발생 과정, 기작 등 기후변화의 과학을 다루었다. 넷째, 기후변화와 지구 온난화를 일으키는 요인을 온실기체를 중심으로 살폈다. 다섯째, 기후변화가 물(수자원, 해양), 생명(생태계, 삼림), 경제(농업, 수산업, 제조업), 삶(보건, 기상재해, 삶의 터) 등 여러 분야에 미치는 영향을 소개했다. 여섯째, 기후변화와 함께 살아가기를 적응, 감축, 전환이라는 시각에서 최근의 국제적인 대응 사례와 대한민국 정부, 기업, 개인이 나아갈 방향을 제시했다. 끝으로 우리나라의 미래 기후를 시나리오별 계절 변화, 기후구 변화, 아열대화 등을 중심으로 알아보았다.

이제부터 정부, 기업, 개인 등 대한민국 구성원이 기후변화를 완화하고, 조화와 균형 속에서 자연과 함께 희망이 있는 미래를 만들어 가기를 소망한다. 이 책이 기후변화를 슬기롭게 극복하고 지구와 더불어 사는 삶을 살아가는 지혜를 찾는 출발점이 되기를 바란다.

기후변화 관련 기구와 협약

UN 환경개발회의

United Nations Conference on Environment and Development, UNCED

1992년 6월 3~14일 브라질 리우데자네이루에서 개최된 국제회의. 175개국 정부 대표단과 114개국 정상 대표 등이 참석해 지구 환경 문제를 논의한 사상 최대 규모의 회의로, 민간 환경운동단체 모임인 글로벌 포럼(Global Forum)과 통칭해 리우 회의라고 한다.

UN 기후변화협약

United Nations Framework Convention on Climate Change, UNFCCC

리우 회의에서 채택한 온실기체 배출 제한에 관한 협약. 정식 명칭은 '기후변화에 대한 국제연합 기본협약(United Nations Framework Convention on Climate Change)'이며, 협약 체결 이후 시행령인 교토 의정서를 체결했다.

UN 기후변화협약 당사국총회

Conference Of the Parties, COP

1992년 UNCED에서 체결한 기후변화협약의 구체적인 이행 방안을 논의하기 위해 매년 개최하는 당사국 회의. 1995년 1차 회의(COP1)가 독일 베를린에서 열렸으며, 2021년 26차 회의(COP26)가 영국 글래스고에서 개최됐다. 특히 COP26의 <글래스고 기후합의(Glasgow Climate Pact)>로 석탄 발전의 단계적 감축 등이 결정됐다.

교토 의정서

Kyoto Protocol

정식 명칭은 <기후변화에 관한 국제연합 규약의 교토 의정서(Kyoto Protocol to the United Nations Framework Convention on Climate Change)>다. 지구 온난화의 규제와 방지를 위한 이행 방안을 담았으며, 1997년 일본 교토에서 개최된 COP3에서 채택됐고, 2005년 2월 16일 발효됐다.

파리 협정

Paris Agreement

2015년 12월 12일 파리에서 열린 COP21에서 당사국이 채택한 협정으로, 파리 기후변화협약이라고도 한다. 지구 평균 온도의 상승 폭을 산업화 이전 대비 2℃로 제한하고 온실가스 배출량을 단계적으로 감축하는 내용을 담고 있다.

UN 환경계획

United Nations Environment Program, UNEP

지구 환경 문제를 논의하는 UN 전문 기구. 기후변화협약, 생물다양성협약 등 각종 환경협약을 제정한다.

세계기상기구

World Meteorological Organization, WMO

세계 각국의 기상 관계 활동을 관장하는 UN 전문 기구.

기후변화에 관한 정부 간 협의체

Intergovernmental Panel on Climate Change, IPCC

1988년 11월, UNEP와 WMO가 기후변화의 영향을 분석해 국제적인 대책을 마련하고자 설립한 UN 산하 정부 간 협의체. 190여 개국에서 참여하고 있으며, 비정기적으로 《기후변화 평가보고서》(현재 여섯 번째 보고서까지 발표)를 발표해 지구 온난화의 심각성을 알리고 있다.

UN 생물다양성과학기구

United Nations Intergovernmental Science-policy Platform on Biodiversity and Ecosystem Services, IPBES

2012년 4월 21일 193개국이 참가해 출범한 유엔 산하 기구. 생물 다양성 감소에 관한 조사와 연구를 실시하고, 그 결과를 각국에 전달해 생태계를 살리는 정책을 만들도록 지원한다.

기후와 기후변화
알아가기

기후변화, 기후위기, 기후재앙, 기후재난, 기후재해, 기후붕괴, 기후충격,
기후 비상사태 등의 갈수록 자극적인 용어가 낯설지 않다. 여기에 기상,
일기, 날씨라는 용어까지 더하면 무엇을 뜻하는지, 서로 어떤 차이가 있
는지 궁금해진다. 기상과 기후를 뒤섞어 사용하기도 하지만 이들은 서로
다른 의미다. 여기에서는 혼란스럽게 사용하고 있는 기후변화와 관련된
용어를 정리한다.

알고 나면
쉬운 말들

기상, 날씨, 일기

기상(氣象, weather)은 기온, 비, 바람과 같이 짧은 기간에 바뀌는 하늘 상태를 이른다. 일기(日氣)나 날씨와 같은 말인데, 기상은 사람이 느끼는 기분(氣分)과 같은 것으로 하루 일을 기록한 일기(日記)와도 같기 때문이다.

WMO에 따르면, 월평균 기온이나 월 강수량이 30년에 한 번 정도로 정상에서 벗어나면 이상기상(異常氣象, abnormal weather)이다. 월평균 기온이 정상보다 두 배 이상 차이 나면 이상고온(異常高溫) 또는 이상저온(異常低溫)이다. 월 강수량이 과거 30년간 어느 값보다 많으면 이상다우(異常多雨), 적을 때는 이상과우(異常寡雨)다. 기상이변(氣象異變, extreme weather)은 보통 때 날씨 수준을 크게 벗어난 기상 현상이다.

기후

기후(氣候, climate)는 어떤 지역에서 오랜 기간 반복되는 평균적이며 종합적인 대기의 상태로, 평균적인 기상(average weather)이다. WMO 기준으로는 30년 이상에 걸쳐 기상을 관측해서 얻는 평균값이다. 오랫동안 살면서 만들어진 사람의 성격과 같은 것으로 사람의 일생을 기록한 전기(傳記)와 같다. 극한 기상 현상의 빈도와 같은 변동성을 포함하므로 더 복잡하며, 대기, 육지, 해양, 눈, 얼음, 생물체 등 지구 시스템에 영향을 미친다.

서양에서는 기후가 달라지는 원인을 태양의 고도, 지구에 비추는 햇빛의 기울어짐 등에서 찾았다. 동양에서는 1년 365일을 봄, 여름, 가을, 겨울이라는 4계절(季節)로 나눈 뒤, 24절기(節氣)로 세분하고, 다시 기후(氣候)로 구분했다. 1기(氣)는 15일이며, 1기를 다시 5일씩 셋으로 나눠 3후(候)로 삼았다. 닷새마다 날씨가 새롭게 바뀐다고 여겨 5일을 1후로 본 것이다. 따라서 닷새마다 필요한 산물을 채우는 오일장(五日場)이 열렸다.

기후 시스템과 각 구성 요소의 상호 작용

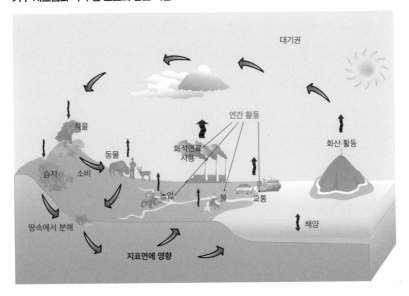

　　인간은 땅, 공기, 물, 얼음, 생물이 상호관계를 거쳐 영향을 주고받는 기후 시스템 속에 살고 있다. 따라서 기후는 지구 시스템 모든 요소의 상호관계에 따라 달라진다.

　　기후는 대기의 종합적인 평균 상태이며, 기후요소(氣候要素, climatic element)와 기후인자(氣候因子, climatic factor)에 따라 달라진다. 끊임없이 바뀌는 태양 복사, 기압, 기온, 강수, 풍향, 풍속 등 기후요소에 따라 정해진다. 기후인자는 기후요소의 시공간적 차이를 가져오는 위도, 수륙 분포, 지형, 해발 고도, 해류, 기압 등을 말한다.

기후변화와 관련된 용어들

IPCC는 기후변화를 장기간에 걸쳐 나타나는 통계적으로 의미 있는 변동으로 보고, 자연적인 변동(variability)과 인간 행위 등에 따라 발생한다고 했다. UN 기후변화협약(이하 UNFCCC) 역시 기후변화는 대기의 조성을 바꾸는 인간 활동이 직간접적으로 작용해 나타난다고 보았다.

대한민국의 〈기후위기 대응을 위한 탄소 중립·녹색성장 기본법〉 제2조에서는 기후변화를 사람의 활동으로 온실기체 농도가 변하면서 자연적인 기후변동에 추가해 일어나는 기후체계의 변화라고 정의했다. 기후변화는 극단적인 날씨 변화뿐만 아니라 물과 식량 부족, 해양 산성화, 해수면 상승, 생태계 붕괴 등 인류에 회복이 어려운 위험을 부추긴다.

기후와 관련된 학술 용어도 기후의 불안정한 요동을 뜻하는 기후진동, 자연적으로 기후가 바뀌다가 원상태로 돌아가는 기후변동, 인위적인 요인이 가세해 진행되는 기후변화 등 복잡하다.

기후진동(氣候振動, climate oscillation) 서로 다른 지역 규모와 시간대에서 대기와 해양 조건 사이의 상호관계에 따라 자연적으로 반복되는 불안정한 기후의 변화

기후변동(氣候變動, climate fluctuation) 긴 시간 동안의 평균값에서 약간의 변화를 보이지만, 평균값을 크게 벗어나지 않는 자연적인 기후의 움직임

기후변화(氣候變化, climate change) 자연적 기후변동의 범위를 벗어나 평균적인 상태로 돌아오지 않는 평균 기후계의 변화

특히 기후변화는 수십 년 또는 그 이상 이어지는 기후가 평균적인 상태에 비해 눈에 띄게 오르거나 내려가는 현상이다. 태양 활동의 변화, 태양과 지구 사이의 활동 변화, 화산 폭발 등 자연적 요인뿐만 아니라, 이산화탄소 배출, 삼림 파괴 등 인위적인 요인의 영향을 받는다.

기후변화와 지구 온난화

1980년대까지는 온실기체가 늘면서 생긴 온난화가 에어로졸로 인한 냉각 효과를 뛰어넘을지 분명하지 않았다. 과학자들은 인간이 기후에 미치는 영향을 '뜻하지 않은 기후 조절(inadvertent climate modification)'이라고 불렀다. 1980년대부터는 지구 온난화와 기후변화라는 단어가 널리 사용됐다.

IPCC에 따르면, 기후변화는 수십 년 또는 그 이상의 장기간에 걸쳐 기후의 평균 상태나 그 변동 속에서 통계적으로 의미 있는 변동이다. 인간 행위나 자연적인 변동에 따라 기후는 변한다고 보았으며, 자연적인 기후의 움직임인 기후변동의 범위를 벗어나 평균적인 상태로 다시 돌아오지 않는 기후 시스템의 변화라고 했다. 온실기체 배출, 삼림 파괴 등 인간 활동이 기후변화에 영향을 미치며, 지구 온난화처럼 지구

의 평균 기온이 차츰 상승하는 것과 함께 전 지구적 기후 유형이 급변하는 모든 현상을 이른다. 해수면 상승, 산악 빙하의 축소, 식물의 개화 시기 변화 등 지구 온난화에 따른 결과도 포함한다.

지구 온난화(地球溫暖化, global warming)는 온실기체가 기후에 미치는 전반적인 영향으로 주로 지상의 온도 증가를 뜻하며, 1988년 NASA의 기후과학자인 핸슨(J. E. Hansen)이 미국 상원 증언에서 처음 사용했다. 2000년대에는 기후변화라는 단어가 널리 쓰였는데, 지구 온난화는 보통 인간이 일으킨 온난화 현상을, 기후변화는 자연적인 요인과 인위적인 변화를 모두 이르는 말이다.

최근에는 지구 온난화 대신 지구 가열(地球加熱, global heating), 끓는 지구(global boiling) 등의 용어도 등장했다. 옥스퍼드 사전은 '2020년의 단어'로 기후 비상사태(氣候非常事態, climate emergency)를 꼽았다.

1850년대 산업혁명부터 2020년까지 170년 동안 지구의 평균 기온은 1.09℃ 상승했다. 이 가파른 상승의 주요 원인으로 온실기체 배출원인 대기 중 이산화탄소 등의 증가와 탄소 흡수원인 삼림의 파괴가 손꼽힌다. 우리나라 연평균 기온은 1980~2021년 42년 동안 1.4℃ 상승해 전 세계 평균보다 5배 이상 빨리 올랐다.

UNFCCC 제1조는 기후변화가 자연적인 기후 변동성에 더해 전 지구 대기의 조성을 바꾸는 인간의 활동이 직간접적인 원인이라며, 자연적 원인에 의한 기후변동성과 대기 조성에 변화를 일으키는 인간 활동에서 비롯된 기후변화로 나누었다.

먼저 자연적 원인에는 태양 에너지 변화, 지구 공전 궤도 변화, 화산

지구 평균 기온 변화(1850~2020)

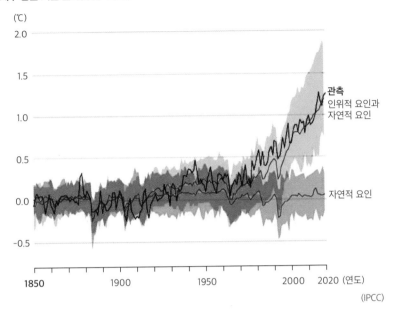

활동, 내부 변동성 등이 있고, 인간 활동으로 인한 변화에는 온실기체와 에어로졸 증가, 토지 이용 변화 등 외부 강제력의 변화가 있다. 따라서 기후변화는 자연적 요인과 인위적 요인을 모두 따져야 하는 복합적인 현상이다.

　한편 WMO는 기후변화의 개념을 세 가지로 나누었다. 장기적 경향은 오랜 기간에 걸쳐 기온이 상승하거나 하강하는 변화로, 지구 온난화가 대표적인 예이다. 불연속 변화(不連續變化, discontinuity)는 지금까지의 평균 상태와 다른 평균 상태가 이어지는 때를 이른다. 변동성(變動性, variation)은 장기적 경향과 불연속적인 변화가 아닌, 규칙적이거나 불규칙적 상태가 반복되는 것이다. 남아메리카 서해안을 따라 흐르는 페루 해류 속에 몇 년에 한 번 이상 난류가 흘러드는 현상인 엘니뇨(El Niño), 적도 해상 바닷물의 온도가 비정상적으로 낮아지는 현상인 라니냐(La Niña) 등이 이에 속한다. 한반도 겨울 기온은 해에 따라 추위와 온난한 겨울이 교차하는데, 이는 북극 주변을 돌고 있는 강한 소용돌이가 수십 일 또는 수십 년 주기로 강약을 되풀이하는 공기의 흐름과 관련 있는 북극 진동(北極振動, arctic oscillation, AO)의 영향이다.

기후변화와
세상의 반응

국제기구의 움직임

국제적으로 기후변화에 대한 위기감이 높아졌다. 하지만 2021년 12월 UN 안전보장이사회에서 상임이사국인 러시아와 인도는 기후변화를 국제 평화와 안보의 위협으로 규정한 결의안에 거부권을 행사했고, 또 다른 상임이사국인 중국은 기권했다. 15개국이 참여한 결의안 표결에서 찬성이 압도적이었으나 러시아와 중국이 거부권을 행사했다는 것은 기후변화를 두고 나라마다 셈법이 다름을 보여 준다.

2022년 제27차 UN 기후변화협약 당사국총회에서 '손실과 피해 보상을 위한 기금'을 마련하는 데 합의한 것은 기후변화에 따른 개발도상국의 피해를 선진국이 인정한 것으로 본다. 이 합의는 지난 100여 년간 선진국과 부자 나라들이 산업 과정에서 배출한 탄소 때문에 개발도상국이 받은 손실과 피해를 선진국이 보상해야 한다는 취지를 담고 있다. 1992년 UN 기후변화협약을 채택할 당시에는 선진국만 의무 부담 국가에 포함됐다. 당시 우리나라는 이 기금을 의무적으로 부담해야 하는 국가에서는 빠졌으나 앞으로는 포함될 수도 있으므로 대비해야 한다.

2022년 6월 기후변화에 취약한 55개국이 발표한 보고서에 따르면, 지난 20년간 20개 나라의 기후변화와 관련된 손실액은 약 5,250억 달러(약 705조 원)로, 해당 국가 전체 국내총생산(GDP)의 약 20%다. 앞으로 기금을 누가 얼마씩 내고 받을지 등 구체적인 운용 방식을 결정해야 한다. 선진국이라고 볼 수 없는 중국 등 오늘날의 주요 탄소 배출국이 얼마나 보상을 제공하는 데 참여할지도 미지수다.

IPCC의 움직임

기후변화를 이야기할 때마다 등장하는 IPCC는 기후변화에 따른 전 지구적 위험을 평가하고 국제적 대책을 세우고자 WMO와 UNEP가 1988년 공동으로 설립한 UN 산하 국제기구로, 기상학자, 해양학자, 빙하 전문가 등 전문가 3천여 명으로 구성된 협의체이다. IPCC는 전 세계에서 발간된 과학 논문을 바탕으로 기후변화를 분석하고 기후 전문가가 정리한 뒤 각 나라로부터 검토와 승인을 받아 IPCC 평가보고서(이하 IPCC 보고서)로 공개한다. 1990년 1차부터 2021년 6차까지 총 6회에 걸쳐 발표한 이 보고서는 기후변화에 대한 과학적 근거와 정책 방향을 제시하고, UN 기후변화협약 등에서 정부 간 협상의 근거로 활용됐다. IPCC 보고서는 기후변화 과학을 다루는 제1 실무그룹, 기후변화 적응, 영향, 취약성을 살피는 제2 실무그룹, 기후변화 완화와 감축 방안을 찾는 제3 실무그룹으로 구성된다.

1IPCC 1차 보고서(1990)는 1992년에 UN 기후변화협약을 채택하는 데 기준이 됐다. 2차 보고서(1995)는 지구 온난화를 막기 위해 선진국의 온실기체 감축 계획과 의무를 담은 1997년 교토 의정서(Kyoto Protocol)에 활용했다. IPCC는 2007년에 4차 보고서가 나온 뒤 기후변화의 심각성을 알린 공로를 인정받아 앨 고어 미국 전 부통령과 공동으로 2007년 노벨 평화상을 받았다. 5차 보고서(2013)는 선진국에만 온실기체 감축 의무를 부과하던 교토 의정서 체제를 넘어 모든 국가가 자국 사정에 맞춰 참여하는 보편적인 체제인 파리 협정(Paris Agreement)이 2015년부터 발효되는 데 기여했다.

IPCC는 2018년 《지구 온난화 1.5℃ 특별보고서》에서 지구 온도가 산업화(1850~1900) 이전보다 1.5℃ 이상 오르면 나타날 기후변화의 심각성을 경고했다. WMO는 지구의 평균 기온이 산업혁명 이후 1.2℃ 상승했으며, 1.5℃ 이상 오르면 기후변화에 따른 파국을 맞는다며 강력한 대응 행동을 촉구했다. 기후변화 시계(climateclock.world)에 따르면, 기온이 1.5℃ 오르기까지 남은 시간은 2024년 5월 초를 기준으로 5년 85일이다.

2021년 공개된 IPCC 6차 보고서는 산업화 이전보다 지구 평균 온도가 1.5℃ 이상 더 높아지는 시기를 2040년으로 앞당겼다. 2015년 파리 협정에서 한계선으로 정한 2052년보다 이르다. 또 '오늘날의 지구 온

기후변화에 대한 IPCC 보고서 내용 변화

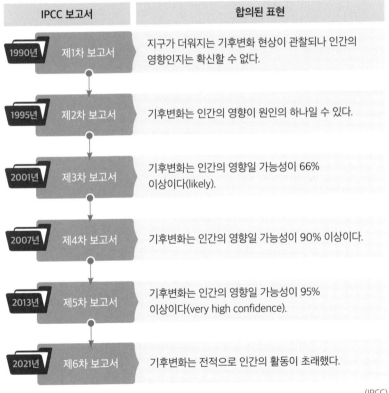

IPCC 보고서	합의된 표현
1990년 제1차 보고서	지구가 더워지는 기후변화 현상이 관찰되나 인간의 영향인지는 확신할 수 없다.
1995년 제2차 보고서	기후변화는 인간의 영향이 원인의 하나일 수 있다.
2001년 제3차 보고서	기후변화는 인간의 영향일 가능성이 66% 이상이다(likely).
2007년 제4차 보고서	기후변화는 인간의 영향일 가능성이 90% 이상이다.
2013년 제5차 보고서	기후변화는 인간의 영향일 가능성이 95% 이상이다(very high confidence).
2021년 제6차 보고서	기후변화는 전적으로 인간의 활동이 초래했다.

(IPCC)

난화는 인간의 책임이 분명하다(unequivocal)'라고 강조했는데, 2013년 5차 보고서에서 '인간의 영향이 확실하다(clear)'라고 선언한 것보다 강력한 표현이다. IPCC 보고서는 산업 활동으로 발생하는 온실기체 등 공해 물질 때문에 산업화 이후 지구 온도가 1.1℃ 정도 올랐고, 20년 안에 평균 온도 상승 폭이 1.5℃에 이를 것으로 예측했다. 이는 시간이 지남에 따라 기후변화가 부인할 수 없는 현상임을 뜻한다.

5차 보고서(2013)는 지구 온난화가 계속되면 2100년쯤에는 기온이 최대 4.8℃까지 오를 것으로 예상했고, 6차 보고서(2021)는 최대 5.7℃까지 기온이 상승할 것으로 전망했다. 《지구 온난화 1.5℃ 특별보고서》에서는 지금처럼 온실기체를 배출하면 2030~2052년에 1.5℃ 상승할 것이라 했지만, 6차 보고서에서는 그 시기가 2021~2040년으로 10년 당겨졌다.

주요국의 움직임

미국 바이든 행정부는 글로벌 기후변화 논의에서 주도권을 가지려 노력하고 있다. 백악관 과학기술정책국(OSTP)에서 기후변화 관련 연방 정책을 다루는 에너지부(Energy Division)는 신재생에너지로 바꾸는 계획을 총괄한다.

신재생에너지(New renewable energy)는 신에너지와 재생에너지를 합친 말이다. 신에너지는 기존부터 사용한 석유, 석탄, 원자력, 천연가스가 아닌 새로운 에너지로, 연료 전지, 수소에너지, 석탄을 액화·가스화한 에너지 등이 있다. 그러나 신에너지 영역에 재생 불가능한 에너지원인 '화석연료를 변환한 에너지'가 포함되는 것은 문제가 될 수 있다. 재생에너지에는 화석연료와 원자력을 대체할 수 있는 공해가 적은 대체에너지인 태양광, 태양열, 바이오매스, 풍력, 수력, 조력, 파도, 폐기물, 지열 등이 있다.

신재생에너지는 자연 제약이 크고 화석에너지보다 경제적 효율성이 떨어지지만, 대신 친환경적이고, 고갈과 환경 오염 문제가 적다. 유가의 불안정과 기후변화협약 규제에 대응하는 데 중요한 대안이다. 우리나라의 신재생에너지 공급 비율은 폐기물이 가장 높고, 태양열, 풍력 등이 차지하는 비율은 낮다.

미국은 2050년까지 온실기체 순 배출량이 없는 '순 배출 0' 또는 '넷 제로(net zero)'인 탄소 중립(carbon neutrality)을 목표로 한다.

미국 코넬대 연구진이 2012~2020년까지 발행된 8만 8,125건의 기후변화 논문을 분석해 인간과 기후변화의 관련성을 조사한 결과 기후변화의 97%는 인간 탓이었다. 미국 예일대 연구진은 미국 국민의 지구 온난화에 대한 인식을 조사해 '깨우친 사람, 우려하는 사람, 신중한 사람, 무관심한 사람, 의심하는 사람, 무시하는 사람' 등 여섯 가지 유형으로 나누었는데, 시간이 지나면서 지구 온난화에 관한 인식에 변화가 생겼다. 2017년부터 2021년까지 반복해서 설문 조사를 한 결과 '깨우친 사람'은 18%에서 33%로 늘었고, '무시하는 사람'은 11%에서 9%로 줄었다. 지구 온난화를 걱정하고 문제 해결을 지지하는 사람이 늘어나고 있다는 것은 긍정적인 신호다.

미국 여론조사기관 퓨 리서치 센터(Pew Research Center) 조사에 따르면, COVID-19로 전 세계에서 많은 사람이 죽었지만, 프랑스, 이탈리아, 스페인, 캐나다에서는 전염병보다 기후변화를 국가의 가장 중대한 위협으로 꼽았다. 미국 텔레비전 프로그램 《PBS 뉴스 아워(News Hour)》 설문 조사에서 어린이와 청소년의 약 3분의 2가 '기후변화는 앞으로 어느 곳에 살지를 결정하는 데 영향을 미칠 것'이라고 했고, 3분의 1은 '아이를 가질 것인지에 영향을 미칠 것'이라고 답했다.

2021년 12월 EU 회원국 재무장관들은 기후변화를 막기 위한 상품과 서비스의 부가가치세(VAT)를 내리도록 EU 규정을 바꾸는 데 합의했다. 화석연료나 온실기체 배출을 부추기는 상품에 대한 낮은 부가세율은 2030년까지 단계적으로 폐지된다. 부가세 개혁안의 목표는 EU 27개국이 2050년까지 이산화탄소 순 배출량 0이다.

영국 일간지 《가디언(The Guardian)》의 2021년 COP26 이전 설문 조사에서는 영국인 약 78%가 환경을 어느 정도 염려한다고 답했다. 56%는 기후변화의 영향이 COVID-19의 영향보다 크다고 했다. 사람들 사이에 기후 문제가 심각하다는 두려움이 커서 기후공포증(climate-anxiety) 또는 환경 염려증(eco-anxiety)이 퍼져 있다고 했다.

2021년, 마이크로소프트(MS) 창업자 빌 게이츠는 "2050년까지 기후재앙을 막지 못하면, 이로 인한 사망률은 2100년쯤에는 COVID-19의 다섯 배가 될 것이다."라고 경고했다. 그는 기후재앙을 극복하려면 2050년까지 온실가스 배출량을 영(0)으로 만들어 탄소 문명에서 청정에너지 문명으로 바꿔야 한다고 주장했다.

국제 과학학술지 《네이처(Nature)》는 IPCC 보고서 저자 233명 가운데 약 40%인 과학자 92명의 응답을 분석했다. '지금 추세면 2100년 지구 기온이 산업화 전보다 3℃ 올라갈 것'으로 예상한 사람이 60%였다. 응답자 88%는 지구 온난화는 현실의 위기라고 답했고, 82%는 자신들이 죽기 전에 기후변화의 파국이 올 것으로 봤다. 또 응답자 60% 이상은 기후변화에 대한 걱정으로 불안, 슬픔, 고통을 경험한다고 답했다. 20% 이상의 사람은 기온 상승을 2℃ 내로 억제할 수 있다고 보았다. 1.5℃ 이내로 기온 상승을 제한할 수 있을 것이라는 의견을 낸 과학자는 4% 정도였다.

기후위기에 대한 걱정은 미래 세대에서 더욱 커지고 있다. 《네이처》가 10개국 16~25세 연령층 1만 명을 상대로 한 설문 조사에서 응답자의 약 60%가 기후변화가 '매우 걱정'이라고 답했고, 45%는 그런 걱정이 일상생활에 영향을 준다고 답했다.

기후변화의 책임, 선진국과 개발도상국

기후변화의 책임을 두고 과거의 역사적 책임이 있는 선진국과 현재의 책임이 커지는 개발도상국 사이에 갈등이 불거지고 있다. 200년 전인 1820년에는 전 세계 탄소의 98.5%가 선진국에서 배출됐고, 100년 전인 1920년에도 선진국의 비율이 압도적이었다. 그러나 2003년부터

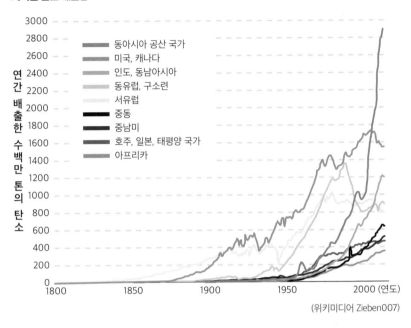

지역별 탄소 배출량

범례:
- 동아시아 공산 국가
- 미국, 캐나다
- 인도, 동남아시아
- 동유럽, 구소련
- 서유럽
- 중동
- 중남미
- 호주, 일본, 태평양 국가
- 아프리카

y축: 연간 배출한 수백만 톤의 탄소 (0~3000)

x축: 1800, 1850, 1900, 1950, 2000 (연도)

(위키미디어 Zieben007)

개발도상국이 선진국을 역전하기 시작했고, 2020년에는 개발도상국이 전체 탄소 배출의 69.6%를 차지하면서 선진국을 앞질렀다. 최근에는 선진국과 개도국의 격차가 132억 톤까지 늘어났고, 속도가 점차 빨라지고 있다.

1750~2002년까지 선진국은 개발도상국보다 2,900억 6,801만 톤의 탄소를 더 배출했다. 탄소 총배출량을 더해 보면 미국은 1조 6,965억 2,417만 톤을 배출해 세계 1위다. 2020년대에는 낮아졌지만 영국, 프랑스, 캐나다의 누적 배출량은 전 세계 10위권 안이다. 한편 개발도상국은 2003~2020년에 1,400억 5,577만 톤의 탄소를 선진국보다 더 배출했다.

개발도상국의 탄소 배출량이 가파르게 상승하는 것은 중국의 영향이다. 2020년 기준으로, 전 세계에서 배출되는 탄소 348억 톤 가운데 중국이 배출하는 탄소가 106억 6,789만 톤에 이른다. 그다음은 미국으로 47억 톤을 배출하는데, 미국의 탄소 배출량은 중국의 절반에 미치지 않는다. 그러나 14억 2,600만 명에 이르는 중국 인구와 비교해 미국 인구는 4억 명이므로, 미국 인구가 배출하는 이산화탄소의 양은 중국보다 매우 많다. 더구나 중국 철강 수출액의 12.9%, 석유화학 산업 수출액의 11.0%를 미국이 차지했으니, 중국의 탄소 배출량 증가는 미국 등 강대국의 공동 책임도 있다. 3위 인도는 2000년에 9억 7,892만 톤을 배출해 5위였지만, 2020년에는 일본과 러시아를 제치고 24억 톤이 넘는 탄소를 배출했다. 대한민국은 여덟 번째로 탄소를 많이 배출하는 나라다.

2020년 기준 주요 국가별 탄소 배출량 비교

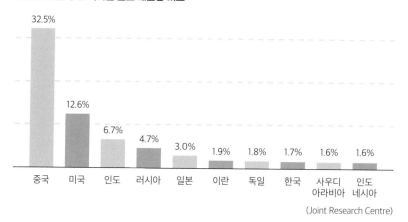

(Joint Research Centre)

신흥 공업국은 선진국에 뒤진 경제를 개발하려고 탄소를 배출하는 산업화를 서두른다. 이로써 발생하는 기후변화에 따른 자연재해는 탄소 배출에 대한 책임이 적은 가난한 약소국에 큰 피해를 준다. 즉 기후변화의 원인은 선진국과 신흥 공업국이 만들었지만, 그 피해는 가난한 나라가 보는 정의롭지 않은 현상이 발생한다. 한 나라 안에서도 소득과 소비 수준이 높은 사람보다는 저소득층, 노약자 등에 피해가 집중된다. 따라서 국제적으로는 탄소 배출에 역사적 책임이 있는 북반구 선진국은 탄소를 줄이는 신기술을 개발하고 개발도상국과 공유해야 한다.

2022년 러시아가 우크라이나를 침공하고, 2023년 팔레스타인 하마스가 이스라엘을 공격하면서 전쟁이 벌어지자 에너지 안보 위기도 현실이 됐다. 그 결과 천연가스와 석유 등 에너지 수급이 불안정해지면서 탄소를 줄이려던 친환경에너지 정책은 후퇴하고 석탄 등 화석연료에 대한 수요가 다시 높아졌다. 전 세계가 친환경에너지보다 에너지 수급 상황을 더 중요하게 여기는 상황이다. 전쟁이 이어지면서 고민 없이 화석연료로 회귀하자 그에 따른 기후변화를 우려하는 비판이 커지고 있다.

우리나라의 인식

2020년 KBS와 그린피스(Greenpeace)가 국민 1천 명을 대상으로 설문 조사한 결과, 삶에 가장 큰 영향을 미치는 문제는 전염병(51.7%), 기후위기(19.2%), 경제위기(17.7%) 순이었다. 또 86.9%는 기후변화가 심각하다고 답했다. 기후위기의 심각성을 인식하게 된 계기는 장마와 태풍 등 자연재해(73.7%)가 가장 많았고, 언론 보도(12.8%), 서적이나 강연(2.6%) 순이었다. 기후위기의 책임은 중앙정부(33.4%), 개인(24.0%), 기업(22.4%), 정치권(14.6%) 순으로 꼽았다. 기후변화의 피해는 다음 세대(52.7%), 손주 세대(37.0%), 내 세대(8.6%)에 나타나는 것으로 보았다. 15~17세 남녀 청소년 202명의 기후변화에 대한 인식을 조사한 결과, 기후변화가 심각하고(91.6%), 내 세대에 영향을 미칠 것(17.3%)으로 생각하는 비율이 어른(8.6%)보다 두 배 높았다.

2021년에 행정안전부 국립재난안전연구원이 빅 데이터 분석 등을 통해 가까운 미래에 닥칠 위험성 높은 다섯 가지 재난을 꼽았다. 자연재난으로는 기후와 관련된 풍수해와 폭염을, 사회 재난으로는 전염병과 미세먼지, 안전사고 등 산업재해를 위험하다고 보았다.

사랑의 열매가 한국리서치를 통해 MZ세대(1980년대 초~2000년대 초 출생) 1천 명을 대상으로 조사했더니 MZ세대의 관심사는 복지(26%), 재해와 재난(14%), 기후변화와 같은 환경(11%) 순이었다.

또 한국언론진흥재단이 10대 후반부터 60대까지 국민 2천 명을 대상으로 조사한 결과, 응답자의 84.7%가 '기후위기의 심각성을 알고 있다'라고 답변했고, 67.8%는 '언론의 기후 보도에 문제가 있다'라고 봤다. 언론에서 기후변화에 따른 부정적인 결과와 피해는 많이 다루지만(63.4%), 제도적, 정책적 해결 방안 등을 찾는 것은 부족한 편(67.1%)이라고 생각했다. 기후변화의 원인, 영향을 다루는 동시에 극복할 해결책과 대응에 언론이 나서야 한다고 반응했다.

2022년에는 시사주간지 《시사IN》이 한국리서치와 공동으로 기후위기에 대한 인식을 조사했다. 그 결과 '기후위기가 내 일처럼 가깝게 느껴진다'라는 답변이 64.5%를 차지했다. 주거와 부동산(74.9%), 일자리와 고용(70.5%)보다 관심은 적으나 복지와 분배(62.8%)나 양성평등(38.2%)보다 높았다. 기후위기가 '인간 활동 탓'이라는 응답이 86.7%로 높았다. 국내에서 기후위기의 책임은 대기업(81.8%), 정치권(74.2%), 중소기업(66.4%), 정부(64.8%) 순이라고 나타났다. 국민 개개인이나 '나 자신'이라는 응답은 각각 54.9%, 44.4%로 낮았다. 기후위기 해결을 위해 실천한 것은 일회용품 줄이기(84.1%)였고, 줄여야 할 것으로는 자동차 이용(74.7%) 배달 음식(65.8%) 등 일부에 치우쳤다.

우리나라도 정부, 기업, 개인 모두가 기후변화에 따른 새로운 국제 정치 및 경제 질서 변화에 적극적으로 대비해야 한다.

2

우리나라 고기후
선사, 역사, 관측 시대

기후변화가 국제적인 현안이 되면서 사람들은 현재의 기후변화가 삶에 미칠 영향과 부작용에 관심이 많다. 앞으로 기후가 어떻게 바뀔지 궁금해하면서 대응이 필요하다고 주장하기도 한다. 변화하는 기후가 우리 삶과 세상을 어떻게 바꿀지를 알려면, 먼저 과거에 지구 기후가 변하면서 자연과 인간에 어떤 영향을 미쳤는지 시간을 거슬러서 살펴야 한다. 과거의 기후변화가 미친 영향을 아는 것은 기후 시스템이 바뀌는 미래에 어떤 일이 발생할지를 알려 주는 거울과 같다.

선사 시대,
마지막 빙하기부터 홀로세까지

고기후는 어떻게 알 수 있나

기후가 과거부터 현재까지 어떻게 변화했는지 아는 것은 미래의 기후를 예측하는 데 중요하다. 고기후(古氣候, palaeo-climate)는 오랜 과거의 기후로, 보통은 과거 지질 시대의 기후를 이른다. 지구는 약 46억 년 전에 만들어졌으며, 과거 온도는 현재보다 약 15~20℃ 정도까지 높거나 낮았다. 기후변화에 따라 바다의 높이도 현재보다 많게는 약 400m까지 높거나 약 200m 정도 낮았다.

오늘날 기상을 관측할 때 사용하는 온도계, 우량계 등 관측기기가 없던 시기의 기후변화를 알려면 자연에 남아 있는 재료를 이용한다. 지질 시대 고기후를 복원하는 대리자료(代理資料, proxy data) 또는 대용자료(代用資料)는 깊은 바다의 퇴적물, 고토양, 해안선과 해수면 변화, 빙하 코어, 지층 퇴적물, 영구 동토층, 동굴 퇴적물 등 무생물이 있다. 동물 뼈 같은 거대화석, 꽃가루와 같은 미세화석, 유물과 유적, 연륜(나이테) 등 생물 자료도 고기후를 알려 준다. 역사 시대 고기후는 인류가 남긴 고문서, 전설, 일기, 문학작품, 기행문 등 과거의 관측 자료 등도 이용한다.

고기후를 연구할 때는 연대를 측정하는 게 중요하다. 연대 측정은 방사성 동위원소를 이용한 방법과 그 시대를 대표하는 표준화석이 나타나고 사라지는 것도 활용한다. 시료의 정확한 연대를 알려면 화석 등 퇴적물은 원래 만들어진 장소에 있어야 하고, 형상이 변하지 않아야 한다. 퇴적물 연대를 측정하는 방법 가운데 널리 사용하는 방사성 탄소 연대 측정법은 5만 년 정도 지난 화석이나 유물의 연대를 측정할 때 쓴다. 자연에는 탄소-12와 탄소-14가 일정한 비율로 있고, 시간이 지남에 따라 탄소-14의 양만 일정한 속도로 줄어드는 원리를 이용해 연대를 측정하는 방법이다. 과거의 온도와 환경을 알기 위해서는 산소 및 탄소 안정 동위원소를 사용하기도 한다.

얼음이 만든 빙하기의 모습

빙권(氷圈, cryosphere)은 얼어 있는 여러 형태의 물이 만드는 세계로, 대륙 빙하, 해빙, 동토층, 계절적 강설 지역 등이 극지, 고산을 중심으로 나타난다. 육지 가운데 약 10%는 빙하 또는 빙상으로 덮여 있는데, 형태와 이동 속도는 종류에 따라 다르다. 빙권은 빙하, 빙원, 빙상, 대륙 빙하, 빙모, 빙류, 빙붕, 빙산, 해빙, 유빙 등 종류가 많다.

남극 보스토크 기지(Vostok Station)에서 채집한 3,600m에 이르는 빙하 시추 자료를 분석했더니 지난 40여만 년 동안 남극에서 기온은 10℃나 오르내렸고, 네 번 정도의 빙하기가 있었다. 이산화탄소 농도는 빙하기에 낮고, 간빙기에는 높아 기온과 거의 비슷했다. 빙하기에는 건조해져 대기 중 먼지의 농도가 높아지는데, 빙하기에서 간빙기로 넘어갈 때 먼지가 많은 것은 당시에 기후변화가 심했다는 증거다. 빙하기에 기후는 요동치고 변덕스러워 인류는 수렵과 채집하면서 구석기 시대를 지냈다.

2만 년 전 마지막 빙하기의 기후

신생대 제4기의 마지막 빙하기인 최후빙기(最後氷期, last glacial period) 또는 최종빙기(最終氷期)는 지금으로부터 11만 년 전에 시작돼 1만 2천 년 전쯤 끝났다. 최후빙기에 가장 추웠던 때는 지금으로부터 1만 8천

빙권의 여러 모습

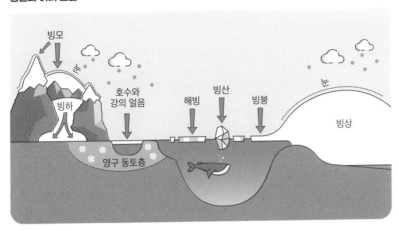

빙하	氷河, glacier 눈이 오랫동안 쌓이고 다져져 육지 일부를 덮고 있는 얼음층.
빙원	氷原, ice field 지면이 얼음으로 덮여 있는 넓은 지역으로 많은 눈이 몇 년에 걸쳐 축적되면서 굳어 얼음으로 바뀜.
빙상	氷床, ice sheet 상당한 두께의 얼음으로 덮이고 면적이 5만km²가 넘으며 지형에 따라 막히지 않고 넓게 여러 방향으로 퍼져 나가는 빙원.
대륙 빙하	大陸氷河, continental glacier 빙상이 대륙처럼 넓은 지역을 덮고 아주 천천히 흘러가는 것.
빙모	氷帽, ice cap 빙상보다 작은 빙원으로 남극반도 일대 섬과 북아메리카 북쪽 섬에 나타나는데 면적이 좁아서 돔이나 접시 모양을 띰.
빙류	氷流 ice stream 지열과 마찰열 때문에 빙상의 바닥이 녹아서 흐르는 것.
빙붕	氷棚, ice shelf 빙하나 빙상이 바다를 만나 평평하게 얼어붙은 큰 얼음덩어리로, 남극, 그린란드, 캐나다, 러시아 북극해에서 나타나며 일 년 내내 두꺼운 얼음으로 덮임.
빙산	氷山, iceberg 빙하 내부의 층이 변형되어 따뜻해지면 낮은 곳으로 이동하거나 바다로 흘러가 만들어진 큰 얼음덩어리.
해빙	海氷, sea ice 바닷물이 얼어서 만들어진 얼음덩어리.
유빙	流氷, drift ice 바다를 떠도는 얼음덩어리로 시베리아, 알래스카, 북대서양, 북태평양, 남극, 영국, 아이슬란드, 그린란드, 노르웨이, 일본열도 북쪽 등 추운 지방에서 볼 수 있음.

여 년 전으로, 지구 평균 기온은 오늘날보다 5~6℃ 낮았다. 고위도에서는 오늘날보다 12℃ 이상 추웠고, 열대에서는 2~5℃ 낮았다. 이산화탄소 농도는 과거 40만 년 기간 중 가장 낮아 180ppm(1ppm은 100만 분의 1), 메탄 농도는 약 350ppb(1ppb는 10억 분의 1)였다.

최후빙기 동안 바닷물의 온도는 오늘날보다 5~7℃ 정도 낮았으며, 육지 면적의 30% 정도를 빙하가 덮을 정도로 추웠다. 당시 해수면은 오늘날보다 120m 내외로 낮아서, 한반도와 깊지 않은 곳의 섬들은 지금은 바다에 가라앉은 연륙교(連陸橋, land bridge)를 거쳐 내륙과 연결됐다. 육지로 노출됐던 지금의 서해와 남해 해저에는 초원이 발달했다.

오늘날은 육지의 10% 정도가 빙하로 덮인 온난한 간빙기(間氷期, Interglacial stage)다. 제주도 서귀포 하논의 꽃가루를 분석했더니 최후빙기 가장 추웠을 당시 기온은 지금보다 7.5℃ 낮았다.(박정재, 2021) 한랭했던 최후빙기는 인류사에서 구석기 시대와 중석기 시대를 나누는 기준이 된다.

마지막 빙하기의 한랭한 기후와 지형, 생태계

마지막 빙하기부터 한반도가 얼마나 추웠는지는 북부 고산대 산악 빙하가 만든 빙식 지형, 북극권과 공통으로 자라는 고산대과 아고산대에 살아 있는 극지고산식물(arctic-alpine plant) 등이 알려 준다. 이들은 오늘날 북극권이나 고산 지대에서 주로 볼 수 있는 한랭한 기후를 나타내는 지표다.

먼저 마지막 빙하기 동안 북서유럽이나 북아메리카에는 넓게 육지를 덮은 두께 3~4km의 대륙 빙하가 발달했다. 동북아시아에서는 대륙 빙하가 나타나지 않았으나 한반도는 몹시 한랭했다. 유라시아 대륙 내부에서 발달한 겨울철 한랭 건조한 북서계절풍의 영향으로 동북아시아에는 눈이 적게 내려 빙하가 크게 발달하지 못했다. 북한 개마고원 북동쪽의 설령(2,442m), 서관모봉(2,432m), 남포대산(2,435m), 백두산(2,744m) 등 고산대에는 빙하가 만든 빙식 지형이 나타났다. 가파른 절벽에 원형극장 모양으로 파인 권곡(圈谷, cirque), 빙하가 운반한 퇴적물이 쌓인 퇴석구(堆石丘, moraine), U자로 파인 계곡인 빙식곡(氷蝕谷, glacial valley) 등 지형이 높은 산 1,900~2,500m에 나타났다.(김연옥, 1998에서 재인용)

빙하기 동안 한반도가 얼마나 추웠는지를 알려 주는 또 다른 지형은 기계적으로 부서진 바윗덩어리가 산에 쌓인 애추(崖錐, talus), 바윗덩어리가 산자락이나 골짜기에 천천히 흘러내려 쌓인 암괴류(岩塊流, block stream), 평지에 쌓인 암괴원(岩塊原, block field) 등이 있다. 아울러 겨울에는 얼고 여름에는 부분적으로 녹는 흙이 쌓인 활동층(活動層, active layer), 그 밑으로는 1년 내내 얼어 있는 영구 동토층(永久凍土層, permafrost)과 같은 주빙하(周氷河, peri-glacial) 지형이 나타났다. 마지막 빙하기 동안 눈이 녹지 않았던 한계선인 설선(雪線 snow line)은 해발 고도 2,000m 정도였고, 600~800m 이상은 주빙하 기후에 있었다.(김도정, 1970) 제주도 한라산 백록담에는 지금도 한랭한 기후에서 토양과 자갈이 얼고 녹음을 되풀이하면서 기하학적인 모양을 이루는 유상구조토가 나타난다.(김태호, 2001)

한편 마지막 빙하기 동안의 바다 온도는 동해 해양 퇴적물 가운데 단세포 생물인 유공충(有孔蟲, foraminifera)과 산소 동위원소를 이용해 알 수 있다. 동해의 기후는 남쪽에서 북쪽으로 흐르는 온난한 구로시오 해류와 북쪽에서 남쪽으로 흐르는 차가운 쿠릴 해류(오야시오 해류)의 양과 방향에 따라 달라진다.

2만여 년 전에 동해의 남쪽으로 쿠릴 해류가 내려와 바닷물이 차가웠다. 약 1만 8천 년 이전에는 동해뿐만 아니라 전 지구적으로 매우 한랭해 바닷물 온도는 2~6℃ 정도 내려갔고, 해수면도 현재보다 약 120m 내외로 낮았다. 약 1만 5천 년 전은 6천 년 전보다 바다 표면 온도가 약 3℃ 낮았다.(신임철, 2004)

2만~1천 년 전 고기후

시대(yrs B.P.*)	기후
1,000~700	온난
2,000~1,500	온난
3,600~2,700	한랭
4,300~3,900	한랭
5,900~4,700	온난
7,100~6,100	온난
9,000~7,800	온난
11,000~10,000	한랭
12,000	빙하기/간빙기 경계
15,000	한랭
18,000	한랭
20,000	한랭

(신임철, 2004)

* B.P.는 방사성 동위원소인 탄소-14의 조성비를 측정해 연대를 측정하는 방법으로, 1950년을 기준으로 거꾸로 올라가는 yrs B.P.(Before Present)라는 단위를 사용한다.

한반도의 마지막 빙하기 기후가 혹독하게 추웠음을 보여 주는 다른 지표는 오늘날 높은 산에 살아 있는 극지고산식물과 고산식물이다. 극지고산식물은 북극권과 온대 고산에 자라는 식물로, 마지막 빙하기 때 북극권의 추위를 피해 한반도를 1차 피난처로 삼았다. 1만여 년 전 홀로세에 들어 기후가 온난해지면서 한랭한 기후가 유지되는 고산을 2차 피난처로 삼아 아직도 살아 있는 빙하기의 유물이다.

북극권에 공통으로 자라는 종은 북한의 고산에 자라는 극지고산식물인 담자리꽃나무, 좁은백산차, 노봉백산차, 진퍼리꽃나무, 황산차, 린네풀, 가솔송, 함경딸기, 넌출월귤, 애기월귤 등이다. 북한과 남한에 자라는 월귤, 노랑만병초, 홍월귤 그리고 한라산 정상에 자라는 돌매화나무, 시로미, 들쭉나무 등은 마지막 빙하기가 매우 한랭했음을 보여 준다.

빙하가 녹은 해빙기의 기후

빙기와 간빙기는 태양 주위를 공전하는 지구의 궤도 변화와 함께 시작됐으며, 그 밖에 자전축의 기울기 변화, 세차운동 변화 등의 영향을 받았다. 80만 년 전 빙하의 자료를 보면, 빙하기 주기는 약 9만 년 정도다. 간빙기 기간이 1~2만 년 정도여서 약 10만 년에 한 번씩 빙하가 녹는 온난한 해빙기(解氷期, last glacial termination)가 찾아왔다.

가장 최근에 발생한 해빙기는 지금으로부터 1만 8천~1만 1,700년 전에 시작됐다. 1만 8천 년 전 이산화탄소 농도가 약 190ppm이었는데, 1만 1,700년에 약 270ppm으로 80ppm 정도 늘었다. 지역에 따라 다르나 당시 기온은 3~8℃ 정도 따뜻했다.

해빙기가 시작되면서 기온은 꾸준히 올랐는데, 1만 2,900~1만 1,700년 전에 다시 갑자기 추워졌다. 이 추운 시기를 영거 드라이아스 사건(Younger Dryas event)이라 하며, 당시 한반도의 기온은 지금보다 1.5℃ 정도 낮았다.(박정재, 2021) 이때 북극권과 온대 고산대에 자라는 극지 고산식물인 담자리꽃나무(Dryas octopetala)가 늘었다.

1만 2천 년 이후 홀로세의 기후변화

현재 우리는 약 1만 2천 년 전에 시작된 홀로세는 현세(現世), 충적세(沖積世)로 부르는 간빙기에 산다. 홀로세 동안에도 여러 차례 기온이 오르내리고 홍수와 가뭄이 이어졌으나 빙하기보다 생활하기에 나아졌다. 그러나 마지막 빙하기와 비교하면 지난 150년 동안의 온난화 정도나 속도는 정상이 아니다.

홀로세 초기인 1만 2,900~1만 1,700년 전은 동해를 포함해 전 지구적으로 갑자기 추워진 영거 드라이아스였다. 빙하기에서 간빙기로 바뀐 1만 2천여 년 전은 이산화탄소 농도가 250~260ppm이었으며, 메탄 농도는 450~550ppb였다. 약 1만 년 전 이산화탄소 농도는 180~260ppm, 메탄 농도는 700ppb였다. 약 9천 년 전 홀로세 초기에 기온은 0.5℃ 정도 높아져 온난화 흐름이 이어졌다. 특히 6천 년 전 대기 중 이산화탄소 농도는 270ppm, 메탄 농도는 600ppb였으며, 바다의 수온은 현재보다 약 1℃ 높았다. 이때는 홀로세 중기에서 가장 온난했던 기후 최적기(climatic optimum)로 생물이 살기에 알맞았다.

홀로세 초기~중기(1만 400~5천 년 전)에 여름 몬순이 강해지면서 한반도 전역에 낙엽활엽수림이 무성해지고 한대성 대형 동물들이 사라졌다. 약 7천~2,600년 전 강원 지역은 소나무, 참나무류 등 온대 침엽수림과 낙엽활엽수림이 계속 자랐지만, 약 6,400년과 4천 년 전의 한랭 건조한 기후 때문에 식생이 빠르게 바뀌었다.

약 1,300~1천 년 전은 중세 온난기(中世溫暖期, Medieval Warm Period)로

기후변화 시대와 기온

시대	이산화탄소 농도(ppm)	메탄 농도 (ppb)	온도	기후변화 사건
2020년 현재	413	1,750		
1910~2000년	300~340	730	현재보다 0.6 ℃ 낮음	
1200~1600년	270~300	700	현재보다 0.5~1℃ 낮음	소빙기
900~1300년	275~285	700	현재보다 1℃ 높음	중세 온난기
6,000년 전	270	600	현재보다 1℃ 높음	홀로세 중기 기후 최적기
10,000년 전	180~257	700	현재보다 낮음	
12,000년 전	250~260	450~550	현재보다 낮음	빙하기/ 간빙기 경계
18,000년 전	180	350	현재보다 5~7℃ 낮음	최근 빙하 최대기

(신임철, 2004 바탕으로 수정)

지구의 바닷물 온도는 오늘날보다 약 1℃ 높았으며, 이산화탄소 농도는 약 275~285ppm, 메탄 농도는 700ppb였다. 이에 비해 약 100~500년 전은 지구 기온이 현재보다 최대 약 1℃ 낮았던 소빙기로, 이산화탄소 농도는 약 270~300ppm, 대기 중 메탄 농도는 약 700ppb였다.

약 100년 전인 1901~2000년은 오늘날보다 온도가 약 0.6℃ 낮았으며, 이산화탄소 농도는 300~340ppm, 메탄 농도는 약 730ppb였다. 산호의 산소 동위원소를 분석한 결과 해양의 표층 온도가 약 1.5℃ 정도 오르내렸다.

홀로세의 인류 활동

마지막 빙하기가 끝나고 홀로세에 들어서면서 인류는 작물을 재배하고 가축을 사육하며 정착 생활을 하면서 구석기 시대를 마무리하고 신석기 시대를 맞이했다. 약 8천 년 전에 이르러 농업이 시작됐고, 기후 최적기인 6천 년 전에 문명이 탄생했다. 동해안이 아닌 내륙 깊숙한 울산 태화강 상류 대곡천 절벽의 신석기 시대 암각화는 온난했던 당시 해수면이 지금보다 훨씬 높았음을 나타낸다.

한반도에서의 농경 역사는 약 5천 년 전으로 거슬러 올라간다. 홀로세 기후 최적기였던 5,500~5,000년 전에 조, 기장 등의 농경이 시작됐고, 기후가 좋았던 3,500~2,800년 전에 초기 벼를 재배하는 농경 문화가 번졌다.

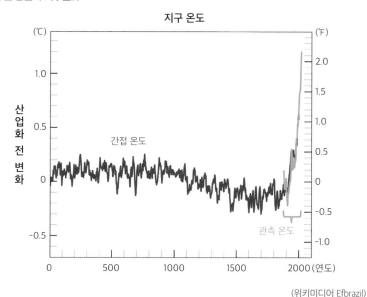

지구 온도

(위키미디어 Efbrazil)

* 간접 온도 - 나이테, 산호초, 북극 빙하 코어 등 간접 데이터를 이용해서 추정한 온도 기록
관측 온도 - 초록색 선은 온도계를 통해 직접 관측한 온도 기록

신석기 시대 사람들은 물과 식량을 구하기 쉬운 강가나 해안에 주로 살았다. 살림집 중앙에 기둥을 세우고, 지붕을 덮어 만든 움집이나 땅을 파서 만든 주거지가 흔했다. 서울 암사동 유적은 6천~5천 년 전 기온이 온난했을 때의 것으로 알려졌다. 3천 년 전 충남 부여에 벼농사를 지은 송국리 문화가 나타났다가 2,300년 전에 갑작스럽게 사라졌는데, 사라진 원인 중 하나로 2,800년 전과 2,300년 전 기후변화를 든다. 전남 광양 습지의 꽃가루 퇴적물 분석에 따르면, 2,800~2,700년 전에도 한반도 기후는 갑자기 나빠졌다.

지난 1천 년 동안 지구의 기후변화는 태양 활동 및 화산 폭발과 관련이 깊다. 1815년 인도네시아의 탐보라 화산이 폭발한 뒤 세계적으로 여름철 기온이 크게 떨어졌고, 대기근이 이어졌다.《조선왕조실록》에 기록된 경신 대기근(1670~1671)과 을병 대기근(1695~1699)은 평균 기온이 감소하는 소빙기에 나타난 이상 기온 현상이다.(박정재, 2021)

산업혁명 이후에는 인간의 활동 때문에 대기 중에 이산화탄소, 메탄, 대류권 오존, 프레온 기체, 아산화질소 등의 발생량이 많아졌다. 1750년 이후 이산화탄소는 36%, 메탄은 148% 증가했다. 과거 2천 년간 온도 기록은 지구의 기후가 꾸준히 변했음을 보여 준다.

삼국 시대와 조선 시대, 고기후와 삶

역사 시대 고기후는 어떻게 알 수 있나

역사 시대 기후변화는 각종 고문헌, 즉 고문서, 고일기, 역사서, 지리서, 고지도, 각종 기록, 고고학적 유물, 전설, 문학작품, 기행문, 그림, 사진, 비문 등을 바탕으로 알 수 있다. IPCC 4차 보고서에 따르면, 과거 1천 년 동안에 일어난 기후 복원 자료는 20세기 관측기기로 측정된 자료보다 엘니뇨-남방진동 등을 잘 보여 준다고 한다.

우리나라 역사 시대 고기후는 《삼국사기》,

《고려사》,《조선왕조실록》,《승정원일기》,《일성록》,《관수일기》,《서운관지》,《풍운기》,《천변등록》,《비변사등록》,《증보문헌비고》 등 고문헌을 바탕으로 복원했다.(김연옥, 1984a, b, 1985, 1987, 1998)

삼국과 고려 때 기후변화

우리나라가 기상과 기후를 관측한 것은 삼국 시대로 거슬러 올라간다. 647년(선덕왕 16)에 건립돼 동양에서 가장 오랜 천문대로 알려진 신라 첨성대는 춘분, 추분, 하지, 동지를 비롯한 24절기를 측정하는 천문대와 관상대 구실도 했다. 그 결과 고대 기록에는 바람, 비, 구름에 관한 관측 기록이 많다.

삼국 시대 약 1천 년간 온난한 시기와 한랭한 시기가 반복됐다. 1세기 전후의 온난한 시기는 짧았고, 2~3세기 한랭한 시기에 이어 4~6세기에는 온난한 기후가 이어졌다. 8~9세기 한랭한 시기는 2~3세기의 한랭기에 비해 춥지 않았으나 이전 온난한 시기보다는 서늘했다. 2~3세기는 한랭 습윤했고, 8~9세기는 한랭 건조했다.

고려 때인 1000~1250년은 상대적으로 온난했고, 1250~1400년은 냉량한 시기와 온난한 시기가 교차했으나 상대적으로 한랭했다. 900~1100년은 비교적 건조하다가 1100~1200년대는 습윤해졌고, 1200~1350년은 건조했다가 1350~1400년은 몹시 습윤했다. 고려 초에는 온난 건조했고, 고려 말에는 한랭 건조하다가 차츰 한랭 습윤했으며, 고려 말기에는 기후변화가 두드러졌다.

조선 때 기후변화

조선 초기에는 건조(1401~1500), 다습(1551~1600), 건조 및 다습(1601~1650) 시기가 교차했다. 조선 후기에는 건조(1651~1700)했다가 다습(1701~1800), 매우 다습(1801~1900)한 시기가 이어졌다. 1821~1845년 사이의 강수량은 433mm 정도로 가장 많았고, 1796~1820년 사이도 강수량은 397mm 정도로 비가 많이 내렸다.

《조선왕조실록》에 따르면, 1600년대 초 서늘했던 소빙기 제1기 이후, 1700년대 후반 소빙기 제2기 이후, 1800년대 초 소빙기 제3기 이후 등 세 번에 걸쳐 한해(가뭄), 수해(폭우), 기근이 많았고 인구가 크게 줄었다. 특히 1601~1650년은 기후가 매우 서늘했다.

소나무 나이테를 이용해 중서부의 5월 강수량(1731~1995)을 복원한 결과 19세기에는 습윤한 기간이 많았으며, 20세기는 상대적으로 건조했다. 특히 1731년 이래 1890년부터 1930년까지 건조한 기간이 가장 오랫동안 이어지고 강수량이 변동하는 폭도 작았다.(Park and Yadav, 1998) 북한에서는 1500~1600년에 봄과 여름 가뭄이 자주 나타났고, 특히 1521~1530년은 과거 1천 년간 가장 건조했다.(Jo, 2003)

우리나라의 과거 1천 년간 기후변화

연도	기온	강수
1911~1996년	온난	습윤
1890~1930년		건조
1884~1910년		건조
1830~1850년	온도 가장 낮음(연륜 자료)	강수량 많음(서울: 1830~1840)
1810~1860년	1~1.5 ℃ 낮음(모델)	
1820년		습윤
1801~1900년	한랭	
1783~1883년		습윤
1701~1750년	한랭	
1700~1730년	온도 가장 낮음(연륜 자료)	
1700~1710년	1~1.5 ℃ 낮음(모델)	
1680년		극심한 건조
1660년		습윤
1650년		집중호우 증가
1640~1760년		과거 1천 년 중 가장 한랭(북한)
1600년		극심한 건조
1551~1650년		한랭
1521~1530년		과거 1천 년 중 가장 건조(북한)
1520년		습윤
1500년 초, 중		습윤
1500~1650년	과거 3천 년 중 가장 낮은 온도	
1440년		극심한 건조
1410년		습윤
1400년대	과거 1천 년 중 가장 한랭(북한)	
1000~1250년	과거 1천 년 중 가장 온난(북한)	

(Jo, 2003, 임규호, 심태현, 신임철, 2004 바탕으로 작성)

소빙기 사회상

소빙기는 지금부터 약 500~100년 전에 일어났던 전 지구적인 한랭 현상으로 유럽의 소빙기는 1430년쯤 시작되어 1850년경 끝났다. 소빙기 동안 지구 온도는 약 0.5~1℃ 낮았고, 1680~1750년에 바닷물 수면 온도는 1~2℃ 정도 낮았다.

역사적으로 기후변화가 문명의 멸망을 부추긴 사례가 많다. 476년 서로마제국의 멸망 원인으로 흔히 퇴폐와 향락을 꼽지만, 소빙기에 따른 기후변화에 주목하기도 한다. 3세기 중반에 추워지고 일조량이 감소하면서 기근이 이어졌고, 면역력이 저하하면서 역병이 퍼졌다. 4세기 후반에도 곡식 수확량이 감소한 데 이어 5세기 들어서는 부의 순환이 끊겼다. 카일 하퍼는 《로마의 운명》에서 로마의 과밀한 도시 거주지와 제국 내외부를 이어 주는 교역망이 감염병을 전파했고, 여기에 소빙기까지 겹쳐 식량이 부족해 감염병이 더 번졌다고 주장했다.

멕시코, 과테말라 등 중미를 기반으로 번성했던 마야 문명과 중국 전성기 중 하나로 꼽히는 당나라(618~907) 역시 기후변화의 직격탄을 맞았다. 경제 문화적으로 나름 번영기를 누리다가 10세기 초 멸망한 공통점이 있는데, 이는 극심한 가뭄으로 먹을 게 크게 줄어든 탓이다.

2012년 영국 케임브리지대 연구에 따르면, 캄보디아 지역에서 과거 찬란한 영화를 누렸던 앙코르 제국도 15세기 멸망 당시 장기간의 가뭄에 시달렸다. 나이테를 분석해 보니, 가뭄이 오래 이어지다가 중간중간 엄청난 폭우가 쏟아지는 이상기후가 나타난 것을 발견했다. 앙코르 제국의 최대 규모 저수지에서도 멸망 무렵 강우량이 그전의 10% 수준밖에 되지 않았다. 쌀농사에서 극심한 흉년이 들어 민심이 등을 돌리고 외적의 침입을 받아 멸망할 정도로 기후변화는 인류 문명에 지대한 영향을 미쳤다.

국내 고문헌에는 1551~1650년, 1701~1750년, 1801~1900년이 다른 기간보다 한랭한 소빙기였다고 나타났다. 이는 나이테 자료에 의한 한랭 시기인 1700~1730년과 1830~1850년과도 다르지 않다. 즉 한반도에서는 과거 1천 년간 가뭄과 습윤이 반복됐으며, 매우 높은 강수량을 기록한 이상기후가 여러 번 나타났다.

조선 시대 소빙기는 사회에 영향을 미쳤다. 1600년대 초반, 1700년대 후반, 1800년대 후반 등 세 번의 인구 감소가 있었다. 1600년대 초의 인구 감소는 추위를 나타내는 냉량지수가 높았던 소빙기 제1기 이후, 1700년대 후반의 인구 감소는 소빙기 제2기 이후, 1800년대 초반 인구 감소는 소빙기 제3기 이후에 나타났다.

경신 대기근(庚辛大飢饉)은 현종 때인 1670년(경술년)과 1671년(신해년)에 있었던 대기근으로, 북반구 기온이 떨어진 소빙기 때문에 발생한 것으로 본다. 지진, 가뭄, 우박, 폭우 등 약 207차례 있었던 자연재해로 농사에 실패했고, 당시 조선 인구 1,200~1,400만 명 가운데 약 최소 15만에서 최대 85만 명이 사망해 역대 가장 참혹한 기아 피해가 발생했다.

조선 후기, 특히 1751~1800년과 1851~1900년의 소빙기 제2기와 제3기에 기후가 한랭해지고 가뭄과 홍수가 겹치면서 괴질, 악질 등 각종 전염병이 널리 발생해 인구가 감소하고, 기근, 민란, 정변, 전쟁 등으로 사회적 혼란은 매우 심했다.

북한에서는 1400년대와 1500~1760년이 과거 1천 년 중 온도가 낮았던 시기였는데, 1640~1760년은 특히 낮았던 시기였다. 반면 1000~1250년과 1900~2000년은 가장 온난했던 시기였다. 그중 1000~1250년은 중세 온난기로, 전 지구 온난기에 해당한다.(Jo, 2003)

최근의 지구촌 기후변화

IPCC 6차 보고서에 따르면, 2011~2020년 지구 표면 온도는 1850~1900년보다 1.09℃(0.95~1.20℃) 높았다. 1970년 이후 50년간 지표면 온도 상승세는 지난 2천 년 사이 어느 50년간보다 빨랐다. 인간이 배출한 온실기체에 따라 1.09℃ 정도 기온이 상승한 것으로 본다. 이는 지질 시대의 자연 상태에서 1천 년에 1℃ 상승하는 것보다 매우 빠른 속도다.

1850~2019년의 온실기체 배출량을 합치면 2,400±240기가톤(Gt, 1Gt은 10억 t)에 이르는 것으로 추산된다. 시기별로는 1850~1989년에 58%, 1990~2019년에 42%가 배출됐다. 2019년 기준 대기 중 이산화탄소 농도는 410ppm으로 지난 200만 년 내 가장 높고, 메탄과 아산화질소 농도 역시 각각 1.866ppm과 332ppm으로 지난 80만 년 내 최고치였다. 2019년 온실기체 배출량은 이산화탄소 환산량으로 59±6.6기

가톤이었는데, 79%가 에너지, 산업, 교통, 건물에서 나왔고 나머지는 농업과 임업 등 토지 이용에서 배출됐다.

기후변화는 육상, 담수, 눈과 빙하, 연안, 대양 생태계에 끊임없이 영향을 끼치며 그 피해는 갈수록 커지고 있다. 33억~36억 명의 사람이 기후변화에서 비롯된 식량, 물 부족으로 매우 취약한 상태에 놓였다. 기후변화에 따라 고위도의 농업 생산성은 높아지기도 했으나 중저위도에서 농업, 어업의 생산성은 낮아졌다.

지구 평균 온도는 탄소를 가장 적게 배출하는 공통사회경제경로(Shared Socioeconomic Pathways, SSP) 시나리오인 SSP1-1.9에서도 21세기 내 1.5℃를 넘을 것이고, 온실기체를 줄이는 노력을 하지 않으면 2100년까지 기온은 2.8℃(2.1~3.4℃)까지 높아질 수 있을 것으로 내다봤다. 지구 평균 온도 상승 폭이 1.5℃를 넘지 않도록 하려는 것은 2015년 파리협정의 목표다. 이를 위해서는 2030년까지 탄소 배출량을 2019년 배출량의 43% 수준으로 줄여야 하고, 2℃를 넘지 않으려면 27% 줄여야 한다.

100년 동안의
대한민국 기후변화

전 세계적으로 가장 오랫동안 연속해서 온도를 측정한 기록은 1659년 영국 중부에서 찾을 수 있다. 영국 기상청 해들리 센터(Met Office Hadley Centre)에는 1850년경에 현대적인 온도계를 이용해 직접 기온을 관측한 자료가 있다. 과학적으로 의미 있는 기온을 관측한 기록은 1880년부터 시작됐으며, 우리나라에서의 기상 관측 역사는 100여 년에 이른다.

1904년부터 현재까지, 근현대 기상 관측의 역사

우리나라는 1883년에 인천항과 원산항 세관에 기상 관측기기를 설치해 근대적 기상 관측을 시작했다. 1904년부터는 부산, 목포, 인천, 용암포, 원산 등 5곳에 임시 기상 관측소를 설치했고, 성진, 진남포를 추가해 7곳의 기상 관측망을 갖추었다. 1915년까지 부산, 인천, 신의주, 원산, 성진, 서울, 평양, 대구, 강릉, 웅기, 중강진 등 11곳에 측후소를 설치하면서 전국 기상 관측망이 만들어졌다. 광복 이전까지 전국에는 남한 14곳 등 총 24곳의 측후소가 있었다.

1946년부터 1950년 6·25전쟁까지 매일 매

시 기상을 관측했다가 전쟁으로 일시 중단됐으며, 1953년에 국립중앙 관상대가 서울로 이전하면서 다시 관측을 시작했다. 1970년대 이후에는 약 60개 관측소에서 여러 기상요소를 관측하며, 전국 672여 곳에 자동 기상 관측장비(Automatic Weather System, AWS)를 설치했다. 1904년부터 현대적인 기상 관측기기로 관측한 기상 자료를 바탕으로 지난 120여 년 동안의 국내 기후변화 추세를 알 수 있다.

기온

2000년대 이전 기온 변화

지난 106년 동안 강릉, 서울, 인천, 대구, 부산, 목포 등 6개 관측 지점의 연평균 기온은 13.2℃, 연평균 최고 기온은 17.5℃, 최저 기온은 8.9℃였다. 1904~1934년과 비교하면 1931~1960년 사이에 강릉, 서울, 인천, 대구, 전주, 광주, 부산, 목포 등에서 기온이 0.1~0.4℃ 올랐다. 그러나 울릉도, 포항, 울산, 여수 등 해안 지방의 평균 기온은 낮아졌다.

연평균 기온은 1930년경까지 12℃ 내외였

으나, 1940~1950년에는 12~13℃ 사이를 오르내렸고, 1950~1960년대에는 다시 상승했다. 1970년대에는 하강하다가 1980년대에 다시 올랐다. 세계적으로 20세기 초반에 기온이 높았고 1940년대에 가장 온도가 높았으나, 한반도에서는 1950년대에 고온이 나타났다. 또 세계적으로 1960년대에 기온이 낮았으나, 한국에서는 1970년대에 저온기가 나타나는 등 세계적 추세보다 뒤늦었다.

1910년대 이후 지구 평균 기온은 0.74℃ 올랐으나, 국내 6개 도시의 평균 기온은 1.7℃ 상승했다. 1996~2005년에는 1971~2000년보다 평균 기온이 0.6℃ 오르면서 기온이 빠르게 상승했다. 기온 상승은 지구온난화 때문이지만, 도시화 효과도 20~30%를 차지했다.(Choi et al. 2003) 평균 기온뿐만 아니라 최저 기온과 최고 기온도 상승했고, 겨울 혹한은 줄어드는 대신 여름 혹서는 늘었다. 1920년대에 비하여 1990년대에는 겨울의 길이가 한 달 정도 짧아지고, 여름이 매우 길어졌으며, 봄꽃 개화기도 빨라졌다.

10년마다 연평균 기온은 0.18℃, 연평균 최고 기온은 0.12℃, 연평균 최저 기온은 0.24℃씩 상승해 최저 기온의 상승 폭이 두드러졌다. 지난 30년 동안 기온은 20세기 초(1912~1941)보다 1.4℃ 높았다. 시기별로는 2010년대(2011~2017)의 연평균 기온이 14.1℃로 상승해 1980년대(13.4℃)와 1990년대(14.0℃)보다 온난했다.

대한민국의 1961~1990년 연평균 기온은 1931~1960년보다 0.4℃ 상승했다. 1980년대 연평균 기온은 1931~1960년보다 1.1℃, 1990년대는 1.4℃가 상승했다. 기온, 강수량 모두 증가했는데, 여름철은 강수

연평균 기온 변화

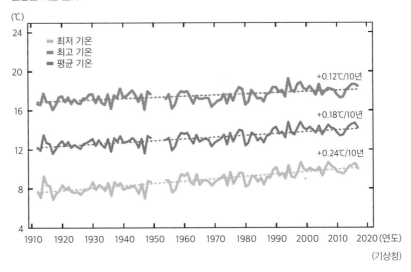

(기상청)

량이 증가했고 겨울철은 기온이 두드러지게 높아졌다.

1904년 이후 2000년까지 국내 평균 기온은 1.5℃ 상승해 지구 전체 온난화 추세보다 높았다. 기온 상승의 20~30%는 지구 온난화와 도시화에 따른 것이다. 주요 5대 도시에서 도시화에 따른 기온 상승률은 0.44~0.86℃였다.[(Oh et al, 2004)]

1970~2020년 기온 변화

한국은 1970년대(1973~1980)보다 2000년대(2001~2008)에 평균 기온이 겨울에는 1.3℃, 여름에는 0.2℃ 상승했다. 이런 추세가 이어지면

21세기 말에는 약 4℃까지도 상승할 것으로 보는데, 지구 온난화와 도시화가 주된 원인이다. 계절적으로는 겨울에 기온 상승이 뚜렷했고, 여름에는 거의 변화가 없었다. 과거와 비교해 최근 수십 년 동안 대부분 지역에서 매우 추운 극한(極寒) 기온의 빈도와 서리 일수가 크게 줄고, 매우 더운 극서(極暑) 기온의 빈도는 늘었다. 봄철 기온의 상승과 온실기체의 증가에 따라 숲은 일찍 푸르러졌다.

기후변화의 원인 물질인 대기 중 이산화탄소 농도는 1999~2008년 사이에 연평균 약 2.3ppm 늘어 전 지구 평균(1.9ppm/년)보다 높았다. 화석연료의 연소와 토지 이용의 변화에 따라 이산화탄소 배출이 늘어 대기 중 이산화탄소 농도는 증가했다. 지구 온난화를 일으키는 메탄(1.9ppb/년), 아산화질소(1.0ppb/년) 농도는 10년간 꾸준히 증가했다.

온실기체가 증가하면서 연평균 기온과 해수면도 상승했다. 연평균 기온은 10년마다 높아졌는데 1954~1999년에는 0.23℃씩, 1981~2010년에는 0.41℃씩, 2001~2010년에는 0.5℃씩 높아졌다. 지구 온난화에 따라 한반도는 바닷물 표면 수온이 28℃보다 높은 웜풀(warm pool)이 나타나는 엘니뇨 영향권에 있고, 혹한, 집중호우 등 극단적인 기상이 늘었다. 한반도는 일반적인 엘니뇨 해에 여름~가을이 한랭하고 이듬해 봄에는 온난하지만, 웜풀 엘니뇨 해에는 여름과 가을이 온난하다.

우리나라의 연평균 기온은 1980년대 이후에 뚜렷하게 상승했다. 아시아와 동아시아의 온실기체 증가는 한반도의 온난화에도 상당한 영향을 미쳤다. 1970년대 이후에 한반도에 영향을 주는 열대성 저기

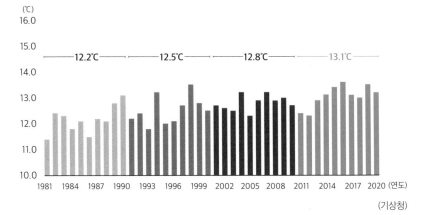

1981~2020년 연도별 평균 기온과 10년 단위 평균 기온

(℃)

———— 12.2℃ ———— ———— 12.5℃ ———— ———— 12.8℃ ———— ———— 13.1℃ ————

1981 1984 1987 1990 1993 1996 1999 2002 2005 2008 2011 2014 2017 2020 (연도)

(기상청)

압의 강도가 커졌다. 극단적인 저온 현상은 뚜렷하게 감소하지만, 고온 현상은 약간 늘었다. 주변 해양의 수온과 해수면 상승률은 전 지구 평균인 0.85℃, 1년에 1.4mm보다 약 2~3배 높았다.

지구 평균 지표 온도는 1880~2012년에 0.85℃ 높아졌으나, 우리나라는 1912~2017년에 약 1.8℃ 상승해 전 지구 평균보다 높았다.

기상청에 따르면, 30년 동안 10년 단위로 낸 평균 기온은 0.3℃씩 꾸준히 상승했다. 1980년대와 2010년대의 평균 기온 차이가 0.9℃이다. 2011~2020년 연평균 기온은 13.1℃로 1980년대 12.2℃, 1990년대 12.5℃, 2000년대 12.8℃와 비교해 높아진 걸 보면 지구 온난화가 이어졌음을 알 수 있다.

1980년대와 2010년대를 비교해 보면, 폭염 일수는 5.1일, 열대야 일수는 5.8일이나 늘었다. 1991~2010년 20년간 증가한 폭보다 최근

10년 동안 상승한 폭이 훨씬 넓었다.

　지난 100년 동안 전 지구적으로 나타난 기온 상승 추세는 한반도 내에서도 지역마다 달라서 수도권 일대, 원주, 청주, 대전, 대구 등에서 기온이 크게 올랐다. 반면 경상북도 북서부 지역에서는 온도가 내려갔다. 이처럼 한반도 내에서 지역에 따라 기온 변화가 다른 것은 인구 증가율, 도시 성장률 등 도시화 경향의 차이에 따른 것으로 알려졌다.

2000년대 이전 계절별 기온 변화

　계절에 따른 기온 변화를 살펴보면 여름 기온은 1910년대에는 높았고, 1930년대, 1950년대, 1970년대에는 내려갔다. 1920년대, 1940년대, 1960년대에 높아졌고, 1980년대 이후 상승했다. 1931~1960년대와 1961~1990년대에 여름 기온은 강릉, 서울, 포항, 대구, 진주, 울산, 부산, 제주 등에서는 상승했으나, 울릉도, 광주, 여수 등은 변화가 거의 없었고, 추풍령은 기온이 내려갔다. 여름 기온이 상승한 지역은 서울, 대구, 포항, 울산 등 도시화와 산업화가 뚜렷한 지역이고, 울릉도, 대관령, 추풍령 등 섬이나 산간에서는 여름 기온이 오르지 않았다.

　겨울(12~2월) 평균 기온은 전국적으로 0~2℃ 정도 오르내렸는데, 1920년대, 1940년대 중반, 1960년대 말~1970년대 초, 1980년대 초에는 하강하다 다시 상승했다. 1904~1990년 동안 겨울 평균 기온은 대구 2.3℃, 서울 1.2℃ 상승하는 등 도시에서는 1℃ 가깝게 상승했으나,

울릉도, 대관령, 추풍령 등 산지에서는 크게 달라지지 않았다.

여름에는 크게 오르지 않았으나 지역적으로 뚜렷한 상승을 보인 지역도 있다. 평균 기온은 서귀포(1.3℃), 원주(0.8℃), 제주(0.7℃) 순으로, 최고 기온은 서귀포(1.5℃), 완도(1.4℃), 합천(1.1℃), 거창(1.1℃) 순으로, 최저 기온은 서귀포(1.3℃), 제주(1.2℃), 보령(1.2℃), 원주(1.1℃) 순으로 상승이 두드러졌다. 그러나 겨울에는 평균 기온, 최고 기온, 최저 기온의 기온 상승이 뚜렷해 전국적으로 겨울에 약 1.3℃ 정도 기온이 상승했고, 최고 기온과 최저 기온도 1.4℃ 높아졌다.

계절별로 기온이 상승한 폭은 겨울(0.25℃/10년), 봄(0.24℃/10년), 가을(0.16℃/10년), 여름(0.08℃/10년) 순이었다. 10년마다 여름 일수는 1.2일, 열대야 일수는 0.9일, 온난한 밤은 1.0일씩 늘었다. 10년마다 서리 일수는 3.2일, 결빙 일수는 0.9일, 한랭한 밤은 2.6일, 한랭한 날은 1.9일씩 줄었다. 폭염은 106년 동안 뚜렷한 변화가 없으나, 최근 10년은 30년보다 0.9일 늘었다. 최근 10년 동안 서리 일수, 결빙 일수, 한랭야, 한랭일 등이 조금 늘었다.

2000년대 계절별 기온 변화

2010년대 중반부터 봄철 이상고온 현상이 잦고 심해졌다. 여름 기온은 1960~1999년에는 10년에 0.03℃씩 상승했으나, 2000~2012년에는 0.65℃씩 높아져 폭염이 크게 늘었다. 1973~2017년에 폭염 일수는 10년에 0.89일씩 늘었고, 특히 여름에 야간 기온이 25℃ 이상인 열대야(熱帶夜, tropical night)는 10년에 0.96일 정도 늘었다. 반면 겨울 기온은 1960~1999년에는 10년에 0.50℃ 정도 높아졌으나 2000~2012년에는 0.85℃ 정도 낮아졌다. 연평균 기온이 높았던 10개 해는 1998년(4위)과 1994년(8위)을 빼고 모두 2000년 이후다. 특히 1~5위는 1998년을 제외하고는 전부 2015년 이후(차례로 2016, 2021, 2019, 2015)다.

최근에는 봄철 이상고온이 잦아져 5월 평균 기온은 2014~2017년 사이 해마다 역대 기록을 갈아 치웠다. 낮 최고 기온이 33℃를 넘어 매우 더운 폭염 일수는 지금은 10.1일인데 21세기 후반에는 35.5일로 증가할 것으로 본다. 여름에 33℃ 이상인 날이 한 달 넘게 이어지는 것이다. 한국에서는 지구 평균보다 더 높은 기온 증가율을 보이는 등 기온 상승이 뚜렷해지고 있다. 지금처럼 온실기체를 배출하면 국내 연평균 기온은 21세기 말에는 최대 4.7℃까지 높아질 수 있다는 전망도 있다.

지난 100여 년 동안 국내 기온이 1.8℃ 상승했는데, 이는 온난화뿐만 아니라 약 20~30%를 차지하는 도시화 효과도 반영됐다. 여름은 19일 길어지고 겨울은 18일 짧아졌다. 특히 최근 30년은 과거 30년보다 여름이 길어지고 겨울이 짧아졌으나, 봄과 가을은 큰 변화가 없었다. 계절의 시작은 봄이 13일, 여름이 10일 빨리 시작되고, 가을은 9일, 겨울은 5일 늦게 시작됐다.

기온을 기준으로 구분하는 계절 역시 10년 단위로 살펴보면 변화가 두드러졌다. 봄과 여름은 일평균 기온이 각각 5℃(봄), 20℃(여름) 이상 올라간 후 다시 떨어지지 않는 첫날을 그 시작으로 본다. 가을과 겨울

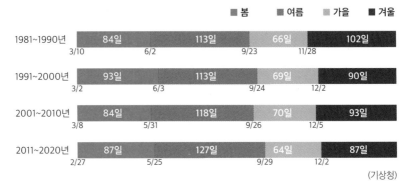

10년 단위로 비교한 계절 길이

■ 봄　　■ 여름　　■ 가을　　■ 겨울

1981~1990년	84일	113일	66일	102일
1991~2000년	93일	113일	69일	90일
2001~2010년	84일	118일	70일	93일
2011~2020년	87일	127일	64일	87일

(기상청)

은 일평균 기온이 각각 20℃(가을), 5℃(겨울) 미만으로 떨어진 후 다시 올라가지 않는 첫날이 시작일이다. 2010년대에 여름은 4달이 넘도록 이어졌고, 겨울은 3개월이 채 되지 않아 끝났다. 1980년대와 2010년대를 비교해 보면, 여름은 113일에서 127일로 무려 2주나 늘었다. 반면 겨울은 102일에서 87일로 보름이 줄었다.

충남 태안 안면도에서 관측된 이산화탄소 농도 증가율은 지구 평균 증가율보다 높았으며, 그 변동 폭도 두드러졌다. 메탄 농도는 지구 평균 증가율보다는 다소 낮았다. 한편 한반도 평균 지표 기온 증가율은 지구 평균보다 높게 나타났다. 이는 온실기체의 증가에 도시화 효과가 더해진 결과이다. 계절적으로는 겨울의 상승이 뚜렷했고, 여름은 변화가 거의 없었다. 한반도 지역 봄 기온의 상승과 온실기체의 증가는 다른 지역보다 빨라서 한반도에서 나무가 일찍 잎을 내며 자랐다.

왜 기온은 높아졌나

대한민국의 대기 중 이산화탄소와 메탄의 농도는 전 지구 평균 농도(2011년 CO_2 391ppm, CH_4 1,803±2ppb)보다 각각 5~8ppm, 100ppb 정도 높고, 이에 따른 기후변화를 일으키는 복사강제력(輻射强制力, radiative forcing)도 지구 평균보다 조금 높았다. 안면도에서 관측된 이산화탄소 농도는 1999년 371.2ppm에서 2018년 415.2ppm으로 연평균 2.4ppm씩 늘어 지구 평균 증가율(+2.3ppm/년)과 비슷했다. 1990년 초반부터 십여 년 동안 안정됐던 메탄 농도가 2007년부터 늘어 2018년에는 1,974ppb로 지구 평균보다 115ppb 높았고, 관측이 시작된 1999년보다 113ppb 늘었다.

1990~2016년에 인간 활동에 따라 오염 물질이 늘면서 대기 중 오존 농도는 연평균(+0.6ppb/년)보다 여름(+1.2ppb/년)이 뚜렷하게 높았다.

대기 중 온실기체 증가와 함께 도시화에 따른 토지 이용 변화도 기온 상승을 부추긴다. 경작지로 이용하던 토지가 신도시 건설 때문에 시가지, 공터로 바뀌면 기온이 오른다. 도시화에 따라 녹지가 줄면서 기온도 올랐다.

강수

시기에 따른 강수량 변화

조선 시대 측우기 관측 자료와 근대 관측
자료를 비교한 220년 동안의 강수량 변화(임규
호, 정현숙, 1992)에 따르면, 1783~1883년은 제1습
윤기, 1884~1910년은 건기, 1912~1990년
은 제2습윤기였다. 그 뒤 1910년대와 1940년
대는 비가 적게 내렸고, 1950년대와 1960년
대 전반에는 비가 많았다. 1904~1934년에 비
해 1931~1960년에는 강수량이 약간 줄었고,
1961~1990년은 1931~1960년보다 강수량이

많이 늘었다. 지역별로 보면 강릉, 서울, 인천, 포항, 대구, 진주, 울산, 광주, 부산, 여수 등은 강수량이 늘었고, 울릉도는 강수량이 감소했다. 추풍령, 전주, 목포, 제주 등의 강수량은 크게 변화가 없었다.

연평균 강수량은 수십 년 주기로 크게 변하는데, 장기적으로는 차츰 늘고 있으며, 비 오는 날은 줄어드는 대신에 한꺼번에 많은 비가 내리는 편이다. 1961~1990년 동안 연평균 강수량은 1,301.7mm였으나 2000년 초기 10년 동안에는 1,330.4mm로 증가했다.

1990년대 이후 6~7월 장마 동안의 강수는 줄었고, 8월에 비가 많이 왔다. 한편 9월에 나타나는 가을장마와 태풍에 의한 강수는 줄었다.

1974~2003년 6년마다의 강수량 비교[고정웅 등, 2005]에 따르면, 첫 6년 (1974~1979) 동안 우기 평균 강수량은 743.8mm로 늘다가 1992~1997년에는 715.8mm로 크게 줄었다. 1998~2003년에는 1992~1997년보다 약 46%가 늘어 1,043.6mm의 비가 내렸다. 1974~1979년, 1992~1997년 기간에는 강수량이 아주 높아지는 극댓값을 나타내는 시기가 없었으나, 1980~1885년(857.1mm), 1986~1991년(927.2mm) 기간에는 장마와 늦장마 시기에 극댓값이 나타났다. 그러나 1998~2003년 기간에는 8월 초순에 극댓값이 나타나면서 강수 패턴 변화가 있었다.

최근 한반도에서 관측되는 강수 변동성의 특성은 전반적으로 강수 일수는 줄었으나 강수량이 증가하며 큰비가 내리는 날은 늘었다. 연강수량은 변동성이 크지만 106년 동안 증가했으며, 특히 여름철 강수량은 +11.6mm/10년으로 크게 늘었다. 강수 일수는 뚜렷한 변화가 없었으나, 강수 강도는 10년마다 +0.2mm/일씩 많아졌다. 특히 하루 강

측우기(1777~1907)와 현대 강우량계(1908~1996)로 관측한 서울의 연 강수량 변화

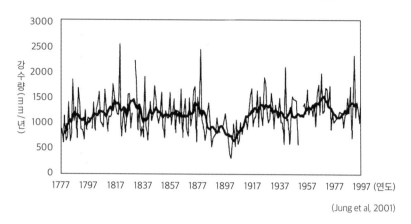

(Jung et al, 2001)

수량이 80mm 이상인 강한 강수의 빈도, 양이 뚜렷하게 늘었다. 여름 강수량은 10년마다 11mm 이상 늘어 약 19%가 증가했다. 이 대부분이 여름 강수량이 늘며 나타났고, 호우도 자주 발생했다.

1980~2015년에는 늦겨울(2월), 초봄(3~4월), 초가을(9월)에 가뭄이 증가하는 경향을 보인다. 1912~2017년 사이 여름 집중호우도 양(+7.54mm/10년)과 발생 일수(+0.07일/10년)가 늘었다. 1970년대 이후 한반도 주변의 태풍은 빈도와 강도 모두 늘었다. 태풍(최대 풍속이 95노트 이상)은 1977~1994년에는 평균 풍속 73.9m/s가 22회였으나 1995~2012년에는 평균 풍속이 76.0m/s이며, 26회로 늘었다.

계절에 따른 강수량 변화

여름에 내리는 비의 양은 연 강수량의 50% 이상을 차지하며 특히 장마 때 집중된다. 전국 26개 지점에서의 연평균 강수량은 약 1,287mm이다. 지점별 연평균 강수량을 살펴보면 서울과 강원도 일부 지역, 대전, 경상남도, 전라남도 동부, 제주도에서 연 1,300mm 이상이다. 반면 경상북도와 목포에서는 연 1,100mm 이하로 상대적으로 적었고, 진주와 부산, 서귀포는 연 1,500mm 이상의 많은 비가 내렸다.

1990년 이후의 여름 평균 강수는 이전 평균 680mm보다 15% 정도 늘었다. 6월 말에서 7월 말까지의 평균 강수량은 약 5% 줄었으며, 특히 북서 태평양 고기압이 한반도를 지배해 무더위를 가져오는 8월의 강수량 증가가 뚜렷해졌다. 강수량은 늘었으나 강우 일수가 줄어들어 강도가 커졌으며, 집중호우가 자주 발생하면서 홍수가 늘었다.

1941~1970년과 1971~2000년 14개 지점의 여름 강수량을 분석해 보니[이승호, 권원태, 2004] 국내 여름 강수량은 대부분 늘었는데, 중서부 지역의 8월 강수량이 크게 늘어난 것을 확인할 수 있었다. 9월 강수량은 전 지역에서 감소했고, 강수 일수도 줄었다. 여름 강수량을 살펴보면 장마가 절정에 이르는 7월 중순과 늦장마기인 9월 초순 절정을 보였으나 1971~2000년에는 경향이 크게 바뀌었다. 서울에서는 1971~2000년 사이에 6월 중순 이후 꾸준히 강수량이 늘어 8월 상순에 가장 비가 많이 내렸다. 1951~1980년에 비해 지구 온난화에 따라 8월 상순에 강수 강도가 크게 높아졌다.

1954~2001년까지 한반도 내 11개 관측소에서 여름 강수량의 장기적 변동 분석(Ho et al, 2003)을 살펴보면, 강수량의 5년 이동 평균값이 점차 커졌다. 강수 일수는 크게 변하지 않았으나 강한 강수 사례는 1960~1970년대보다 1980~1990년대에 늘어났다.

1970~2020년 강수량 변화

1996~2005년 사이 연평균 강수량은 1,485.7mm로 평년(1971~2000)보다 약 10% 늘었고, 하루 강수량 80mm 이상 많이 내리는 호우일수는 20일에서 28일로 약 8일이나 늘었다. 지구 온난화가 가속화되면서 한반도에 극한기상이 늘어날 것으로 보인다.

1990년대 이후 6~7월 강수는 감소하고, 북서 태평양 고기압권에 놓이게 되는 8월에 강수가 증가했으며, 9월 가을장마와 태풍에 의한 강수는 감소했다. 지구 온난화에 따라 한반도에 상륙하는 태풍의 강도가 점차 강해지면서 집중호우가 자주 내린 것이다.

국내 강수량은 상당한 불확실성을 보이나 전반적으로 증가했다. 여름에 강수량이 집중되면서 전체 강수량도 증가했고, 1912~2019년까지 강수량이 약 10년마다 16.7mm 정도씩 늘었다. 그러나 봄, 가을, 겨울은 특별한 변화가 없어서 여름에는 갑자기 내리는 호우 등으로 홍수 위험성은 높아진 반면, 봄과 겨울에는 가뭄 빈도가 늘어나는 이상기상이 자주 나타났다.

북한의
기후변화

북한의 연평균 기온은 8.9℃, 연평균 강수량은 912mm로, 남한의 연평균 기온(12.8℃)보다 3.9℃도 낮고 연 강수량은 남한(1306.3mm)의 70% 수준이다. 북한에서는 대부분 지점에서 이전 평년값과 비교해 기온이 0.3~0.4℃ 정도 올랐고, 특히 해주와 함흥은 0.5℃ 정도 크게 상승했다. 연평균 기온이 가장 높은 곳은 동해안에 있는 장전(12.4℃)이고 가장 낮은 곳은 백두산 삼지연(0.8℃)이다. 평양의 연평균 기온은 11.0℃로 북한 전체 평균보다 높다. 기온 상승과 함께 폭염과 열대야 일수도 각각 1.2일, 0.5일씩 늘었다. 반면에 한파 일수는 2.7일 줄었다.

북한에서도 계절 길이는 바뀌어서 여름은 3일 길어지고 겨울은 4일 짧아졌다. 과거에는 겨울이 11월 9일부터 3월 31일까지 143일이었으나 이제는 11월 11일부터 3월 29일까지 139일로 줄었다. 기온 상승에 따른 기후변화가 계절 일수의 변화를 가져왔다.

북한의 연평균 강수량은 1980년대는 977mm, 1990년대는 870mm였다. 2000년대 초반 10년간 강우량은 평년보다 5~10% 감소했고, 유출량은 최근 20~30년 동안 10~15% 줄었다.(홍일표, 2006) 연평균 강수량은 대부분 지역에서 감소했으나 여름철 집중호우가 발생한 함경남북도 일부 지역에서는 늘었다. 동해안 장전의 연평균 강수량은 1502.3mm로 북한에서 가장 비가 많이 내렸고, 산악 고원지대에 있는 혜산은 연평균 강수량 평년값이 591.4mm에서 559.0mm로 줄어 북한에서 가장 비가 적게 내렸다.

미국 중앙정보국(CIA) 등 17개 정보기관을 총괄하는 미국 국가정보국(DNI)이 2021년 발간한 기후변화가 국가 안보에 미치는 위협을 다룬 보고서에 따르면, 북한은 아프가니스탄, 미얀마, 인도, 파키스탄, 이라크, 과테말라, 아이티, 온두라스, 니카라과, 콜롬비아 등과 함께 기후변화에 취약한 국가다. 북한의 열악한 하천, 제방, 저수지 등과 자원 관리 때문에 홍수와 가뭄에 대응하지 못해 식량 부족이 심각해질 수 있다고 했다.

기후는 왜 변할까?

1930년대에 세르비아의 지구물리학자 밀란코비치는 지구가 태양 주위를 돌 때 그리는 공전궤도와 지구 자전축의 기울기 변화 및 세차운동 때문에 기후가 주기적으로 바뀐다고 했다. 기후가 한랭해져 빙하가 넓어지는 빙하기와 기후가 온난해지는 간빙기는 약 2만 3천 년, 4만 1천 년, 10만 년을 주기로 바뀐다. 지구 기온도 약 2만 년 전부터 지금까지 최대 약 5~7℃의 폭으로 변화를 거듭했다. 기후가 변화하는 이유는 다양한 자연 현상과 인위적인 요인이 서로 얽혀 매우 복잡하다.

기후변화의
원인

    지구의 기후는 자연적인 원인과 인위적인 원인으로 변화한다. 사람의 활동에 따라서도 기후변화가 일어난다는 가설을 처음으로 제시한 사람은 스웨덴 과학자인 아레니우스(S. A. Arrhenius, 1859~1927)였다. 그는 1896년에 대기 중 이산화탄소량이 2배가 되면 세계 평균 기온이 약 5℃ 상승하고, 절반으로 줄면 5℃ 하강한다고 보았다. 지구 온난화가 앞으로 빙하기가 오는 것을 막을 수 있고, 작물 수확량을 늘려 굶주림을 줄일 것으로 기대했다. 기후 모델을 활용한 최근 연구도 아레니우스의 주장과 비슷하다.

　기후변화의 자연적인 원인으로는 지구 밖으로부터 시작되는 태양 복사 에너지 변화 등이 있다. 지구 자체의 원인은 지구 공전궤도 변화, 이심률, 자전축 기울기 변화에 따른 세차운동, 화산 폭발과 조산 활동 등이 대표적이다. 지구 내부에 있는 방사성 물질이 붕괴해 생기는 에너지의 변화도 기후변화를 일으킨다. 대기에서는 기후 시스템의 자연 변동성으로 생기는 엘니뇨, 북극 진동, 몬순(장마), 빙하 등과 대기 및 해양 순환의 변화도 원인이다. 인간에 의한 온실기체, 숲의 파괴, 산불, 토지 이용 변화 등 생물권의 변화에 따라서도 변한다.

　기후는 대기, 육지, 해양, 눈, 얼음, 생물체 등의 상호 작용에 영향을

기후변화의 원인

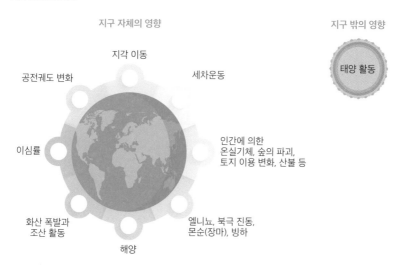

받는다. 특히 인간 활동이 기후변화를 일으키는 주된 요인으로 알려졌다. 지난 50년간 관측된 지구 온난화의 대부분은 인간 활동이 원인이라는 것이 과학계의 지배적인 의견이다.

지구 밖의 영향에 따른 기후변화

태양계의 유일한 항성인 태양은 지구뿐 아니라 태양계 내 모든 천체의 에너지원이다. 지구의 기후를 결정하는 가장 중요한 것은 태양의 복사 에너지다.

지구로 들어오는 태양 복사 에너지가 많아지면 따뜻해지고 줄어들면 추워진다. 따라서 태양은 지구를 따뜻하게 만들 수 있는 유일한 외부 에너지원이며, 지구로 들어오는 태양 복사의 변동은 기후변화의 자연적인 요인으로 매우 중요하다.

지구로 유입되는 복사량의 변화는 태양 활

동 자체의 변동과 지구 궤도의 움직임에 따라 달라진다. 태양 활동이 활발하고 약해짐에 따라 태양 표면의 온도가 변하고, 11년 정도의 주기를 가진 흑점(黑點, black spot)의 활동에 따라 에너지 방출량이 변한다. 태양 복사 에너지는 흑점이 많을 때 크고, 적을 때 작다.

지구 표면에 도착하는 태양 에너지가 줄면 기온이 낮아진다. 15~18세기에 걸쳐 나타난 소빙기는 태양 흑점 활동이 적었던 시기로, 극소기(極小期, minimum)라고 한다. 태양 흑점과 기후의 관계를 입증한 영국의 천문학자 마운더(E. W. Maunder)의 이름을 따라 마운더 극소기(Maunder Minimum)라고도 한다. 1645~1715년은 태양 활동이 가장 약했던 시기였고, 1460~1550년에는 스푀러 극소기(Spörer Minimum), 1300년쯤에는 울프 극소기(Wolf Minimum)가 있었다. 이들 극소기가 소빙기와 일치하므로 태양 활동이 약해져 소빙기가 나타난 것으로 본다.

한편 태양은 지구 기후에 영향을 줄 수 있지만, 지난 수십 년 동안의 지구 온난화는 태양의 활동과는 관련이 없다는 주장도 있다. 지구 온난화가 지구 궤도의 변화 및 태양 활동과 관련 있다는 증거가 충분하지 않다는 것이다. 대기 상층에 이르는 태양 에너지의 양인 태양 복사조도(太陽輻射照度, Total Solar Irradiation, TSI)는 지난 140년 동안 크게 바뀌지 않았다. 1978년부터 인공위성 센서를 이용해 TSI를 추적했는데 지구에 도달하는 태양 에너지의 양이 상승하지 않았다. 만약 태양 활동 때문에 지구 온난화가 발생했다면 지표면을 덮고 있는 대류권부터 성층권에 이르는 모든 층에서 온난화가 나타나야 한다. 그러나 실제로는 지표면에서는 온난화가 나타나지만, 성층권에서는 냉각이 발생하기도 한다. 태양이 더 뜨거워졌기보다는 지구 표면 근처에서 열을 가둬두는(heat-trapping) 기체가 늘어 지구 온난화가 나타났다고 보는 것이다.

지구 자체의 영향에 따른 기후변화

지각 이동

지구의 암석권은 고생대 말 페름기까지 판게아(Pangaea)라고 부르는 하나의 대륙, 즉 초대륙(超大陸)으로 이루어졌다. 초대륙은 서서히 땅덩어리가 움직이는 표이(漂移, drift)에 따라 여러 대륙으로 갈라졌다. 대륙이 떠서 움직이면서 위도에 차이가 생기고, 극(極, pole) 위치가 달라지면서 지역의 기후도 달라졌다.

지구에서의 조륙운동, 조산운동, 극의 이동, 육지와 바다 분포의 변화 등도 기후변화를 일으킨다. 조륙운동으로 육지가 바다가 되고 바다가 육지로 바뀌면서 에너지와 물의 수지가 바뀌어 기후가 변화한다. 조산운동으로 큰 산맥이 만들어지면 대기의 흐름을 바꾸기도 하고, 고산에 빙하가 발달하면서 지각운동과 해수면 변화에 따라 육지와 바다의 분포가 달라지면 기후도 바뀐다.

공전궤도 변화

지구는 태양을 중심으로 1년에 걸쳐 궤도를 따라 도는 공전(公轉)과 지축을 중심으로 매일 하루 한 바퀴 스스로 회전하는 자전(自傳)을 한다. 밀란코비치(M. Milankovitch)는 지구 공전궤도가 변화함에 따라 여름철 북위 65°에서 받는 태양 복사 에너지가 빙하기와 간빙기를 조절하는 데 중요하다고 했다. 공전과 자전이 발생하는 동안 지구가 태양으로부터 받는 에너지양이 달라지면서 생기는 기후의 주기를 밀란코비치 주기(Milankovich cycle)라고 부른다.

이심률

지구는 공전할 때 태양 주위를 타원 모양으로 회전한다. 그러나 공전궤도는 타원형을 항상 유지하지 않고 타원형에서 원형으로 되었다가 다시 타원형이 되기도 한다. 타원이 얼마나 일그러졌는지 보여 주는 수치가 이심률(離心率, eccentricity)이고, 공전궤도의 주기적인 변화가 이심률의 변화다.

지구 공전궤도는 10만 년이나 41만 년 주기로 변하면서 태양 복사에너지양의 변화를 부르고, 이로써 지구에서는 빙하기와 간빙기가 교대로 나타난다.

세차운동

지구 자전축은 지구가 공전하는 면을 기준으로 평균 23.5° 기울어져 있으나, 고정되지 않고 22.1~24.5°도 사이에서 주기적으로 변한다. 지구는 완전하게 둥글지 않고 적도 부분의 반지름이 약간 더 길다. 이 때문에 지구는 팽이가 멈출 때처럼 회전축을 기준으로 비틀거리며 회전하는데, 이를 세차운동(歲差運動, precession of the equinoxes)이라고 한다.

세차운동으로 태양과 지구가 가장 가까워지는 근일점이 변하면서 기후변화가 나타난다. 자전축 기울기는 4만 1천 년의 주기로 변하는데, 이 기울기가 바뀌면 위도에 따라 태양 에너지가 들어오는 양이 달라지면서 기후도 변한다.

지구 자전축의 변화는 기후변화와 인간 때문에도 나타난다. 중국과학원 지구과학연구소에 따르면, 지구 자전축이 1990년대에 비해 동경 26도 방향으로 3.28밀리각초(1밀리각초는 각도 1도의 360만분의 1) 이동했

세차운동

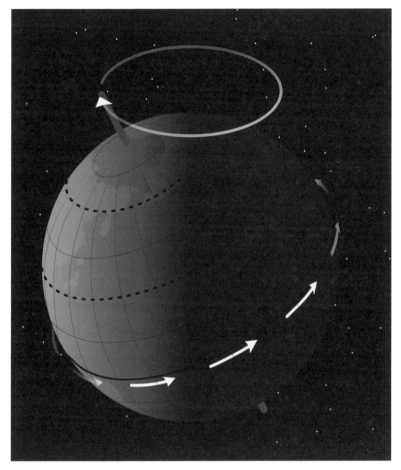

다. 1995~2020년의 자전축 이동속도는 1981~1995년보다 17배 빨라
졌으며, 자전축 이동 방향도 남쪽에서 동쪽으로 바뀌었다. 기후변화로
빙하가 녹아 자전축이 이동하게 됐다는 것이다.

서울대 서기원 교수 연구에 따르면, 1993년부터 2010년까지 약 80cm의 자전축 이동이 있었고, 해수면은 약 6mm 상승했다. 1993년부터 2010년까지 약 2조 1,500톤의 지하수를 뽑으면서 지구 자전축에 변화가 생겼다고 한다. 회전하는 팽이 위에 약간의 무게를 더하면 팽이의 회전이 변하는 것처럼, 대륙의 지하수가 바다로 흘러 들어가면 지구의 물질량 분포가 바뀌면서 지구 자전축도 이동한다는 설명이다.

빙하

빙하기가 시작될 때면 빙하가 만들어지는 북위 65° 부근 등 고위도 지역에서의 일사량이 변하면서 빙하기-간빙기 주기에 영향을 미친다. 북반구 고위도 지역의 여름 일사량이 기후변화에 특히 중요한데, 고위도 지역의 일사량이 줄어들어 여름 온도가 낮아지면 겨울에 내린 눈이 여름에도 녹지 않으면서 대륙 빙하가 차츰 넓어진다.

빙하는 물체가 빛을 받았을 때 반사하는 정도인 반사율(反射率, albedo)이 높아 지구로 들어오는 에너지를 반사해 지구 밖으로 내보낸다. 지구 온도가 낮아지면 빙하는 넓고 두꺼워지며, 이산화탄소가 바다에 녹으면서 대기 중 이산화탄소 농도가 낮아지고 지구는 더욱 추워진다. 반대로 고위도 지역 일사량이 많아져 빙하가 녹으면 기온이 오르면서 간빙기가 시작된다. 태양과 지구를 이루는 대기와 바다가 하나의 시스템을 이루며 기후는 변한다.

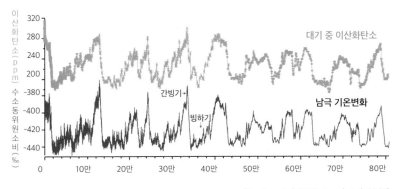

80만 년 동안의 이산화탄소 농도 변화와 남극의 기온변화

이산화탄소(ppm) 수소동위원소비(‰)

대기 중 이산화탄소

간빙기 →

빙하기 ↓

남극 기온변화

320
280
240
200

-380
-400
-420
-440

0   10만   20만   30만   40만   50만   60만   70만   80만

(Bereiter et al, 2015; Jouzel et al, 2007)

　　남극의 빙하 자료를 바탕으로 80만 년 동안의 기후와 이산화탄소 관계를 살펴봤더니 약 10만 년 간격으로 빙하기~간빙기가 여덟 차례 나타났다. 빙하기 사이에 빙하가 후퇴하면서 나타난 온난한 간빙기는 보통 1만 년 정도 이어졌다. 빙하기에는 이산화탄소의 농도가 낮았고, 간빙기에는 이산화탄소의 농도가 높았는데, 이 사실에서 남극 빙하의 수소 동위 원소비로 남극 기온을 추정할 수 있다. 지구 전체적으로 간빙기와 빙하기의 기온 차이는 약 4~5℃였다.

화산 폭발

　화산이 폭발하면서 많은 양의 화산재, 수증기, 아황산가스, 유화수소가 대기 중에 방출되면 지표에 도달하는 일사량이 줄어 기온이 내려간다. 이것이 화산 분출의 양산효과(洋傘效果, parasol effect)다.

이를테면 대형 화산이 분출하면서 발생한 아황산가스는 성층권에서 물과 반응해 황산 구름을 만들고, 황산 구름이 태양광선을 우주로 되돌려보내면서 태양 복사 에너지가 지표에 도달하지 못해 하층 대기와 지표는 차가워진다.

1815년에 인도네시아 탐보라 화산(Mount Tambora, 해발 고도 2,850m)이 폭발하면서 이산화황이 높이 44km의 성층권에도 퍼졌다. 1815년에 전 세계 연평균 기온이 0.4~0.7℃ 정도 추워지고, 여름(6월)에는 북미 지역에 50cm 폭설이 내리는 등 이상기상이 나타났다. 탐보라 화산이 폭발하면서 낙진과 용암으로 1만여 명이 죽었으나, 폭발 이후 기온 하강에 따른 기아와 질병으로는 8만 2천 명이 사망했다. 화산 폭발 이듬해인 1816년은 전 세계적으로 '여름이 없는 해(year without a summer)'였다.

1991년에는 필리핀 피나투보 화산(Mount Pinatubo) 폭발로 2천만 톤의 이산화황이 분출됐다. 분출된 가스가 성층권을 통해 전 지구를 순환하면서 1~3년 동안 지구 평균 기온은 0.2~0.5℃ 떨어졌다.

해양

해양은 지구 규모로 기후변화를 결정하는 중요한 공간이다. 지구에서는 대기와 해양의 상호 작용으로 에너지와 수분이 균형을 이루어 가며 기후가 만들어진다. 해양은 대기보다 약 1천 배 정도의 열을 저장하며, 바닷물의 밀도는 대기보다 약 1천 배 높아 운동의 관성이 크고 지속성이 크다.

대기와 바다가 받는 태양 에너지는 위도와 지역에 따라 다르다. 대기가 이동하면서 바람과 함께 해류도 순환하는데, 바닷물은 일정하지 않은 상태의 에너지를 고르게 하려고 수평이나 수직 방향으로 순환한다. 마치 벨트 컨베이어와 같이 흐르는 해류는 내륙 기온과 강수량의 분포와 변화에 영향을 미친다.

태평양 페루 연안의 해수 온도가 비정상적으로 상승하는 엘니뇨처럼 바닷물의 온도 변화는 주변 육지의 기후변화를 가져온다. 동태평양과 서태평양에서 해수면 기압 크기가 서로 번갈아 요동치는 현상인 남방 진동(南方振動, southern oscillation)도 지구의 기후변화에 영향을 미친다.

인간

산업혁명 때부터 석유, 석탄, 천연가스 등 화석연료를 태우면서 온실기체의 발생원이 늘어난 한편, 열대 우림과 한대 침엽수림 등을 벌채해 탄소 흡수원이 줄면서 기후는 하루가 다르게 변하고 있다.

산업화와 도시화에 따라 이산화탄소, 메탄, 아산화질소, 수소불화탄소, 과불화탄소, 육불화황 등 여섯 가지 온실기체(green house gases,

GHGs)가 늘어나자 지구 온난화 추세는 가팔라졌다. 화석연료, 생물연료를 태울 때 만들어지는 황화합물, 유기화물, 검댕 등이 액체나 기체 상태로 공중에 떠다니는 에어로졸(aerosol)도 대기오염과 기후변화를 일으킨다. 도시, 공장, 농경지를 개발하면서 삼림을 파괴하고 토지를 무리하게 이용하면서 기후는 변했다. 산불도 대기 중으로 이산화탄소를 배출하여 온실효과를 일으킨다.

IPCC에 따르면, 온실기체는 발전(25%), 농업과 임업(24%), 축산업(15%)에서 배출된다. 가축 사육이 기후변화에 미치는 영향은 항공기, 선박, 기차와 자동차 등을 합친 것보다 14% 정도 크다.

토지 이용 변화

토지는 생물 다양성, 식량, 물, 기타 생태계 서비스 공급 등 인간의 생태와 복지에 중요하다. 온실기체의 배출원인 동시에 흡수원이며, 지표면과 대기 사이의 에너지, 물, 에어로졸의 교환에도 중요하다. 개발에 따라 토지 이용이 바뀌면서 숲이 사라지고 기후도 영향을 받는다. 지난 50년(1959~2018) 동안 전체 탄소 배출량의 82%는 화석연료의 이산화탄소 배출에 의한 것이지만, 18%는 개발에 따른 토지 이용 변화에 따른 것이다.

열대 우림이 파괴되면서 토지가 황폐해지고, 토양이 침식되면 식생이 자라지 못하면서 에너지와 물의 순환에 부담이 된다. 열대 우림의 파괴는 생물 다양성의 소실을 부추기는 지름길이다. 또 건조 지역에서는 과도한 방목으로 초지가 사라지는 사막화(砂漠化, desertification)가 진행되면서 역시 기후변화에 영향을 미친다.

축산업은 아마존 열대 우림을 파괴하는 원인의 91%를 차지한다. 세계 농지의 80%가 축산용인데, 축산은 해양을 오염시키고 해양 생태계를 파괴하는 원인이다. 사료 재배로 비롯되는 삼림 파괴를 막고 숲과 토양 생태계를 복원하면서 온실기체를 줄여 지구 온난화를 늦출 수 있다.

기후변화와
지구 온난화

IPCC는 인간 활동으로 비롯된 온실기체의 증가, 토지 이용의 변화 등이 지구 온난화에 영향을 미친 것으로 본다. 농업, 산업화, 도시화 등의 과정에서 이산화탄소를 흡수하고 열과 물의 순환을 조절하는 삼림이 사라지면서 지구 온난화 속도가 빨라졌다. 지구가 온난해지면 해수면이 상승하고, 빙하가 줄고, 식물이 잎이 나고 꽃 피는 시기가 달라진다. 인간 활동으로 발생한 온실기체는 폭우, 가뭄, 열대 태풍, 폭염, 가뭄, 산불 등 극한의 기상 현상에도 영향을 미친다.

지구 온난화

지구는 얼마나 더워졌을까?

지구 온난화(地球溫暖化, global warming)는 지표 부근의 기온이 장기적으로 상승하는 현상이다. 석탄, 석유 등 화석연료의 연소, 삼림 훼손, 농업 활동 증가 등으로 대기 중 온실기체 농도가 늘어나는 온실효과 때문에 나타나는 기후변화 현상이다.

지구 온난화의 원인에는 크게 자연 현상과 인간 활동이 있는데, 자연적인 요인에 따른 지구 온난화를 밝히려면 장기간의 관측값에 기초한 연구가 필요하다.

기상 관측이 시작된 이래 지구 평균 기온은 끊임없이 변해 왔으며, 1970년대까지 기온은 오르내렸다. 특히 1850년대 산업혁명부터 2020년까지 170년 동안 지구의 평균 기온은 1.09℃ 상승했다. 19세기 말~20세기 초까지는 기온이 낮았으나 1940년대에 기온이 상승해 1980년대의 기온과 비슷했다. 1960년대에는 기온이 다시 서늘해져 '60년대 기후'라고 불렀고, 그 뒤에는 기온이 상승했다. 최근 50년간의 평균 기온은 10년마다 0.13℃씩 올라 지난 100년 동안 상승한 정도(0.07℃/10년)보다 2배 정도 높았다.

2013년에 IPCC 5차 보고서가 발간된 뒤에도 지표 온도는 빠르게 상승했다. 2016~2020년 사이 기온은 1850년 이후 가장 높았으며, 그 추세는 이어지고 있다.

2021년 발표된 IPCC 6차 보고서는 이런 기후변화가 근현대 인류사에서 전례 없는 일이라고 했다. 2003~2012년 사이 지구 기온은 산업화 이전보다 0.78℃ 올랐으나, 2011~2020년의 기온은 산업화 이전보다 1.09℃ 상승했기 때문이다. 현재 대기 중 이산화탄소 농도(419ppm)는 지난 200만 년 사이 최고 수준으로 높아졌으며, 지금처럼 온실기체의 배출이 이어지면 기온이 1.5℃ 높아지는 시기가 2021~2040년이 될 것으로 예상했다. 이는 2018년 IPCC《지구 온난화 1.5℃ 특별보고서》에서 예상했던 2030~2052년보다 10년이나 앞당겨진 것이다.

지구 온난화는 사실일까?

19세기 말부터 지구 평균 기온은 1.2℃ 정도 높아져 과거보다 20배 이상 빠르게 변하고 있다. 특히 20세기 후반에 관측된 기후변화는 지난 수백 년 동안 경험하지 못한 새로운 현상이다. 1880년부터 2017년까지 지구 평균 기온이 가장 높았던 9개 해가 2000년 이후에 몰려 있다. 대한민국 기온 역시 1973년 이후로 가장 높았던 해가 2016년이고, 2015년은 세 번째, 2017년은 일곱 번째로 높았다.

2021년 공개된 IPCC 6차 보고서에 따르면, 2013년 5차 보고서가 발표된 뒤에도 이산화탄소 농도는 391ppm에서 419ppm으로 늘면서 지구가 더워졌다. 2015년 파리 협정에서 정했던 산업화 이전보다 지구 평균 온도가 1.5℃에 높아지는 시기는 10년 정도 빨라졌다. "최근 80만 년 동안 볼 수 없었던 역대급으로 기온이 올랐다."라고 IPCC는 발표했다.

현재 지구 평균 기온은 산업화 이전보다 1.09℃ 상승했고, 지구 온난화의 속도는 예상보다 훨씬 빠르다. 2014~2020년은 기상 관측 이래 가장 무더웠던 7년이었고, 해마다 신기록을 새로 쓰고 있다. 기온이 상승하면서 세계 곳곳에서는 극단적인 기상 현상과 재해가 끊이지 않는다. 지구 표면 평균 기온이 산업화 이전보다 1.5℃ 이하를 유지하는 것은 어려울 것으로 여겨지며, 온실기체를 줄이려 노력하는 최소 배출 시나리오에서조차 2050년에는 기온이 1.5℃ 이상 오를 것으로 봤다.

IPCC 6차 보고서는 "지난 10년간 관측된 일부 극단적인 고온은 인

간의 영향 없이는 발생하기 어렵다."라면서 지구 온난화의 주범이 인
간이며, 온실기체 농도와 이산화탄소 누적 배출량 증가를 온난화의 원
인으로 들었다.

지구 온난화의
원인과 대책

온실효과와 온실기체

온실효과(溫室效果, greenhouse effect)는 대기 중 온실기체(溫室氣體, greenhouse gas, 온실가스)가 지표 가까이에 열을 가두면서 지표 온도를 높게 유지하는 작용이다. 온실기체가 태양 에너지를 흡수한 지표면, 대기, 구름 따위가 방출하는 장파복사(長波輻射, long-wave radiation)를 가두면 자연적으로 온실효과가 나타낸다. 특히 석탄, 석유, 천연가스 등 화석연료를 태울 때 만들어진 이산화탄소 탓에 지구의 온실효과가 강해지고 기후변화가 나타난다.

마치 지구를 따뜻하게 감싸 온도를 유지하는 이불과 같다. 온실효과가 없다면 지구 평균 기온은 영하 19℃ 정도를 나타낼 것이다. 하지만 온실기체가 대기 중에 가스 상태로 오랫동안 머물면서 대부분의 태양 복사를 투과시키고 지표면에서 방출하는 지구 복사를 흡수하거나 재방출하여 온실효과를 일으킨다. 덕분에 지구 평균 기온은 약 14℃로 올라가며, 인류가 살기에 알맞게 된다.

이산화탄소

이산화탄소(CO_2)는 화석연료의 연소, 시멘트 생산, 숲의 파괴, 토지 이용 변화 등 인간 활동에 따라 대기 중에 추가로 배출된다. IPCC 5차 보고서에 따르면, 1750~2011년 동안 배출된 인위적 이산화탄소 누적 배출량의 절반이 지난 40년간 발생했다.

우리가 주로 사용하는 석유와 석탄 등 화석연료는 매장량도 많고 가격도 싼 에너지원으로 산업 발전의 원동력이다. 그런데 1리터의 화석연료를 태울 때 배출되는 이산화탄소의 양은 휘발유 2.3kg, 경유 2.66kg, 무연탄 3.37kg에 달한다. IPCC(2022)와 미국 환경청(EPA)에 따르면, 1970년부터 2019년까지 전 세계에서 인위적으로 배출된 온실기체는 이산화탄소(73.8%), 메탄(19.3%), 아산화질소(4.8%), 불소화가스(1.8%) 등이다.

분야별 온실기체 배출 비율

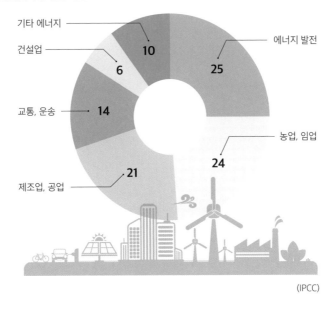

기타 에너지

건설업

교통, 운송

제조업, 공업

에너지 발전

농업, 임업

10

6

14

21

25

24

(IPCC)

　분야별로 인위적 온실기체 배출량은 에너지 발전(25%), 농업 및 삼림의 토지 이용(24%), 산업(21%), 운송(14%), 건설(6.4%) 순이었다. 이산화탄소 증가는 화석연료 연소, 시멘트 생산 및 삼림 벌채 등이 원인으로, 식물과 바다가 이산화탄소 일부를 흡수하지 않았다면 증가율은 두 배에 이르렀을 것이다.

　미국 하와이 마우나로아 천문대(Mauna Loa Observatory)는 미국 과학자 킬링(C. D. Keeling)이 1958년 세계 최초로 지구 온난화의 근거 자료가 된 이산화탄소 농도를 측정한 곳이다. 이후 과학계는 킬링 박사의 이름을 따 이산화탄소 농도 증가량 추이를 '킬링 곡선(Keeling Curve)'이

마우나로아 이산화탄소 농도 그래프

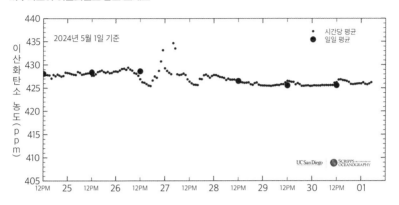

라고 부른다.

화석연료 연소에서 비롯된 이산화탄소 배출 증가에서 가장 중요한 원인은 전 지구적인 경제 성장과 인구의 증가다. 지구 인구는 기원전 500년경에는 1억 명에 지나지 않았으나, 1800년 약 10억 명, 1930년 20억 명, 1960년 30억 명을 기록한 이래 약 13년마다 10억 넝씩 증가해서 2023년 현재 80억 명을 넘었다.

빙상의 얼음을 시추해 분석해 보니, 산업화 이전에는 지구의 탄소 순환이 적당한 균형을 이루었는데, 인간의 활동으로 대기에 이산화탄소 배출량이 늘면서 평형이 교란됐다. 2009~2018년 사이에 화석연료의 연소 및 시멘트 생산으로 34.7GtCO$_2$(기가 이산화탄소 톤), 삼림 훼손 등 자연환경 변화로 5.5GtCO$_2$이 배출됐다. 배출된 이산화탄소는 식물의 광합성과 해양의 흡수로 96%가 사라지고, 나머지 4%가 남아 탄소

수지 불균형이 나타난다.

2015년 WMO는 지구 이산화탄소 농도가 심리적 한계선인 400ppm을 초과했다고 발표했다. 심각성을 인식한 UN이 파리 협정을 통해 줄이려고 했으나 이산화탄소 배출은 계속 늘어서 2019년 12월에 412.6ppm까지 상승했다. 산업화 이전에 278ppm이던 하와이 마우나로아의 이산화탄소는 2022년 5월에 420.99ppm에 이르렀다.

메탄

메탄(CH_4)은 긴 수명을 가진 온실기체로, 이산화탄소에 이어 지구 온난화에 큰 영향(19.3%)을 끼친다. 이산화탄소가 대기 중에 머무는 시간이 200년이라면 메탄은 약 9.1년으로 비교적 짧고, 대기 중 메탄 농도는 이산화탄소(419ppm)의 200분의 1밖에 안 된다. 하지만 메탄 분자는 같은 양의 이산화탄소보다 25배나 강력한 지구 온난화 효과가 있다.

2만 년 전 마지막 빙하기 때 대기 중 메탄 농도는 400ppb였으나, 간빙기에 들어 증가했다. 기원전부터 아시리아, 중국에서 메탄을 활용했다는 기록도 있으며, 산업화 이후에 사용량이 크게 늘었다. 이전에 메탄은 주로 습지, 호수, 자연 산불로 배출됐는데, 최근 200년간은 배출량이 2배나 늘었고, 농도도 160%나 늘어서 산업혁명 이전에는 700ppb 정도였으나 지금은 1,900ppb에 이른다.

1천 년간 대기 중 메탄 농도의 변화

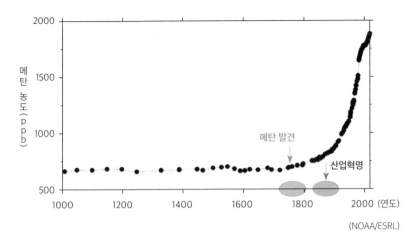

(NOAA/ESRL)

메탄의 약 40%는 습지 등 자연에서 발생하며, 나머지는 벼 재배, 바이오매스 연소, 소와 양 등 되새김하는 가축 사육, 화석연료 채광과 공급, 쓰레기 매립 과정에서 배출된다. 2018년 기준으로 대한민국의 메탄 배출원은 농축산(1,220만 톤, 43.6%), 폐기물(860만 톤, 30.8%), 에너지(630만 톤, 22.5%) 순이다.

IPCC 6차 보고서에 따르면, 1850년 이후 지금까지 지구의 평균 기온은 약 1.07℃ 상승했고, 이 가운데 메탄에 의한 기온 상승은 약 0.5℃ 정도다. 미국과 EU는 2030년까지 메탄 배출량을 줄이기 위한 〈글로벌 메탄 서약(Global Methane Pledge)〉을 발표했는데, 여기에는 전 세계 메탄 배출량을 2020년보다 30% 줄이는 계획이 포함됐다.

메탄은 강력한 온실기체로 인간 활동으로 발생하는 지구 온난화의

3분의 1을 차지한다. 메탄을 줄이는 데 드는 비용은 매우 적지만, 감축에 따른 잠재적 이득은 크다. 과학자들은 메탄 감축 목표를 달성하면 2040년까지 지구 온도가 0.3℃ 상승하는 것을 막을 수 있다고 본다.

아산화질소

아산화질소(N_2O)는 이산화탄소, 메탄에 이어 세 번째(4.8%)로 지구 온난화에 큰 영향을 미치는, 상대적으로 안정된 온실기체다.

아산화질소의 대기 중 체류 시간은 114년이며, 산업화 이전 농도는 약 270ppb로 추정된다. 아산화질소는 자연적 요인과 인위적 요인으로 만들어지며, 해양, 토양, 연료의 연소, 바이오매스 연소, 비료, 산업 공정 등이 배출원이다. 주 배출원의 3분의 1이 사람이며, 주로 성층권에서 햇빛에 의해 분해되어 없어진다.

충남 안면도에서의 2008년 아산화질소 연평균 농도는 322.6ppb로, 1999년의 314ppb에 비해 8.6ppb 높았으며, 2007년 321.6ppb에 비하여 1ppb 높았다.

다른 온실기체

일산화탄소(CO), 지표 오존(O_3), 이산화황(SO_2), 질소산화물(NOX), 휘발성유기화합물(VOCs) 등도 온실기체다. 반응 가스는 다른 가스상 물질들과 쉽게 결합하며 대기 중에 머무는 시간이 짧다.

이 반응 가스들은 인체와 식물 성장에 해로운 영향을 미치는 대기 오염 물질로만 생각해 왔으나, 일산화탄소와 질소산화물의 영향으로 만들어지는 지표 오존은 다른 온실기체와 같이 강력한 온실효과를 나타낸다.

기후변화와 관련된
국제기구와 협약

　IPCC는 인간 활동에 따른 기후변화의 위험
성과 영향에 관해 실현 가능한 대응 전략을 주
기적으로 평가한다. 아울러 기후변화에 대한
UN 기후변화협약 실행에 관한 보고서를 낸다.

　IPCC에 따르면, 지구 평균 기온이 산업화 때
보다 2℃ 상승하면 10~20억 명이 물 부족을
겪고, 1천~3천만 명이 기근의 위협에 놓인다.
3천여만 명이 홍수 위험에 노출되고, 수십만
명이 여름 폭염의 피해를 보고 심장마비로 사
망한다. 그린란드 빙하와 안데스산맥의 만년
설이 사라지고, 생물종의 20~30%가 멸종하는

등의 피해가 발생할 것으로 예측했다.

UN 기후변화협약은 이산화탄소를 비롯해 각종 온실기체에 의해 벌어지는 지구 온난화를 줄이기 위한 국제협약이다. 1992년 6월 브라질의 리우데자네이루에서 개최된 UN 환경개발회의(UNCED)에서 체결됐으며, 대한민국은 1993년 12월에 세계 47번째로 가입했다.

교토 의정서(Kyoto Protocol)는 UN 기후변화협약을 이행하기 위해 만들어진 국가 간 이행 협약으로, 이산화탄소(CO_2), 메탄(CH_4), 아산화질소(N_2O), 수소불화탄소(HFCs), 과불화탄소(PFCs), 육불화유황(SF_6) 등 여섯 가지 온실기체 감축을 결의한 것이다. 1997년 12월 일본 교토에서 개최된 제3차 UN 기후변화협약 당사국총회에서 채택됐으며, 대한민

교토 의정서 규제 대상 6대 온실기체

이산화탄소 (CO_2)	메탄 (CH_4)	아산화질소 (N_2O)	수소불화탄소 (HFCs)	과불화탄소 (PFCs)	육불화유황 (SF_6)
산림 벌채, 에너지 사용, 화석연료 연소 등	가축 사육, 습지, 논, 쓰레기, 음식물 쓰레기 등	석탄, 폐기물 소각, 화학 비료 사용 등	에어컨 냉매, 스프레이 제품 분사제 등	반도체, 세정제 등	전기제품, 절연체 등

국은 2002년도에 비준했고, 미국과 오스트레일리아가 비준하지 않은 상태로 2005년 공식 발효됐다. 교토 의정서에서 온실기체를 효율적으로 감축하기 위해 배출권 거래제도와 공동이행제도, 청정개발제도를 도입했다.

그러나 기후변화를 몇몇 선진국만의 노력으로는 해결할 수 없다는 데 공감대가 생기면서, 모든 당사국이 함께 온실기체를 줄이기로 합의한 것이 파리 협정(Paris Agreement)이다. 파리 협정은 교토 의정서의 뒤를 잇는 새로운 기후변화체제로서 2015년에 채택됐으며, 세계 195개국이 온실기체 감축에 동참하기로 한 최초의 세계적 기후 관련 합의다. 파리 협정에서는 주요 목표로 기온 상승 폭을 산업화 이전 수준과 비교해 21세기 동안 '2℃보다 훨씬 낮게(well below) 유지하고, 1.5℃로 제한하려는 노력'을 제시했으며, 2018년 IPCC 회의를 거치며 기온 상승 폭은 1.5℃로 강화됐다. 이 목표를 이루려면 2030년까지 전 세계가 온실기체 배출량을 2010년보다 45% 줄이고 2050년까지는 0(Net Zero, 넷 제로)으로 만들어야 한다.

2021년 영국 스코틀랜드 제26차 COP26에는 197개국 정부대표단을 포함한 4만여 명이 모였다. 전 세계 온실기체 배출량의 40%를 차지하는 1위 중국과 2위인 미국이 기후 대응에 협력하기로 했으며, 국제 탄소 시장 지침에 동의해 파리 협정의 세부 이행 규칙을 완성했다. 그 성과로 탄소 저감장치가 없는 석탄 발전소와 비효율적인 화석연료 보조금을 단계적으로 폐지하려는 글래스고 기후합의(Glasgow Climate Pact)를 이끌었다. 최초로 화석연료가 합의문에 반영됐고, 탄소 시장 및 경과보고 등 파리 협정 세부 규정에도 합의했다. 105개국이 2030년까지 삼림 파괴를 중단하고, 2020년보다 메탄 배출량을 30% 줄이기로 합의했다.

또 기후변화에 대응할 재원을 마련하기 위해 선진국은 개도국의 기후변화 적응 기금을 2025년까지 2019년보다 두 배로 늘리기로 하고, 선진국이 이미 약속한 1천억 달러/년 규모의 재원을 2025년까지 마련하기로 했다. 탄소 시장과 관련해서는 국제탄소배출권 기본 틀에 합의함으로써 한 국가가 다른 국가의 탄소 감축을 도우면 감축 의무로 인정받을 수 있도록 했다. 양국이 이중으로 계산하는 것을 방지하는 장치도 포함됐다. 다만 감독기구 및 관리체계 등이 필요해 국제 탄소 시장의 운영까지는 최소 1~2년은 걸릴 것으로 알려졌다. 2024년부터 2년마다 각국은 탄소 배출량 및 목표 달성 경과 등을 보고하고 점검받도록 했고, 2025년부터 5년 주기로 더 강화된 감축 목표를 제출하기로 합의했다.

그러나 세계 3위 이산화탄소 배출국인 인도는 2070년에나 실질적인 온실기체의 순 배출량을 0으로 만들겠다고 했다. 역설적이게도 파리 협정이 체결된 2015년 전 세계 온실기체 배출량은 약 470억 톤이었는데, 2020년에는 약 520억 톤으로 오히려 늘었다.

기후변화와 물

수자원, 해양

기후변화는 우리 삶을 유지하고 생명을 이어 주는 물(수자원, 해양), 생명(생태계, 삼림), 경제(농업, 수산업, 제조업), 삶(보건, 재해, 삶의 터)에 적지 않은 영향을 미쳤다. 동시에 물, 생명, 경제, 우리 삶은 기후변화를 일으키는 원인이기도 하다. 자연과 인간의 삶은 기후변화와 서로 보이지 않는 끈으로 이어진 시스템을 이루며 사회를 지탱하고 있다.

기후변화로 인한 위기와
그린 스완

　'블랙 스완(black swan)'은 드물지만 한번 발생하면 큰 충격을 주는 사건을 뜻하는 용어로, 2008년 글로벌 금융 위기 이후에 널리 사용됐다. '그린 스완(green swan)'은 이를 변형한 것으로, 기후변화에 따른 경제 금융 위기를 뜻하며 국제결제은행(BIS)이 2020년 보고서에서 처음으로 사용했다. 지속 가능 경영의 선구자인 엘킹턴(J. Elkington)은 그린 스완을 극복하면 위기를 기회로 바꿔 경제, 사회, 정치, 환경 등에서 U자형 반등을 통해 더 나은 미래를 이끌 수 있다고 했다.

IPCC 6차 보고서에 따르면, 인간에 의한 지구 온난화가 대기, 생명, 해양, 토지 등에 영향을 미치는 것은 명백하다. 인간 활동에 따라 예상치 못했던 변화가 대기, 해양, 빙권, 생물권에서 발생했다. 알프스에서는 고산 빙하가 녹는 피해를 줄이려고 흰색 포장으로 덮는 일까지 벌어졌다.

미국의 국제 기후변화 연구단체 클라이밋 센트럴(Climate Central)은 2050년에는 전 세계 3억 명의 인구, 대략 100명 중 4명이 1년에 최소한 1번은 침수 피해를 겪을 것으로 주장했다. 침수 피해는 특히 아시아 지역에 집중될 전망인데, 지금처럼 이산화탄소를 배출하면 대한민국에서는 2050년 130만 명, 2100년 280만 명이 침수 피해를 겪는다고 예측했다.

영국의 자선단체 크리스천 에이드(Christian Aid)는 보고서 《기후 붕괴의 해 2021년: 비용 계산》에서 2021년에 일어난 10대 지구촌 기후재난 피해액은 1,703억 달러(약 202조 원)에 이른다고 추산했다. 미국에서는 2005년 허리케인 카트리나(Katrina)가 1,250억 달러, 2021년 허리케인 아이다(Ida)가 650억 달러의 피해를 끼쳤다. 독일, 프랑스, 네덜란드, 벨기에, 룩셈부르크 등을 휩쓴 2021년 7월 '유럽 홍수'의 피해액 430억 달러(약 51조 원)보다 피해가 컸다.

이처럼 지구 온난화가 심해지면서 강수량은 들쭉날쭉하고, 집중호우와 홍수가 늘고, 태풍 강도가 세지는 등 기상이 바뀌어 발생한 자연재해는 경제적, 사회적으로 큰 부담을 준다.

수자원

수자원은 사람, 농업, 환경, 생태계에 필수적인 기초 자원이다. 기온이 오르면 물의 순환에 변화가 생겨 습도, 토양 수분, 증발산 등에도 영향을 미치고, 물의 흡수와 배출이 균형을 이루는 물 수지에 변화를 일으키며, 인간과 생태계에도 직접적인 영향을 끼친다.

연평균 강수량

우리나라 연평균 강수량은 1961~1990년

에는 1,301.7mm이었으나 2000년대 초 10년간은 1,330.4mm로 많아졌다. 반면 북한의 연평균 강수량은 1980년대 977mm, 1990년대 870mm로 평년보다 5~10% 줄고, 유출량도 30여 년 동안 10~15% 감소했다.

기상청의 66개(내륙 61개, 울릉도 1개, 제주도 4개) 관측 지점과 건설교통부 산하 290개 지점에서 30년(1974~2003) 동안 10년 평균 강수량이 평균 4% 정도 증가했다. 소양강댐(1974~2006)과 안동댐(1977~2006)의 연 강수량, 유출량, 여름 강우량은 늘었으나 봄, 가을에는 큰 변동이 없었다.

서울, 인천, 대전, 대구, 울산, 광주, 부산, 춘천 등 여덟 개 도시의 연평균 강수량 역시 증가했고, 특히 여름 강수량이 뚜렷하게 늘었다. 연평균 강수량 증가와 함께 한꺼번에 많은 비가 내리는 극한 강우는 3.1~15% 정도 늘었다.

홍수

환경부에 따르면, 1901년부터 100여 년 동안 연평균 강수량은 약간 늘었고, 1950년대 중반부터 기온과 강수량이 동시에 증가했다. 전국 60개 관측소에서 관측한 결과, 연평균 강수량은 늘었고 특히 홍수기에 증가했다. 좁은 지역에 내리는 큰비인 국지성 호우와 갑자기 큰비가 내리는 돌발홍수도 예전보다 잦아졌다. 빗물의 양과 비가 내리지 않은 날수가 모두 늘어 호우가 잦았다고 생각할 수 있다.

계절별로는 물이 부족한 봄과 가을에는 강수량이 줄었으나, 홍수가 우려되는 여름에는 강수량이 많아졌다. 여름 홍수와 태풍의 영향으로 재산과 인명 피해가 크게 늘었다.

한국수자원공사에 따르면, 1979년 이후 시간당 50mm 이상 집중호우의 연평균 발생 횟수는 1998년 이전 약 11회에서 1998년 이후 약 22회로 2배 정도 늘었다. 하루에 80mm 이상 비가 내리는 집중호우도 1930년대 이전(2.2회)보다 1980년대(8.8회)에 크게 많아졌다.

1912~2017년 사이 여름 강수량은 10년에 11.6mm 정도씩 증가했고, 1981~2010년에는 8대 도시에서 3.1~15.0% 정도 강우가 늘었다. 1970~1980년대에 비해 집중호우로 침수된 면적은 줄었으나 단위 면적당 피해액은 7배 정도 많아졌다. 연평균 홍수 피해액은 1970년대 1,323억 원, 1980년대 3,554억 원, 1990년대 6,288억 원으로 갈수록 피해가 커졌다. 1974~2003년까지 30년간 재해로 발생한 연평균 재산 피해는 10년마다 3.2배씩 늘었으나, 인명 피해는 절반 정도로 줄었다.

기후변화에 따른 홍수 피해를 줄이려면 호우에 관한 범부처적인 종합 대책이 필요하다. 수자원을 효율적으로 관리하고, 중앙정부와 지자체는 조기경보와 대응 체제를 세워야 한다.

가뭄

가뭄은 홍수와 달리 갑자기 발생하지 않고 오랫동안 천천히 이어지다가 비가 내리면 사라진다. 과거보다 홍수나 가뭄에 따른 인명 피해는 줄었으나 재산 피해는 오히려 늘었다.

2010년 이전에는 극심한 가뭄의 영향을 받았던 곳이 지구 육지 면적의 5%를 넘지 않았는데, 2020년에는 19%에 이르렀다. 가뭄에서 비롯된 식량 불안을 겪는 사람은 20억 명에 달한다. 우리 역사에서도 가장 큰 피해를 준 기상재해는 가뭄에서 비롯된 피해였다.

우리나라에서 심한 가뭄은 30~50년을 주기로 발생했으며, 지역별로 편차가 커서 한강, 영산강, 섬진강 유역에서 자주 나타났고, 낙동강 유역에서는 가뭄이 길었다. 유역별로 가장 극심한 가뭄이 발생한 사례는 한강 2014년(300년 빈도), 낙동강 1988년(100년 빈도), 금강 1994년(30년 빈도), 영산강 1988년(50년 빈도), 섬진강 1995년(50년 빈도)이었다.

가뭄 발생 주기가 짧아지고 전국적으로 넓어지면서 피해도 커졌다. 호남과 영남에서 발생한 최악의 가뭄 중 하나였던 1967~1968년 가뭄 때는 쌀 생산량이 18%나 줄었다. 이후로도 1976~1977년, 1981~1982년, 1987~1988년, 1992~1993년, 2001년 등 5~7년 주기로 가뭄이 발생해 피해가 컸다.

최근에는 가뭄이 일부 지역에 집중되지 않고 전국적으로 나타난다. 강수량은 늘고 있지만, 비가 주로 여름에 많이 내리므로 수자원 관리를 제대로 하지 못하면 다른 계절에 물 부족이 나타난다. 미래에는 지표수 유출량이 차츰 많아지면서 지하수 함양량도 줄어들 것으로 본다.

해양

바닷물 온도

IPCC 4차 보고서(2007)에 따르면, 과거보다 많아진 열의 약 80%를 해양이 흡수하면서 바닷물의 평균 온도가 크게 높아졌다. 기상청 《해양기후 분석 보고서(1981~2020)》는 지구 전체 바다 온도가 0.12℃ 오를 때 한반도 주변 바다 온도는 0.21℃ 상승해 지구 평균보다 2배 높았다고 발표했다. 우리 바다의 수온과 파고는 2010년 이후 뚜렷하게 높아졌는데, 수온은 동해에서, 파고는 남해에서 크게 높아졌다.

1968~2016년에 우리나라 주변 해역의 표층 수온은 약 1.23℃ 상승해 전 세계 표층 수온 상승 온도인 0.47℃보다 약 2.6배 높은 수준이었다. 해역별로는 동해, 서해, 남해 순으로 높은 수온 상승 경향을 나타냈다. 남쪽에서 북쪽으로 갈수록 수온 상승률이 높고, 여름보다 겨울에 2~3배 이상 높았다. 2016년 이후 여름철 이상 고수온 현상이 이어지고 있으며, 이상 고수온이 나타나는 시기의 월평균 수온은 평년보다 1~4℃ 높았다.

기후변화로 우리나라 육지와 바다 온도는 세계 평균보다 2배 이상 빠르게 오르고 있어, 미래에도 온도 상승 추세는 가파를 것으로 본다.

해수면 높이

2010년 기준 지구 평균 해수면 상승률은 평균 3.25~3.36mm/년으로, 20세기 평균 상승률(1.7~1.9mm/년)보다 높다. 즉 해수면이 빠르게 높아지고 있다. IPCC에 따르면, 1971~2006년까지 지구 평균 해수면 상승률은 연 1.9mm에서 2006~2018년에는 연 3.7mm 상승했다.

대한민국 연안의 해수면 상승률은 1971~2006년에 연 2.2mm로 전 지구 평균보다 조금 높았으나, 2006~2018년에는 연 3.6mm로 지구 평균과 비슷해졌다. 1991~2020년에 해수면은 해마다 평균 3.03mm씩 높아져 9.1cm 정도 상승했다. 특히 최근 10년간 연평균 해수면의 상승률은 지난 30년간 연평균보다 높았다.

해수면 평균 상승률은 동해안(3.71mm/년), 서해안(3.07mm/년), 남해안(2.61mm/년) 순이었다. 최근 30년간 평균 상승 속도는 1991~2000년 3.80mm, 2001~2010년 0.13mm, 2011~2020년 4.27mm으로 크게 오르내렸다. 관측 지점별로 연평균 해수면 상승이 큰 곳은 울릉도(6.17mm), 포항(3.99mm), 보령(3.38mm), 인천(3.31mm), 속초(3.17mm) 순이었다.

태풍, 파랑, 해안 침식

해수면이 1m 상승하면 범람할 최대 면적은 한반도의 약 1.2%인 2,643km²에 이르고, 전체 인구의 2.6%(1,255,000명) 정도는 물에 잠기는 지역을 떠나야 한다. 한국에 영향을 준 태풍의 발생 횟수는 크게 달라지지 않았으나, 연간 최대 풍속과 일 강수량의 극값이 커지는 등 슈퍼태풍이 닥칠 확률이 높아지고 있다. 한국해양연구원의 2003년 파랑 자료에 따르면, 우리 해역의 파도 높이는 10년마다 약 48mm 정도 높아졌고, 특히 동해안에서 파고가 크게 높아졌다.

해안에서는 지형 특성에 따라 서로 다르게 침식이 나타났다. 강원도, 경북 해안 등 동해안에서는 백사장 침식이 두드러졌고, 남해안에서는 파도에 씻겨 토사가 밀려났다. 서해안의 태안반도, 신안군에서는 파도에 씻겨 사구가 무너졌으며, 전남 무안군 등에서도 토사가 파도에 씻겨 사라졌다.

염도

영국 레딩 대학 연구팀은 국제학술지《자연 기후변화(Nature Climate Change)》에 컴퓨터 시뮬레이션과 심해 수온, 염도 등을 측정해 얻은 결과, 지구 바다의 절반 이상이 이미 기후변화의 영향을 받고 있을 수 있으며, 수십 년 안에 바다의 80%에서 변화가 나타날 것이라고 발표했다. 바닷물의 수온과 염도 변화는 인간 활동에 따른 기후변화의 충격을 잘 나타내는 척도다. 대서양과 태평양, 인도양 등의 20~55%가 이미 눈에 띄게 수온과 염도가 변화했으며, 2050년쯤에는 40~60%, 2080년께는 55~80%에 이를 것으로 예측했다.

1968~2018년까지 대한민국 바다의 염도는 묽어졌다. 동해는 약 0.18psu(practical salinity unit, 실용 염분 단위), 서해는 약 0.33psu, 남해는 약 0.28psu로, 전체적으로 약 0.27psu 줄었다. 여름철에는 서해와 남해의 표층 염분 감소율이 높았다. 바닷물의 염도가 변화하면 어류 생태계에 영향을 미친다.

해양 산성화는 또 다른 문제다. 동해 울릉분지의 해양 산성화는 세계 평균보다 빨랐다. 동해의 표층 이산화탄소가 차지하는 압력은 전 세계 평균보다 증가율이 높고, 표층 수소이온농도지수(pH) 감소도 다른 해역보다 훨씬 높아 해양 산성화가 빠르게 진행되고 있다.

갯녹음

갯녹음은 수온이 상승하고 바다의 영양분이 줄어드는 빈영양화(貧營養化) 때문에 물고기나 조개류의 먹이가 되는 미역, 다시마 등의 해조류가 사라지면서 생긴다. '바다의 사막화' 또는 백화 현상으로 부르기도 한다. 해조류가 사라지면 어류와 조개의 먹이뿐만 아니라 물고기의 서식 공간, 산란장이 사라지면서 수산 자원이 고갈돼 어업 소득이 줄게 된다. 2018년에는 동해 연안의 62%, 남해 연안의 33%, 제주 연근해의 35%에서 갯녹음 피해가 나타났다.

국내 주변 해역의 수온이 높아지면서 열대 바다의 지표종으로 적조를 일으키는 플랑크톤성 조류인 와편모조(Ornithocercus 등) 등이 제주도 서북해역 연안에 나타났다. 아열대성 무절석회조류(無節石灰藻類, crustose coralline algae) 역시 크게 늘면서 해조류의 숲이 사라지고 있다. 동해안에서는 다시마, 쇠미역사촌 같은 찬물을 좋아하는 한대성 해조류가 사라지면서 생태계 피해가 늘고 있다.

적조

적조(赤潮, red tide)는 물속 남세균(濫細菌, cyanobacteria)이 비정상적으로 증가하면서 바다, 강, 호수 등의 색이 바뀌는 현상이다. 내륙의 호수와 하천뿐만 아니라 서해안 시화호, 천수만, 영산강 하구와 남해안 가

막만, 진해만 등 바다에서도 자주 나타난다.

대한민국 가까운 바다에서 동물 플랑크톤 생물량의 변화가 장기적으로 뚜렷하게 관찰됐는데, 1980년대 중반부터 동중국해에서, 1990년대 초반부터 동해에서 동물 플랑크톤 생물량이 늘기 시작했다. 2005년 이전 10년 동안 국내 근해에서만 여섯 차례의 적조가 발생했다.

미래 예측

　IPCC 6차 보고서에서는 수온이 상승하면서 바닷물의 위층과 아래층 물이 섞이지 못한 채 여러 층으로 나뉘고, 바닷물이 산성화되고, 산소가 없는 무산소층이 생겨나는 등 피해가 앞으로도 계속될 것으로 보았다.

　또 세계적으로 해수면이 상승하고 얼음이 녹는 속도가 빨라졌다. 지구 평균 해수면은 1901년보다 0.2m 상승했고, 상승 속도는 1901~1971년 사이의 연평균 1.3mm에서 2006~2018년에는 3.7mm로 약 2.85배 빨라졌으며, 해마다 상승하는 폭이 커졌다.

온실기체를 크게 줄이는 SSP1-1.9 시나리오에서도 2100년까지 해수면이 0.28~0.55m 상승하고, 2150년까지는 0.37~0.86m 상승할 것으로 전망했다. 기온 상승을 1.5℃ 이내로 줄여도 해수면은 2~3m까지 오를 것으로 보았다.

지구 평균 기온이 조금만 변해도 극지방에서는 3배 이상 영향을 받는다. 2021년 늦여름 북극 바다의 해빙 면적이 과거 1천 년 역사를 통틀어 가장 작아져, 1900년 이전 면적의 절반 수준이었다. 1979년부터 2016년까지 북극해 얼음 면적은 10년 단위로 13% 정도씩 줄었고, 축소하는 속도는 2000년 이후 더 빨라졌다. 2050년 이전까지 여름 북극의 바다 빙하가 적어도 한 번은 완전히 자취를 감출 것이라는 예측도 있다. 2100년까지 그린란드 빙상은 계속 줄어들 것으로 IPCC는 예측했다.

해수면이 빠르게 상승하는 것은 해양의 열팽창 효과보다는 빙상과 빙하가 녹아 발생했을 가능성이 크다. 남극을 제외한 지역에서 빙하의 변화는 전 지구 해수면 상승의 75%를 차지한다. 불확실성이 있지만, 극지와 고산의 빙하가 녹으면서 해수면이 크게 높아진 것이다.

한반도 주변 바다에서는 수온과 해수면이 동시에 상승했다. 1984~2013년까지 주변 해양 표면 수온은 매년 0.024℃ 상승했고, 해수면은 1989년부터 1년마다 2.9mm씩 높아졌다. 이는 지구의 평균 해수면 온도 상승보다도 높았다. 이러한 변화 탓에 태풍이나 집중호우의 세기가 강해질 수 있다.

지구의 빙상이 무너져 없어지고 해양 순환시스템에 교란이 생기면

극단적인 기후나 지구 온난화 현상이 발생할 수 있다. 지구 온도가 오를수록 극한의 기후가 자주 발생하고 새로운 기상이변이 나타날 확률도 높아진다. 빙하가 사라지고, 해양이 온난화되고, 해수면이 상승하며, 깊은 바다가 산성화되는 변화는 앞으로도 계속 진행될 것이다. 장기적인 기후변화 가운데 일부는 온실기체를 줄여도 바로 멈추지 않는다. 다만 이러한 변화의 규모나 속도는 앞으로 우리가 배출하는 온실기체의 양에 큰 영향을 받는다.

기후변화와 생명

생태계, 삼림

20세기 중반에 한국전쟁을 겪은 우리나라는 인구가 폭발적으로 증가하면서 압축적인 경제 성장과 산업화, 도시화를 경험했다. 경제 개발 과정에 화석연료와 자원을 많이 사용해 온실기체를 많이 배출했고, 탄소 흡수원인 숲을 파괴하는 등 자연환경의 교란과 훼손을 피할 수 없었다. 이에 따라 우리나라 기후변화 추세는 세계에서 가장 두드러졌다.

생태계

식물 꽃 피기(개화)

기후변화에 따른 기온 상승으로 식물 생태
계에서는 꽃 피는 시기와 잎이 나오는 시기가
앞당겨졌다. 기상청은 1922년부터 서울에서
개나리, 진달래, 벚나무, 복숭아나무, 아까시나
무 등 다섯 종의 꽃이 피고 잎이 나오는 시기를
관측했다. 개나리, 벚꽃, 진달래의 꽃 피는 시
기는 10년에 0.7~1.5일씩 빨라졌다. 그러나 복
숭아나무는 개화기에 큰 변화를 보이지 않았
다. 아까시나무를 제외한 나무의 싹이 트는 시

홍릉수목원 나무의 1966~1975년과 1999~2008년의 평균 개화일 변화

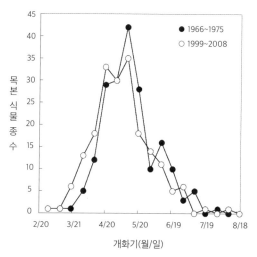

개화기(월/일)

(국립산림과학원)

기는 연평균 기온이 상승함에 따라 10년에 1.2~2.7일씩 빨라졌다.

　국립산림과학원이 서울 홍릉숲에서 관찰한 1999~2008년 꽃 피는 시기를 1966~1975년도 조사 자료와 비교하니 산괴불나무, 딱총나무, 자두나무, 말발도리 등은 평균 7.1일 정도 개화 시기가 앞당겨졌다. 조사 식물종의 56%가 일찍 꽃핀 것은 기온 상승과 관련 있다. 미선나무, 자두나무, 이팝나무 등은 평균 기온이 1℃ 상승하면 개화일이 3~4일 앞당겨졌다. 지금처럼 온실기체를 배출하면(RCP 8.5 시나리오의 경우) 벚꽃 개화기는 2090년에는 지금보다 11.2일 빨라질 것이라는 예측이다.

　외국에서는 식물 계절 관측에 일반인도 참여한다. 영국 레딩 대학 기후학자들은 사과, 배, 체리, 자두 등 네 가지 과일나무 꽃들이 개화하는 시기를 시민 참여를 통해 폭넓게 추적 조사하는 프루트워치(Fruitwatch)라는 과일나무 관찰 프로젝트를 운영한다. 기후변화 때문에 갈수록 꿀벌과 같은 꽃가루 매개 곤충의 활동 시기와 꽃의 개화 시기가 어긋나는 불일치가 나타나기 때문이다. 꿀벌이 미처 활동을 시작하기 전에 꽃이 활짝 피면 꽃가루받이가 되지 않아 나무와 꿀벌 모두가 피해를 받는다.

나뭇잎 나기(개엽)와 단풍

1996년부터 강원도, 경기도 등지에서 신갈나무, 졸참나무 등의 잎이 피는 것을 조사했더니 4월과 5월 평균 기온이 1℃ 높아지면 꽃 피는 날짜가 5~7일 앞당겨졌다. 서울에서는 소나무잎이 일 년에 두 번 나오는 이상 생장이 나타났다. 이상 생장의 발생 빈도는 도심, 도시 외곽, 그린벨트 순으로 높게 나타나 도시화 정도에 따른 기온 차이가 식물의 비정상적인 생장에도 영향을 미쳤음을 보여 준다.

기온이 상승하면서 단풍이 들고 낙엽이 지는 식물 계절에도 변화가 생겼다. 14개의 관측 지점에서 식물 계절의 변화를 분석한 결과, 봄철 식물 계절은 10년에 0.7~2.7일 정도 앞당겨졌으나, 가을철 식물 계절은 10년마다 3.7~4.2일 늦어졌다. 예를 들어 봄철 개나리의 발아 시기는 10년에 2.7일 빨라졌으나, 가을철 단풍나무의 단풍 절정 시기는 10년에 4.2일 정도 늦어졌다. 가을철 식물 계절은 단풍이 시작되는 시기보다 단풍이 절정에 이르는 시기의 변화율이 높았다.

봄철 식물 계절이 앞당겨지고 가을철 식물 계절이 느려지는 변화는 해안 지역보다 내륙에서 두드러졌다. 식물의 생육이 시작되는 날짜는 10년에 2.7일 앞당겨지고, 낙엽 시기는 10년에 1.4일 늦어져 식물이 생장할 수 있는 생육 기간은 10년에 4.2일 정도 늘었다.

생태계 변화를 활용해 기후변화를 탐지하는 데 일반 시민이 참여하면서 조사 대상지가 넓어지고, 정밀도를 높이는 것은 바람직한 사례다. 우리도 학교, 지역 사회, 기업, 정부가 식물 계절 관측을 통해 기후변화에 대한 이해를 확산하고 문제 해결에 함께 나서야 한다.

식물 분포

과거 60여 년간의 난대성 상록활엽수 분포 변화를 기후변화 추세와 함께 분석한 결과를 보니 붉가시나무, 멀꿀 등 상록성 목본의 분포가 서해안을 따라 넓어졌다. 사스레피나무, 조록나무, 자금우 등은 호남 내륙으로 분포 지역이 넓어졌다. 지구 온난화 때문에 광대나물, 자운영 등 해외에서 들어온 귀화식물은 분포하는 영역이 넓어졌으나, 개제비난, 기생꽃, 나도여로, 대성쓴풀, 만주송이풀, 손바닥난초, 애기사철난, 장백제비꽃, 큰잎쓴풀 등 자생종은 쇠퇴했다.

기후변화에 따라 생태계는 반응하며 끊임없이 바뀐다. 지금처럼 온실기체가 배출되면(RCP 8.5의 경우) 소나무 고사율은 겨울 기온이 1℃ 오를 때마다 1.01% 높아져서, 2080년대에는 소나무숲이 현재보다 15% 줄게 된다. 벼의 생산성은 21세기 말에는 25% 이상 감소하고, 사과 재배지는 사라질 것이라는 예상이다. 반면 따뜻한 곳에서 자라는 감귤은 강원도에서도 재배가 가능해진다. 이는 온실기체 배출이 지금처럼 이어졌을 때 21세기 중반 이후부터 한반도가 목격하게 될 모습이다. 식물은 해발 고도가 높아질수록 아고산식물종 등 북방계식물과 희귀·특산식물의 비율이 높아지는데, 기후변화에 따라 이들의 다양성 역시 감소했다.

지구 온난화 취약종

기후변화는 지구 온난화에 취약한 한반도 내 고산식물, 특산종(고유종), 습지식물, 연안 생태계의 피해를 부추길 것이다. 지구 온난화에 따른 피해를 가장 크게 받을 생태적 약자는 빙하기에 북방의 추위를 피해 한반도로 이동해 온 유존종(遺存種, relict)으로, 고산대와 아고산대에 자라는 북방계 극지고산식물과 고산식물이다. 고산식물인 눈향나무, 눈주목, 돌매화나무, 시로미, 월귤, 산솜다리, 한라솜다리, 한라송이풀 등은 대표적인 지구 온난화 취약종이다.

북한의 고산에 자라는 상록침엽관목인 곱향나무, 화솔나무 등과 상록활엽관목인 담자리꽃나무, 천도딸기, 각시석남, 화태석남, 진퍼리꽃나무, 산백산차, 왕백산차, 가는잎애기백산차, 애기백산차, 털백산차,

큰백산차, 린네풀, 애기월귤, 넌출월귤, 큰잎월귤나무, 황산차, 가솔송 등도 지구 온난화에 취약한 식물이다. 남한에도 자라는 월귤, 돌매화나무, 시로미 역시 마찬가지다. 남한 중부에 분포하는 눈잣나무, 중남부에 자라는 가문비나무 그리고 남부와 한라산 아고산대에 자라는 특산종인 구상나무도 지구 온난화의 잠재적인 희생자다.

기온이 상승하면서 식물 계절의 시기가 달라지고, 고산식물이 서식하는 지역 환경은 나빠졌다. 지구 온난화에 따라 생태계 전반에 걸쳐 종의 분포와 조성의 변화도 관측됐다.

조류

기후변화는 동물 생태계에도 영향을 미쳐 철새가 찾아오는 날짜나 알을 낳고 부화하는 시기도 영향을 받는다. 기후변화와 함께 조류 생태계에서는 국내 미기록종이 새로 발견되거나 분포가 보고됐고, 여름 철새가 텃새로 바뀌었다.

겨울 조류 센서스에 의하면, 습지에 서식하는 여름 철새인 왜가리가 관찰된 습지 비율은 66%에서 81.1%로 늘었고, 관찰되는 개체 수는 80% 많아졌다. 중대백로는 32%에서 35%로 증가했고, 개체 수는 232.9% 증가했다. 왜가리와 중대백로는 백로과에 속하는 종으로, 대부분 봄철에 우리나라를 찾아와 여름에 번식하고 가을이면 월동지를 찾아 남쪽으로 이동하는 조류다. 그러나 최근에는 가을에도 남쪽으로 돌아가지 않고 남아 겨울나기를 하기도 한다. 월동하는 왜가리와 중대 백로가 많아진 것은 습지의 겨울 평균 기온이 오르면서 물이 어는 결빙 지속 일수가 짧아져 겨울철에도 먹이를 구할 수 있기 때문이다.

2002~2007년까지 백로류 5종(왜가리, 해오라기, 중대백로, 쇠백로, 황로)이 번식지에 찾아오는 날짜를 조사했더니 6년간 연평균 기온이 0.72℃ 높아지면서 해오라기 1종을 제외한 4종 모두 첫 도래일이 빨라졌다.

12월에 강원도 철원 지역에 남아 있는 재두루미 개체 수가 과거보다 500~600개체 증가한 것은 철원 지역의 최저 기온이 오르고 적설량이 줄어든 탓이다.

전남 신안 홍도에서도 2006년과 2007년에 철새 16종의 첫 도래일을 조사했다. 그 결과 칼새, 물총새, 휘파람새 등 14종은 돌아오는 시기가 빨라졌으나 검은딱새, 되새 등 2종은 늦어졌다. 첫 도래일이 빨라진 것은 홍도 및 중국 동남부 지역의 3월 평균 최저 기온이 0.5~2.0℃ 상승한 것과 관련 있다.

붉은부리찌르레기는 중국 남부, 홍콩, 필리핀, 타이완, 베트남 등지에 서식하는 아열대성 조류다. 국내에서는 2000년 4월 16일 인천 강화도에 관찰된 뒤 2008년 4월 충남 서천, 2009년 4월 27일과 5월 23일에 인천 옹진군 소청도, 2009년 5월 10일 충북 충주와 2009년 8월 강원도 주문진에서 보고됐다. 2008년에는 50여 쌍이 집단으로 강화도에 서식했다.

2000년 이후 발견된 국내 미기록 조류는 69종으로 관찰 빈도, 본래의 서식지 등을 따져 본 결과 이들이 국내에 나타난 원인은 태풍 등 기상(48%), 서식 지역 확장(29%), 지구 온난화(16%), 원인을 알 수 없음(7%) 등이다.

최근에는 여름 철새가 월동 지역인 동남아시아로 이동하지 않고 국내에서 겨울을 나는 '텃새화' 현상이 두드러졌다. 기후변화가 철새에게 불리할지 유리할지는 종에 따라 다르고 미래의 기후변화 추세에 따라서 달라질 것이다.

한편 월평균 기온이 상승하면서 수온이 높아지고 강수량까지 증가하면서, 조류의 먹이인 두꺼비, 맹꽁이, 참개구리 등 양서류의 산란 시기가 앞당겨지는 것으로 알려졌다.

곤충

곤충은 종의 출현이나 생활 주기가 기온에 영향을 받기 때문에 지구 온난화에 매우 민감하다. 온난화에 따라 북방계 곤충은 줄어들고 남방계 곤충은 늘었으며, 일반 곤충이 늘면서 해충으로 바뀌었다. 곤충의 생활상도 달라졌다.

국립산림과학원이 2002~2006년 경기도 광릉의 나비를 조사한 결과에 따르면, 과거보다 들신선나비, 두줄나비, 봄어리표범나비, 봄처녀나비, 멧노랑나비 등 북방계 나비는 줄었고, 남방부전나비, 대만흰나비, 부처사촌나비 등 남방계 나비의 수는 늘었다. 숲이 울창해지면서 숲에 사는 나비는 늘었으나 초지에 사는 나비는 줄었다. 남방계 한국산 나비의 북방한계선이 1950~2011년 사이에 매년 1.6km씩 북쪽으로 옮겨 갔다.

북방계 붉은점모시나비는 1919년 처음 기록된 이래 남부 지방까지 넓게 서식했으나, 요즘은 남부 지방 개체군의 대부분이 쇠퇴하고, 큰 집단은 강원도 산간에만 남아 있다. 붉은점모시나비 유충의 먹이가 되는 기린초가 전국에 자라고, 성충이 좋아하는 서식지가 많은데도 개체수가 감소한 것은 지구 온난화의 탓으로 본다. 고산대에만 서식하는 큰수리팔랑나비, 산부전나비 등은 오늘날 거의 볼 수 없어 멸종위기종으로 분류한다.

기후변화에 따라 예전에는 평범한 곤충이었던 대벌레, 갈색여치가 크게 늘어 과수에 피해를 주는 해충이 됐다. 겨울 기온 상승이 대벌레와 갈색여치의 대발생을 부추긴 것으로 알려졌다. 최근에 꽃매미(*Lycorma delicatula*) 등 외래 곤충이 크게 늘고 분포역이 넓어진 것은 지구 온난화로 겨울 기온이 높아지면서 알이 월동한 탓으로 본다.

남방계 나비와 조류는 북쪽으로 분포가 넓어졌고, 새로운 남방계종도 들어왔다. 한국산 나비 중 남방계종의 북방한계선은 지난 60년 동안 해마다 1.6km씩 북쪽으로 옮겨 갔다. 외래종인 등검은말벌과 갈색날개매미충 등도 전국적으로 퍼졌다. 등검은말벌은 2008년까지 부산 지역에 나타나다가 2014년에는 서울, 경기, 충청 일부 지역을 뺀 전국 103개 시군으로 퍼졌고, 2015년에는 전국 155개 시군으로 확대됐다. 갈색날개매미충, 진드기 등의 발생도 증가할 것으로 전망된다. 모기류 가운데 얼룩날개모기는 2011~2015년에 4배 증가했고, 흰줄숲모기는

2013~2016년에 3.3배 늘었다.

2020년 겨울에는 전국적으로 이상고온 현상이 이어져 1월 기온이 1973년 이후 가장 따뜻했다. 이 영향으로 겨울을 나는 해충의 알이 얼어 죽지 않아 여름철에 대벌레, 매미나방 등이 대량 발생했다. 특히 매미나방으로 대규모 산림이 붉게 바뀌는 등 6,183ha에 이르는 지역에서 곤충이 식물의 잎을 갉아 먹는 피해가 발생했다.

2021년 그린피스 발표에 따르면, 지구상에 사는 단 하나의 종이 멸종해도 생태계 내 균형은 크게 영향을 받는다. 과학자들은 기후변화로 생물 다양성의 손실이 이어진다면 21세기 말에는 지구상 생물종의 50%가 멸종해 인류는 6차 대멸종을 맞을 수 있다고 경고한다.

삼림

식물 계절과 식목일

기상청의 1922~2022년 식물 계절 자료를 분석한 결과, 3월 평균 기온이 상승하면서 벚꽃이 피는 날짜가 빨라졌다. 개화 시기가 빨라지면서 현재 4월 5일인 식목일을 앞당겨야 한다는 주장도 생겼다. 봄이 빨라지는 만큼 나무도 빨리 심어야 잘 자란다는 것이다.

과학적으로 나무 심기에 가장 알맞은 시기는 언 땅이 풀리고 잎눈과 꽃눈이 트기 직전이다. 새로운 식목일 후보는 3월 20~24일 사이로, 근래에는 이때 원래 식목일이 지정되었던 1946년 4월 5일의 기온이 나타난다.

산림청의 설문 조사에서도 성인 1,006명 중 56%가 '3월 식목일'에 찬성했는데, 이유는 3월 기온이 충분히 상승해서 나무 성장에 알맞다는 의견이다. 그러나 기온뿐만 아니라 강수량 등 다른 기후요인까지 고려해야 하고, 식목일을 앞당기는 데 반대한 의견도 44%여서 식목일을 현행대로 유지했다.

2022년, 북한의 최고인민회의 상임위원회는 우리 식목일 격인 식수절(植樹節)을 24년 만에 3월 14일로 앞당겼다. 북한의 식수절은 김일성 주석이 1947년 4월 6일 평양 문수봉에 나무를 심은 것을 기념해 1949년 지정했다. 북한이 식수절을 다시 변경한 것은 1998년 6월 중앙인민위원회가 4월 6일에서 3월 2일로 바꾼 이후 24년 만이다.

침엽수

우리나라 1977~2006년의 삼림 분포와 2071~2100년 자료를 비교 예측한 결과, 기후변화에 따라 아열대 기후대가 넓어지면서 한대성 침엽수림은 곤란을 겪게 될 것으로 나타났다. 낙엽활엽수림대가 증가하는 대신 혼합림과 한랭한 기후에 적응한 상록침엽수림대는 전체 삼림의 약 4.4%로 줄어들 것이라고 한다.

연평균 기온이 상승하면서 아한대 침엽수림은 줄고 난온대 상록활

고사한 한라산 구상나무

엽수림이 넓어져 1967~2003년 사이에 한라산 일대 구상나무숲 면적이 34% 축소하는 등 아고산 침엽수의 쇠퇴가 뚜렷했다. 아고산 상록 침엽수가 줄어든 원인은 지구 온난화의 영향으로 겨울 기온이 상승하고 적설량이 줄어 수분 스트레스가 높아졌기 때문이다. 가을과 겨울 강수량이 감소하고, 겨울 평균 기온이 높아지면서 봄까지 이어지면 고온과 가뭄으로 수분 부족 스트레스가 커져 말라 죽는 원인이 된다. 기온이 상승하거나 토양에서 수분이 부족하면 식물은 수분 부족 스트레스를 피하려 기공을 닫고 탄수화물을 소비한다. 이런 상태가 이어지면 침엽수는 쇠약해지고 심해지면 말라 죽는다. 기후변화에 대응해 임상 분포, 산림 탄소 및 재해 취약성을 살피는 통합적 관리가 필요하다.

기온 및 강수량이 변화하면서 지역별, 수종별로 삼림의 생장, 분포, 재해가 나타나는 양상에도 변화가 나타났다. 1990년대 이후 20년간 침엽수종의 25%가 감소하는 등 넓은 지역에서 침엽수의 생장과 분포가 줄었다. 지금처럼 온실기체가 배출되면(RCP 8.5의 경우) 기온이 상승하면서 한랭한 기후에서 경쟁력이 있는 침엽수와 아고산림이 급격하게 감소하는 대신 난대림과 온대림은 북상할 것으로 본다. 지금 숲의 23%를 차지하는 소나무림이 2080년대에는 15%로 감소한다는 의견도 있다. 난온대에 자라는 상록활엽수림대 면적은 과거 20년(1968~1987)보다 최근 20년(1988~2007)에 약 2.7배 늘었다.

산불

기후변화에 따라 산에서는 크고 작은 재해가 발생한다. 우리나라에서는 1999~2008년 사이 연평균 497건의 산불이 났는데, 산불 발생의 84%가 건조기인 1~5월에 발생했다. 봄철에 대형 산불이 많이 발생하는 것은 다른 계절보다 강우량이 적고 맑은 날이 많으며 온도가 높아 상대 습도가 낮기 때문이다. 여기에 숲이 우거져 마른 낙엽이 많이 쌓여 있기 때문에 사람들의 부주의로 산불이 자주 발생하면서 삼림과 재산 피해는 늘어난다.

건조한 기간이 늘고 가뭄의 강도가 커지면서 대형 산불이 자주 발생했고, 특히 2000년대에는 도시 주변에서도 산불이 발생했다. 1990년대보다 강원 영동 지역의 산불 발생 횟수는 1.7배, 피해 면적은 5.6배씩 늘었다.

2022년 봄, 경북 울진에서 213시간(9박 10일) 동안 이어진 '울진 산불'로 1만 4,140ha의 숲이 피해를 봤다. 이때 경북과 강원에서 산불로 인한 피해 면적은 2만 523ha로, 여의도 면적의 70배, 축구장 2만 8천여 개 규모였다. 국내 산불은 대부분 사람 때문에 발생하지만, 피해 규모는 고온 건조한 날씨 등 기후요인에 따라 커지기도 한다.

병해충

40~50년 전에는 중부 내륙 지역에서 소나무에 피해를 주는 토착 해충인 솔나방이 연간 1세대 발생했다. 그런데 최근에는 2세대가 발생하는 등 곤충의 세대수가 늘어났다. 지구 온난화에 따라 산림 병해충이 번성하고, 외래 병해충이 유입되고 퍼진 것이다. 참나무시들음병, 잣나무잎벌, 소나무가지마름병 등 새로운 병해충이 크게 발생했고, 리기다소나무, 리기테다소나무 등에 피해를 주는 푸사리움가지마름병과 같은 아열대성 병원균 피해도 기후변화에 따라 늘어났다.

특히 2000년대 이후 소나무재선충병, 참나무시들음병이 크게 확산했으나, 적극적인 방제로 2010년대 중반부터 감소했다. 산림 병해충 취약성은 매개충의 발육 단계와 계절별 기후요인의 영향을 받는다. 나무가 크고 인구가 많은 지역일수록 병해충 피해율이 높다.

기후변화와 삼림

《미국 국립과학원 회보(PNAS)》에 실린 논문을 보면, 지구상 나무 종류는 가장 보수적으로 추정해도 현재 알려진 것보다 14.3%가 더 많은 7만 3,247종에 이른다. 우리가 아직 발견하지 못한 나무가 약 9,200종임을 뜻한다. 아직 발견되지 않은 나무의 40%는 남미 아마존 분지의 열대 및 아열대 우림과 안데스산맥 1,000~3,500m 사이에 살고 있을 것으로 본다.

삼림은 탄소를 흡수할 뿐만 아니라 강우량을 조절하고, 주변의 온도를 낮춰 주고, 생물 다양성을 유지 보전하며, 원주민의 거주 공간을 보장한다.

2021년, 영국 글래스고에서 개최된 COP26에서 101개국 정상과 EU는 2030년까지 숲의 파괴를 멈추고 삼림을 되살리겠다며 〈삼림과 토지 이용에 관한 글래스고 정상 선언〉에 동의했다. 선언에 참여한 나라들은 세계 삼림 면적의 85%에 이르는 3,360만km²를 보유한다. 28개국은 삼림을 파괴하여 생산한 팜유, 콩, 코코아 등의 무역 금지를 약속했고, 투자 기관 30곳은 삼림 파괴와 관련된 투자를 중단하겠다고 했다.

스위스 취리히 연방공과대학(ETH Zurich)의 지구 온난화 대응 연구에 따르면, 1조 그루의 나무를 심으면 기후변화를 멈출 수 있다. 2019년 전 세계가 배출한 이산화탄소의 양은 367억 톤이었다. 1그루의 어른 나무가 1년에 5kg 정도의 이산화탄소를 흡수하고, 1조 그루를 심은 뒤 10~20년이 되면 약 50억 톤, 30~40년 뒤에는 1그루당 1년에 약 10kg

의 이산화탄소를 흡수하게 된다. 이는 전 세계 이산화탄소 배출량의 약 3분의 1인 100억 톤에 달한다.

나무는 잎에서 이산화탄소를 흡수하고 뿌리로 물을 빨아들인 뒤, 햇빛을 이용해 물과 이산화탄소를 산소, 수소, 탄소로 분해한다. 그 과정에서 산소를 내뿜으며, 탄소와 수소는 각종 탄수화물로 만들어 줄기와 열매에 저장한다. 이처럼 나무는 탄수화물 덩어리이기 때문에 이를 가공해 종이, 가구, 건축, 교량 등을 만들면 수명이 다할 때까지 탄소를 저장할 수 있다. 원목을 가공할 때 나오는 부산물은 펄프나 연료로 사용한다.

나무를 가공할 때 배출하는 탄소량은 알루미늄(796분의 1), 철(264분의 1), 콘크리트(6.6분의 1)보다 적다. 플라스틱은 제조 과정에서 콘크리트와 비슷한 수준의 탄소를 배출하며, 바다로 유입돼 해양 생태계를 크게 위협한다. 따라서 플라스틱 대신 숲에 자라는 나무를 이용하는 것이 바람직하다.

숲의 조성과 기후 살리기

배출된 이산화탄소의 50%는 대기에 남고, 해양과 지구에서 30%, 20%씩을 흡수한다. 육지와 바다에 자라는 식물은 탄소를 흡수하는 역할을 한다. 그린 카본(green carbon)과 블루 카본(blue carbon)은 화석연료를 일컫는 블랙 카본(black carbon)에 비교되는 말로, 그린 카본은 육상 삼림이 흡수하는 탄소를 말한다. 블루 카본은 해안의 염생식물, 산호초, 식물 플랑크톤, 맹그로브 숲, 염습지, 바닷속 숲(잘피림) 등 바다 식물이 흡수하는 탄소다.

지구 숲을 복원하는 것은 기후변화를 완화할 수 있는 가장 효과적인 방법이다. 숲은 인간 활동으로 배출되는 탄소의 3분의 2를 가두어 둘 수 있기 때문이다. IPCC의 미래 시나리오에 따르면, 기온 상승을 1.5℃로 제한하려면 에너지 사용이나 운송 등에서 발생하는 탄소 배출을 급격히 줄이더라도, 이미 배출된 탄소를 흡수하려면 2050년까지 수십억ha의 숲이 필요하다.

스위스 취리히 연방공과대학 연구에 따르면, 기존 도시나 농업에 영향을 미치지 않고 세계 삼림 지역을 3분의 1 정도 더 늘릴 수 있다. 숲이 복원될 가능성이 있는 곳은 러시아(1억 5,100만ha), 미국(1억 300만ha), 캐나다(7,800만ha), 호주(5,800만ha), 브라질(5천만ha), 중국(4천만ha) 등이다.

도시가 있거나 농경지로 사용하지 않아 인간 활동이 적은 지역 가운데 17~18억ha에는 나무를 기를 수 있고, 이 가운데 9억ha는 울창한 숲으로 만들 수 있다. 농경지와 도시까지 포함된다면 추가로 14억ha의 토지에서 나무가 자랄 수 있고, 7억ha는 숲이 우거질 수 있다. 새로 조성한 숲이 무성해지면 산업혁명 이래 인간이 배출한 3천억 톤의 탄소 가운데 3분의 2인 2,050억 톤을 저장할 수 있다.

나무와 숲은 광합성을 하면서 증산 작용을 통해 주변 온도를 낮춘다. 식물은 지구 온난화 속도를 더디게 해서 기후변화에 적응할 수 있게 도와주며, 이산화탄소를 흡수해 대기 중 온실기체를 줄여 기후변화를 늦추는 역할도 한다. 즉 숲을 만들고 가꾸는 것은 기후변화의 부작용을 줄일 수 있는 지속 가능한 바람직한 방법이다.

2019년 초, 48개국이 독일에서 2030년까지 3억 5천만ha의 삼림 복원을 목표로 하는 〈본 챌린지(Bonn Challenge)〉에 서명했다. 숲을 복원하는 것은 모두가 함께 참여해 가시적인 효과를 낼 수 있는 기후변화를 해결하는 대책 중 하나다. 누구나 직접 나무를 기를 수 있고, 숲 복원 기구를 후원해 기후변화에 대응할 수 있다.

8

기후변화와 경제
농업, 수산업, 제조업

기후변화는 곡물, 채소, 과일, 육류 등 먹을거리를 생산하는 농업에 결정적인 영향을 미친다. 바다에서 어패류, 해조류, 어류 등을 기르고 거두는 수산업과 밀접하게 관련 있으며, 상품을 생산하는 제조업과 에너지를 공급하는 산업도 기후변화에 따라 희비가 교차한다. 기후변화야말로 의식주를 좌우하는 경제와 뗄 수 없는 관계에 있다.

농업

식량 문제

대한민국의 식량 자급률은 경제협력개발기구(OECD) 38개국 가운데 최하위로, 쌀을 제외한 곡물 대부분을 수입에 의존한다.

UN 식량농업기구(FAO) 자료에 따르면, 우리나라 식량 자급률은 2020년 기준 19.3%로 사상 처음 20% 선이 무너졌다. 국내에서 소비되는 곡물의 80% 이상을 수입할 정도로 해외 의존도가 높아졌고, 이상기상으로 농작물 피해를 보는 사례까지 급증하면서 식량 안보에 위험이 커졌다.

우리나라 전체 식량 자급률과 곡식을 바탕으로 환산한 곡물 자급률에 관한 통계치를 두고는 기준에 관한 논란이 있다. 한국농촌경제연구원이 FAO의 농산물시장정보시스템(AMIS) 데이터베이스를 바탕으로 산출한 2020~2022년 대한민국 곡물 자급률은 평균 19.5%에 불과했다. 2015~2017년에는 평균 23%였다. 사료용을 포함한 전체 곡물의 자급률은 1980년 56%에서 2021년 18.5%로 추락했다. 곡물, 육류, 채소류, 과실류, 우유 및 유제품, 난류, 해조류, 버섯류, 유지류, 어류 등 먹을 수 있는 모든 동식물을 이르는 식량 자급률은 40.5%로, 역시 역대 최저로 곤두박질쳤다. 주요 곡물 자급률을 보면, 2020년에 쌀 92.1%, 밀 0.5%, 옥수수 0.7%, 콩 7.5% 정도로, 쌀을 제외하면 곡물 자급률이 매우 낮다. 식량 자급률이 차츰 낮아지는 직접적인 원인은 사료용 곡물 수입이 빠르게 늘었고, 국내 공급 여건도 취약해졌기 때문이다.

전 세계 곡물 교역량의 75% 이상을 차지하는 곡물 메이저는 카길(Cargill), 아처 대니얼스 미들랜드(Archer Daniels Midland Company, ADM), 벙기(Bunge Limited), 루이 드레퓌스(Louis Dreyfus, LDC) 등 4개 회사다. 우리나라에서도 이 기업들이 국내 곡물 수입량의 60%를 담당한다. 식량을 해외 민간 기업에 의존한다는 것은 식량 안보 차원에서 위협적인 일이다.

작물이 자라는 계절

식물이 자라는 생육기간 또는 식물기간은 일평균 기온이 5℃ 이상인 날을 뜻한다. 봄에 일평균 기온이 5℃ 이상이 되면 겨울을 넘긴 월동작물의 생육이 다시 시작되고, 가을에 5℃ 이하로 기온이 내려가면 낙엽이 지면서 식물이 겨울잠에 들어간다. 이러한 생육기간이 평년보다 빨라지고 일수도 길어지고 있다. 일평균 기온 5℃가 나타나는 첫날은 1951~1980년에 비해 1971~2000년에는 2~7일 빨라졌고, 생육기간도 3~13일 길어졌다.

농작물 재배에 알맞은 시기를 판단하는 데 널리 사용하는 무상기간(無霜期間, length of frost-free period)은 서리가 내리지 않는 날수다. 기후변화에 따라 첫서리가 내리는 날은 10년에 2.9일씩 늦어지고 마지막으로 서리가 내리는 날은 10년에 3.8일씩 빨라지면서 무상기간은 10년에 6.7일씩 길어졌다. 꽃이 피기 시작한 개화기와 활짝 피는 만개기(滿開期, full bloom stage)도 빨라졌고, 작물이 싹 트는 시기 역시 앞당겨졌다.

식량 작물은 아직 심각하게 생산량이 줄지는 않았지만, 온도가 상승하고, 일조량이 줄고, 가뭄이 늘면서 생산도 점차 줄고 있다. 미래에는 작물이 자라는 기간이 증가해도 벼와 콩의 수확량은 감소할 것으로 본다. 기온이 높아져 벼가 제대로 여물지 않으면서 수확량은 최대 40%까지 줄어들 수 있기 때문이다. 그러나 남부 지역에서는 벼를 일년에 두 번 수확하는 2기작(二期作, double cropping)을 할 수 있고, 지금은 기온이 낮아 벼를 재배할 수 없는 대관령과 태백에서도 벼농사가 가능해진다.

국립원예특작과학원 온난화대응농업연구소는 2023년《SSP 기후변화 시나리오 적용 농업용 미래 상세 기후분포지도》를 발표했는데, 이 책에는 관측값을 기반으로 작성한 현재 기후분포 특성과 SSP 시나리오에 따른 미래 기후분포 전망이 담겨 있다. 탄소 배출이 줄지 않고 계속 늘어나면 2100년대가 되면 기온은 지금보다 10℃ 안팎이 올라 지금과는 전혀 다른 기후가 될 것이고, 전국 대부분 지역의 연평균 기온은 20℃를 넘어설 것으로 전망했다.

곡물

기후변화는 한국인의 주식인 벼의 재배와 쌀 품종에도 영향을 주고 있다. 벼는 어린 묘를 옮겨 심는 시기의 기온이 13℃보다 낮아지면 뿌리를 제대로 내리지 못해 잘 자라지 못한다. 또 벼는 이삭이 나온 뒤 40~50일이 지나면 익는데, 지구 온난화에 따라 벼의 이삭이 패는 시기가 늦어졌다.

벼를 옮겨 심고 잘 자랄 수 있는 일평균 기온 15℃ 이상을 나타내는 날짜는 56개 지역에서 과거보다 사흘 정도 빨라졌고, 작물의 생육기간은 165일로 길어졌다. 벼는 여물 때까지의 일평균 기온이 22℃일 때 생산량이 많다.

우리가 먹는 쌀은 자포니카(*Oryza sativa. subsp. japonica*) 종으로, 동남아

1969~1987년과 1988~2006년 기간 중 작물의 생육기간[일평균 기온 15℃ 이상 일수] **변화**

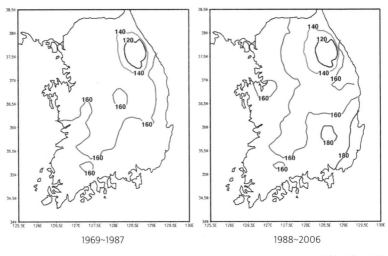

1969~1987   1988~2006

(심교문 등, 2008)

에서 먹는 길쭉하고 찰기가 없는 인디카(*Oryza sativa*, subsp. *indica*)보다 단 맛이 있고 찰기가 높다. 자포니카의 벼 이삭이 밖으로 나오는 시기인 8월 중순에 온도와 습도가 높으면 쌀알이 충분히 무르익지 못한다. SSP5 시나리오에 따르면 2090년대 대한민국의 97.4%가 아열대 기후 대로 바뀌면서 벼가 무르익는 조건이 자포니카보다는 인디카에 유리 해진다. 그 경우 우리에게 익숙한 '찰진 쌀밥'을 먹기 어려워질 수 있다.

겨울을 나는 월동작물의 재배 북한계선은 작물이 추위를 견디는 능력과 겨울 최저 온도가 중요하다. 1970년대 중반까지는 대전 이남에서 가을보리를 재배했고, 추위에 약한 맥주보리는 남해안에서만 심었다. 그런데 1990년대 후반부터는 충남 서천에서도 쌀보리를 재배했으며, 현재는 강원도 고성에서도 겉보리를 심는다. 가을보리는 1월 평균 기온을 기준으로 겉보리 -4℃, 쌀보리 -3℃, 맥주보리 0℃ 이상 지역에서 재배할 수 있으니, 가을보리의 재배 북한계선이 평년보다 북쪽으로 크게 이동한 것이다.

기후변화에 따라 쌀보리의 안전 재배 지대는 충청 이남에서 경기 중부로 확대되었고, 주산지는 전남에서 전북 등으로 넓어졌다. 겨울 기온이 오르면서 보리의 재배 북한계선이 북쪽으로 확대됐음을 알 수 있다.

채소

기후변화에 따른 기온 상승으로 작물의 적정 재배지도 바뀌었다. 보리, 가을감자, 복숭아, 사과뿐만 아니라 배추와 마늘 등 채소 재배에 알맞은 곳도 북쪽으로 옮겨 가고 있다. 지구 온난화로 감자 이모작이 강원도까지 가능해지면서 가을감자의 재배 면적이 전국적으로 증가했다.

고랭지의 평균 기온 역시 높아지면서 고랭지 배추의 재배 면적이 줄어들고 있다. 여름 배추가 자라는 알맞은 평균 기온은 18~20℃이며, 23℃까지도 큰 문제가 되지 않으나, 기온이 오를수록 재배 적지는 줄어든다. 현재 고랭지 배추의 재배 면적은 2000년의 10,206ha보다 절반으로 줄었다. 국립원예특작과학원은 기후변화 때문에 2090년에는 국내에서 여름 배추 재배가 불가능할 것으로 예측했다.

덥지 않은 곳에 재배하는 한지형 마늘은 충남 내륙 지역과 충북 전지역, 경북 내륙과 강원 지역, 경기 지역 등 중부 내륙 지역에서 주로 기른다. 춥지 않은 곳에 재배하는 난지형 마늘은 전북 남부와 전남, 경남, 경북 남부 일부, 제주도 등의 지역에서 주로 기른다. 난지형의 재배 적지가 북쪽으로 옮겨 가면서 한지형을 대신하고 있다. 양파는 고온 건조한 기후의 영향으로 생산량이 증가할 것으로 본다.

온대성 과수

지구 온난화로 과수(果樹)의 주산지가 바뀌고 있다. 한반도에서 평균 기온이 1℃ 상승하면 농작물의 재배지는 북쪽으로 81km 올라가고, 고도는 154m 상승한다. 단순히 재배 위치만 변하는 것이 아니라 생산량도 줄어든다. 즉 온대성 과수가 자라기 알맞은 생육 적지가 남쪽에서 북쪽으로, 해안에서 내륙으로, 평지에서 산지로 차츰 옮겨 가면서 과일 생산량이 줄었다.

온대 과수인 사과를 재배하는 면적의 변화는 기후변화 탓이다. 사과를 재배하는 데는 연평균 기온이 7.5~11.5℃, 생육 시기 평균 기온이 15~18℃인 내륙 또는 분지가 알맞다. 경북은 전국 사과 생산의 66%, 포도의 54%, 자두의 86%를 차지하는 등 전국 과수 생산량의 31%를 차지했다. 그러나 생산비 증가와 노동력 부족 등에 더해 기후변화까지 겹치면서 과수의 주산지가 북상했고, 대체 작물을 도입하고 있다.

대구 및 경북 지역의 사과 재배 면적은 1993년에 36,021ha에서 2023년에는 20,151ha로 44% 줄어든 반면, 같은 기간 강원도의 사과 재배 면적은 483ha에서 1,679ha로 247% 늘었다. 이제는 경기도 연천, 강원도 양구 등 북한과 인접한 민통선에 이르는 북쪽까지 사과 재배지가 넓어졌다. 현재 속도로 기후가 변화하면 2100년에는 강원도 일부 지역에서만 사과를 재배할 수 있다. 평균 기온이 3℃ 높아지면 우리나라 대부분 지역에서 사과 재배가 어려워진다는 예상이다.

복숭아는 2002년 이후 주산지인 경북에서의 재배 면적이 빠른 속도로 줄었고, 충북, 강원, 경기 지역이 주요 생산지가 됐다.

포도 역시 경북에서 재배가 계속 줄어들고 강원에서 빠르게 늘어 새로운 주산지가 됐다. 경기 가평, 포천, 강원 영월, 경남 거창, 전북 무주, 남원 등 산간 지역에서 포도 재배가 늘었다. 이들 지역은 과거에는 온도가 낮아 포도 재배가 어려웠으나 온난화로 재배 가능 지역이 됐다.

배의 재배 면적은 2008~2019년까지 1만 8,277ha에서 47.4%가 줄었고, 생산량도 47만여 톤에서 57.4%가 줄었다. 재배 면적이 줄어든 원인으로 지난 20년간 배꽃이 피는 시기가 약 2일 정도 빨라진 점을 주목하고 있다. 아울러 봄철 서리 등 냉해 피해가 늘면서 배의 재배 적지가 바뀌고 생산량도 줄었다. 농촌진흥청은 《신농업 기후변화 기획 보고서》를 통해 현재 기온보다 1.5℃ 상승하는 2040년대에는 품질 좋은 배를 재배하는 적지가 크게 줄고, 고랭지 배추 재배 지역의 90% 이상이 감소할 것으로 예상했다.

아열대성 과수

국립기상과학원의 《한반도 100년의 기후변화》에 따르면, 지금처럼 온실기체가 배출되면 강원도 산간을 제외한 대한민국 대부분이 21세기 후반에는 아열대 기후가 된다. 그렇게 되면 사과, 배, 복숭아, 포도 등의 재배 가능지가 줄어들고, 아열대 기후에 적합한 감귤, 단감 재배지는 넓어지게 된다. 이미 국내에서 아열대 작물 재배는 제주를 넘어 경남과 전남 등 남부 지역을 중심으로 점차 확대되고 있다.

제주도에서만 재배되었던 감귤은 전남, 경남 등으로 재배 지역이 넓어졌고, 참다래와 무화과도 겨울이 온난해지면서 재배 가능 지역과 실제 재배 지역이 북상했다.

바나나는 25℃ 이상에서 잘 자라며 기온이 13℃보다 낮으면 재배가 어렵다. 제주도에 이어 전남 해남과 경북 포항에서도 바나나를 재배하고, 강원 삼척에서도 시험 재배에 성공했다. 현재 제주도와 남부 지역 농가는 패션프루트, 체리, 애플망고, 블랙커런트 등 여러 아열대 과수를 재배한다. 참다래, 무화과, 망고 등의 재배 농가와 생산량도 2017년부터 2019년까지 3년간 매년 늘었다.

경북은 농촌진흥청이 추천한 망고, 패션프루트, 용과, 올리브, 파파야, 아떼모야, 구아바, 페이조아와 함께 만감류(한라봉, 천혜향, 레드향, 황금향), 바나나, 커피, 무화과, 키위 등 16종의 아열대 작물을 미래 소득 작물로 선정했다.

연평균 기온이 2℃ 상승하는 2040년에는 감귤 재배가 가능한 면적

미래 사과, 복숭아, 포도의 재배 적지 이동

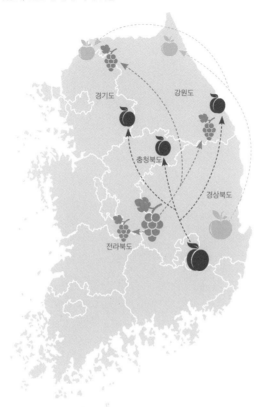

이 현재보다 36배 정도 늘어 감귤 재배가 크게 늘 것이다. 온실기체가 계속 증가하는 SSP5 시나리오는 21세기 말 감귤의 재배 가능 지역이 강원 동해안까지 북쪽으로 이동할 것으로 예측했다.

　기후변화에 따라 비닐하우스가 아닌 바깥에서 작물이 자랄 수 있는 기간이 길어졌고, 작물을 재배하는 데 알맞은 시기와 장소도 변했다. 현재 추세대로 온실기체가 배출되면(RCP 8.5의 경우) 기온이 오르고, 이상기상이 자주 발생하면서 21세기 말 대한민국의 작물 생산성은 감소할 것이다. 채소와 과수의 생산량이 달라지고, 맛과 색깔 등 품질도 나빠진다.

꿀벌과 작물

꿀벌은 주요 100대 농작물 가운데 71개 작물의 꽃가루받이를 돕는다. 생물다양성협약의 과학적 자문을 위해 2012년 설립된 기구인 UN 생물다양성과학기구(IPBES)의 《수분매개체, 수분 및 작물생산 평가보고서》에 따르면, 전 세계 작물 생산량의 35%는 수분 매개 곤충의 도움을 받는다. 그런데 FAO는 꿀벌과 나비의 40%가 멸종할 위기에 있다고 경고했다.

꿀벌이 줄어드는 원인에는 서식지 감소, 병해충, 기후변화, 농약 사용, 외래종 유입, 환경 오염 등이 있다. 특히 기후변화로 꿀벌의 면역력이 떨어져 병해충에 대한 저항력이 약해지면서 곤충 감염병이 번지고, 꿀벌의 천적인 진드기의 번식 기간이 길어지면 꿀벌의 폐사율에 영향을 미친다.

2010년에는 꿀벌 유충에서 발생하는 바이러스 질병인 낭충봉아부패병(Sacbrood Virus)이 전국적으로 돌면서 국내 토종벌 65~99%가 집단 폐사했는데, 2022년에는 10여 년 만에 다시 꿀벌이 집단으로 실종되는 일이 발생했다.

꿀벌이 사라지면 작물뿐만 아니라 인간 생존 자체가 위험해진다. 미국 하버드 대학교 연구진은 꿀벌이 사라지면 매년 142만 명 이상이 추가로 사망한다고 국제 의학학술지《랜싯(Lancet)》에 발표했다. 꿀벌이 사라져 과일 생산의 22.9%, 채소 16.3%, 견과류 22.3%가 줄면서 임산부, 아동, 청소년에게 필수적인 비타민 A, 비타민 B, 엽산 등 영양소 공급이 줄고, 저소득층을 중심으로 사망자가 늘어난다는 것이다.

한국양봉협회는 2022년에 전국 4,173개 양봉 농가에서 39만 517개 벌통이 피해를 보았다고 발표했다. 월동에 들어갈 무렵 벌통 안에 사는 꿀벌의 마릿수는 1만 5천 마리 정도이니, 전국에서 한 해에 약 60억 마리의 꿀벌이 사라진 셈이다.

꿀벌은 왜 사라졌을까? 2021년 11~12월 고온으로 꽃이 일찍 피자 월동 중이던 늙은 일벌은 평소보다 빠르게 벌통 밖으로 나가 꽃가루를 채집하는 등 외부 활동을 하면서 체력을 소모했다. 그 뒤 외부 기온이 다시 낮아졌을 때 벌통으로 다시 돌아오지 못했다. 즉 꿀벌의 피해는 가을 저온과 겨울 고온 현상 같은 이상기상과 해충의 영향이 복합적으로 작용한 결과다.

병해충

기온이 상승하면서 월동하는 해충이 증가하고 아열대성 병해충이 유입돼 토착화하면서 농작물 피해가 늘었다. 고추역병과 탄저병, 양파

흑색썩음균핵병 등의 발생률이 높아지고, 월동 해충과 외래 해충의 발생이 늘고 있다.

중국 남부와 동남아시아가 원산지인 아열대성 곤충 주홍날개꽃매미는 과거에는 기온이 낮아 우리나라에 정착하지 못했다. 그러나 겨울 기온이 높아지면서 월동이 가능해지자 국내에 자리 잡았고 2006년부터 대발생했다. 애멸구가 매개하는 벼줄무늬잎마름병의 피해 지역이 확대된 것 역시 온난화로 매개충이 월동할 수 있기 때문이다. 또 갈색여치는 2001년 충주에 첫 발생해 2007년에 충청도 전역으로 확대되어 사과, 복숭아, 포도, 콩 등 30ha에 피해를 주었다. 감자뿔나방은 1970년대 후반에는 남부 지역에서만 발견되었으나 2009~2012년에는 평균 기온이 상승하면서 서식지가 북쪽까지 넓어져 중북부 지역에도 큰 피해를 주었다.

농업과 축산

기상이변은 농업에 큰 손실을 가져왔다. 1992~2006년에 농작물 기상재해 면적은 연평균 14만 8천ha였다. 풍수해는 전체 기상재해 면적의 69%를 차지해 피해가 가장 컸고, 홍수 피해 면적도 늘었다. 저온에 따른 냉해 피해 규모는 줄었으나, 발생 빈도는 늘었다. 가뭄에서 비롯한 한해도 농업에 피해를 줬다. 최근에 바닷물 온도가 오르면서 수온을 에너지원으로 삼는 태풍은 더 강해지고 자주 발생하고 있다.

2010년까지 기상재해로 인한 농업 분야의 피해는 전체 자연재해 피해의 11% 내외로, 피해 금액은 연간 평균 2,070억 원이었다. 그러나 피해 규모는 꾸준히 커져, 2020년에 처음으로 농작물재해보험금 지급 건수 20만 건, 지급액 1조 원을 넘었다.

한국은행의 2023년 8월 《경제전망보고서》에 따르면, 엘니뇨 기간 이 지나면 국제 식량 가격 상승기가 나타나고, 해수면 온도가 예년 대비 1℃ 상승할 때 평균적으로 1~2년 뒤 국제 식량 가격은 5~7% 상승 했다. 엘니뇨 때문에 식량 가격이 오르면 먹을거리를 수입해야 하는 우리는 어려움을 겪게 된다.

낙농업은 인간 활동에서 나온 온실기체 배출량의 약 4%를 차지한 다. 치즈는 축산업, 낙농업에 이어 세 번째로 탄소 배출량이 많은 산업 이다. 치즈 1kg을 만들 때 이산화탄소 13.5kg이 배출되는데, 이는 닭 고기, 돼지고기, 칠면조 또는 연어 생산에서 나오는 탄소 배출량보다 크다.

기상청에 따르면, 2023년 일 최고 기온이 33℃ 이상인 폭염 일수는 19일로, 2018년 35일과 2016년 24일 다음으로 많았다. 지난 30년간 평 균 폭염 일수가 8.8일 정도였으나 갈수록 무더위가 기승을 부리는 형 국이다. 중앙재난안전대책본부에서는 2023년 8월 기준으로 총 36만 2,816마리(돼지 1만 7,592마리, 닭 34만 5,224마리)의 가축이 죽었다고 발표 했다. 보험개발원 자료를 통해 연도별 폭염 일수와 손해액이 밀접한 상관이 있으며, 폭염이 가장 길었던 2018년에는 약 2천억 원의 피해액 이 발생했음을 알 수 있다.

기후변화는 자연환경에만 영향을 미치는 것에 그치지 않는다. 우리 밥상의 미래를 좌우하는 생존의 문제이자 경제적으로 가장 중요한 현안이다. 적극적으로 기후변화에 대응할 때 미래 밥상과 국민의 삶을 지킬 수 있다.

해외의 식량 문제 대응

WMO는 2015년 지표면 평균 온도가 처음으로 산업화 이전보다 1℃ 올라갔다고 발표했다. 영국의 환경운동가이자 언론인 라이너스는 《최종 경고: 6도의 멸종》에서 지구 온도가 1℃ 상승하는 데 150년이 걸렸지만 추가로 1℃ 오르는 데 15년 정도가 걸리며, 지금처럼 기온이 오르면 2030년에 2℃, 2050년에 3℃까지 평균 기온이 상승할 것이라고 말했다.

세계 인구는 2022년 11월 기준으로 80억 명을 넘어섰으며, UN은 80억 7천만 명인 지구촌 인구가 2050년에는 100억 명에 이를 것으로 예상했다. 늘어나는 인구가 먹고 살려면 현재의 농업 생산량을 60%를 늘려야지만, 안타깝게도 지구 기온이 1℃ 상승할 때마다 농업 생산량은 5% 감소한다. FAO에 따르면, 세계 식량 가격이 2020년에 30% 이상 오른 뒤 2021년 기준으로 10여 년 만에 최고 수준으로 치솟았으며, 곡물 가격은 1년 전보다 22% 이상 올랐다. 곡물 생산량이 감소하는 것은 기후변화 때문이다.

세계적인 식량 수급 문제의 원인은 늘어난 인구만큼 작물 수확량은 크게 늘지 않는다는 데 있다. 평균 기온이 지금보다 3℃ 오르기 전에 바뀐 기후에 알맞은 식량 작물을 재배하고, 온도가 조절되는 인공 환경에서 단백질을 생산할 방법을 찾아야 한다. 국가 간 식량을 유통하는 협력 체계도 갖추어야 한다. 식량의 안정적인 수급은 곡물 자급률 20% 내외인 대한민국에는 심각한 도전이 될 수 있다.

미국 항공우주국(NASA) 고다드 우주연구소(GISS) 연구진이 기후변화가 농작물에 미치는 영향을 분석해《네이처 푸드(Nature Food)》에 발표했다. 지구 온난화에 따른 기온 상승, 강우 패턴의 변화, 대기 중 이산화탄소의 농도 증가 등이 농작물에 영향을 주며, 인류가 기후변화를 해결하지 않으면 21세기 말 옥수수 생산량은 24%까지 감소하고, 밀은 17% 증가할 것이라는 내용이다.

페루 리마의 국제감자센터(International Potato Center)는 기후변화가 계속되면 감자의 수확량이 2060년까지 32% 정도 감소할 것으로 전망했다. 감자는 열 스트레스에 매우 민감한 작물이기 때문에 지나친 일조량과 높아진 기온은 감자의 수확에 영향을 미친다.

미래 예측과 대응

21세기 말(RCP 8.5 시나리오의 경우)에는 국내 전체 농경지 가운데 과수를 재배할 만한 곳이 현재보다 크게 줄어들 전망이다. 온주밀감은 제주도에서 재배가 어려울 것이고, 이미 재배 면적이 줄어든 사과(적지 없음), 배(1.7%), 포도(0.2%), 복숭아(2.4%) 등은 21세기 말에는 재배할 수 없거나 재배 면적이 현재의 0.2~2.4% 수준에 그친다.

채소는 고추나 배추 등은 고온 피해가 예상되며, 마늘은 한지형 마늘을 대신해 따뜻한 곳에서 자라는 난지형 마늘의 재배지가 넓어질 것이다. 고추는 고온에서 생산량이 줄어들기 때문에 21세기 말에는 생산량이 89% 정도 감소할 것이다. 가을배추는 파종 뒤 속이 동그랗게 만들어지는 때인 결구기(結球期)까지 최고 기온이 높아지면서 자람이 나빠진다. 다만 양파는 고온에서도 생산할 수 있어 21세기 말에 생산량이 127~157% 늘어난다.

농업 분야에서 기후변화에 대응하려면 지역별 기후변화에 알맞은 작물 재배와 관리 기술, 병해충과 잡초 관리, 고온과 가뭄 등의 재해를 견디는 품종 개발 등 기후변화에 적응하는 기술을 개발해야 한다. 기후변화와 탄소 중립에 따른 식량 안보 문제를 해결하려면 에너지와 자원 투입량을 최소로 하면서 생산성을 높이는 스마트 정밀 농업 기술이 필요하다.

기후변화에 따른 폭염의 피해가 큰 축산 분야에서는 탄소 중립, 기후변화 대응, 영양, 사양 관리, ICT 등 통합적인 대응이 필요하다. 환기, 쿨링 시스템, 단열 등에 에너지와 자본을 투입해 고온에 대비해야 한다. 에너지 부담을 줄이는 신재생에너지 시스템이 바람직하다.

수산업

어업

지구 온난화에 따른 바다의 변화는 이미 현실이 됐다. 한류성 어종인 꽁치나 도루묵을 찾아보기 어렵고, 명태는 멸종 직전이다. 대신 고등어, 멸치, 살오징어 등 난류성 어종이 증가했다. 강원도 평창 대관령이나 인제 용대리 황태 덕장의 명태걸이는 초겨울 따뜻한 날씨 때문에 예전보다 늦게 시작된다.

2020년 한국해양과학기술원 연구팀은 독도 삼형제굴바위 근처에서 제주도와 남해안, 일본, 대만 등 따뜻한 바다에서만 관찰되는 부채꼬리실고기 세 마리를 발견했다. 국립수산과학원이 2019년 출간한《수산분야 기후변화 평가백서》에 따르면, 동해, 서해, 남해 등 연근해 표층수 연평균 온도는 1968~2018년 사이에 1.23℃ 상승했으며, 특히 1.43℃ 상승한 동해가 가장 따뜻해졌다. 울릉도와 독도 주변 해역에서는 표층 수온이 1.6℃ 이상 올랐다.

독일 키엘 대학 등 국제 공동연구팀은 기후변화에 따른 해수면 온도 상승이 어종 구성에 중대한 영향을 미친다는 연구 결과를 2022년 국제 과학학술지《사이언스(Science)》에 발표했다. 바다가 따뜻해지면서 용해도(산소가 녹아 있는 정도)가 줄어들면 산소를 많이 소비하는 몸집이 큰 물고기는 생존에 불리해지고, 산소 소비가 적은 작은 물고기만 남게 된다.

국내 연근해 어업 총어획량은 1980년대 152만 톤, 1990년대 137만 톤, 2000년대 115만 톤에서 2017년에는 약 93만 톤 정도로 줄었다. 해역별로는 남해, 동해, 서해 순으로 어획량이 많다. 수온이 상승하면서 삼치와 방어 등 대형 어종의 어장이 북상할 것으로 본다. 얕은 바다에서 양식하는 생산량은 2005년 100만 톤에서 2018년 200만 톤 이상으로 꾸준히 늘었다. 해조류 양식은 늘었으나, 어류 양식은 감소했으며, 참가리비 등 양식에 알맞은 어장 역시 점차 북상하고 있다. 기후변화 탓에 어패류가 대량 폐사하는 일도 발생했다.

어종과 어획량

바다의 아열대화는 평균 수온 18~20℃가 6개월간 이어지는 것인데, 제주도는 최근 최소 8~9개월간 아열대 기후 조건이 유지됐다. 온난화에 따라 동해에서는 명태와 같은 한대성 어종이 줄어들고 고등어, 오징어와 같은 온대성 물고기 어획량이 꾸준히 늘고 있다. 따라서 바다 수온 상승으로 해양 생태계가 아열대화될 수 있다는 우려가 커지고 있다.

우리나라 바다에서는 1968~1976년에는 꽁치, 1977~1982년에는 명태, 1983~1990년에는 정어리, 1991년 이후에는 살오징어가 많이 잡혔다. 시기에 따라 잡히는 어종이 바뀌는 이유는 기후변화에 따른 연근해 수온 상승과 관련 있다. 1983년 이후 많이 잡히던 정어리가 지금은 거의 잡히지 않는 것은 역시나 수온 상승의 영향이다. 명태는 1981년에 16만 6천 톤이 잡혔으나 1988년에는 1만 6천 톤으로 크게 줄었고, 2000년 이후로는 거의 잡히지 않는다. 1989년 이후 동해에서 살오징어가 많이 잡히는 이유는 동물 플랑크톤 현존량이 증가했기 때문이다.

아울러 초대형 노랑가오리, 보라문어, 고래상어 등 열대성 어종도 우리 연안에서 잡히고 있다. 최근에는 제주 연안에서 참다랑어가 잡히며, 남해와 동해로 회유했다. 아열대성 물고기와 함께 어업과 관광산업에 지장을 주는 해파리의 개체 수도 늘었다. 국립수산과학원 제주수산연구소에 따르면, 2013년에는 제주도 근해에서 호박돔, 황갈돔, 쥐

돔 등 아열대 어종과 열대 어종인 곰치 등 44종이 관측됐으나 2021년 말에는 83종으로 늘었다.

지난 40년간 수온 상승으로 삼치, 방어, 전갱이, 정어리 등 찬물을 좋아하는 물고기는 북쪽으로 이동했다. 참가리비를 양식하는 남방한계선은 1980년대에는 포항 연안이었으나, 2000년대 이후에는 강원도 북부 해역까지 이동했다.

따라서 우리 바다에서도 기후변화로 해수면 상승, 해류 변화, 해양 산성화, 용존 산소 감소에 따른 먹이망 구조의 변화, 일차 생산량 변화, 어획 어종 및 해역의 이동 등이 발생한 것으로 평가됐다. 특히 기후변화가 우리나라 해양 및 수산에 미치는 영향은 전 지구적 변화 추세보다 빠르게 진행되는 게 특징이다.

명태

명태는 차가운 물에 사는 한류성 어종으로, 어부들은 명태를 생태, 동태, 북어, 노가리 등 여러 이름으로 불렀다. 1943년도 명태 어획량은 21만 톤으로 국내 전체 어획량의 28%를 차지했으나 요즘 우리 바다에서 명태가 자취를 감췄다. 명태 어획량은 1990년대에 1만 톤 아래로 급감했고, 2017년에는 한 해 동안 연근해에서 잡힌 명태의 양이 1톤에 불과했다. 해양수산부는 2014년부터 인공 양식한 명태 어린 새끼 160만 마리 이상을 방류하는 등 복원 사업에 힘을 쏟고 있으며, 2019년부터는 국내에서 명태잡이를 전면 금지했다.

　한때 흔했던 명태가 갑자기 사라진 원인으로 서울대학교 연구팀은 기후변화에 따른 동해안 수온 상승과 해류 변화를 지목했다. 명태는 원산만 인근 등 추운 겨울에 수심이 얕은 연안 지역에 알을 낳는데, 1980년대부터 원산만 일대까지 난류가 올라가 명태의 산란지가 북쪽으로 올라갔다. 1980년대 후반에는 동해안 산란지 수온이 1980년대 초반보다 약 2℃ 높아지면서 명태가 알을 낳을 곳이 줄어들었다.

　동해 남쪽에서 북쪽으로 흐르는 따뜻한 동한난류가 강해지면서 연안으로 들어오는 명태 어린 새끼도 줄었다. 1980년대 후반 산란지에서 동해안 서식지로 이동한 새끼 수는 1980년대 초반보다 74% 감소했다. 산란한 알이나 새끼는 해류에 따라 움직인다. 과거에는 겨울에 북서풍이 강하게 불어 연안을 따라 어린 새끼가 내려올 수 있었는데, 기후변화로 겨울철 바람이 약해지고 동한난류가 강해지면서 어린 새끼는 바다 바깥쪽으로 나가게 됐다.

　수온 상승과 해류 변화는 대구나 도루묵과 같은 다른 한류성 어종에도 영향을 미쳤을 것이다. 찬물과 따뜻한 물이 만나는 전선에 가까이 있는 어종은 더욱 큰 영향을 받았을 것이다. 기후변화에 따른 수온 변화는 명태만의 문제가 아니다. 해양 환경에 대한 과학적인 분석에 바탕을 둔 수산 정책이 필요한 이유다.

해조류

미역, 다시마, 감태 등 갈조류는 수온에 매우 예민하다. 갈조류가 자라는 데 가장 적합한 겨울철 수온은 15~17℃이다. 17~18℃ 수준이던 제주도 연평균 수온이 최근 19~20℃까지 오르면서 갈조류 등 해조류가 사라졌고, 전복, 소라, 오분자기 같은 종은 삶의 터전을 잃었다. 제주 해양 생태계는 혼란에 직면했다.

차가운 바다에 사는 자연산 해조류는 수온이 상승하면서 1970년대 이후부터 생산량이 꾸준히 감소했다. 겨울 수온 5~8℃에서 양식하는 전남 완도 김은 빠르게 쇠퇴하여, 한때 전국 생산량의 70~80%를 차지하던 점유율이 20%로 낮아졌다. 오늘날 완도에서는 김 대신 높은 수온에 적응한 전복을 양식한다.

해삼은 1960년대까지 남해안 먼바다에 대량으로 서식했으나 이제는 쉽게 찾아볼 수 없을 정도다. 해삼이 서식하는 수온은 5~28℃이고, 성장 수온은 10~20℃ 내외로, 11월부터 이듬해 5월까지 약 7개월이 해삼의 생장기간이다. 특히 여름철 높은 수온을 싫어해 20℃ 이상에서는 체중이 감소한다.

국립수산과학원의 해양기후 모델에 따르면, 지금처럼 온실기체가 배출되면 2100년이면 대한민국 바다의 표층 수온은 약 4~5℃ 더 높아질 전망이다. 우리 주변 해역 수온이 지금의 일본 오키나와 해역과 비슷한 수준까지 오르면 해양 생태계도 완전히 바뀔 것이다.

제조업

제조업 위축

제조업의 기후변화 취약성을 평가하는 것은 여러 요소가 개입되고 복잡하므로 다른 부문에 비해 훨씬 어렵다. 농업, 수산업 등 1차 산업에서는 기후변화의 영향이 생산량 감소로 나타나지만, 제조업에서는 제품 수요에 영향을 미친다.

기온이 상승하면 냉방 장치, 청량음료, 여름 의류와 같은 여름철 상품의 수요가 증가해, 이들 산업의 비중이 커지고 난방용품 산업은 상대적으로 위축된다. 따라서 소비 패턴 변화에 맞추어 계절과 관련된 상품 생산업체의 생산 패턴도 변한다. 소비 패턴의 변화는 관련 상품의 원재료를 생산하는 산업에도 파급 효과를 미친다. 혹서, 혹한, 빈번한 홍수 및 태풍 발생과 같은 이상기상은 각종 시설과 설비 성능을 떨어뜨리고 고장이 일으키는 원인이 된다.

그런데 제조업에서의 기후변화 영향평가 및 적응연구는 다른 부문보다 제한적이고 부족하다. 특히 기후변화가 산업에 미치는 영향 및 취약성을 평가한 정량적 연구가 부족하다. 국가, 지자체, 산업계에서 기후변화가 산업에 미치는 취약성에 대한 인식 자체가 부족하며 연구 개발도 거의 이루어지지 않고 있다.

상품의 생산 비용은 크게 에너지, 원자재, 물 등의 구입 비용과 임금 및 투자 비용 등 자본 비용으로 이루어지며, 기후변화의 영향을 받는다. 기후변화는 자연 자원의 공급망을 교란해 자원 가격을 오르게 해서 생산비 상승을 부추기고, 침수와 산사태 등 자연재해는 전력망과 생산 설비에 직접적인 피해를 미쳐 생산비 상승 원인이 된다. 기후변화에 따라 생산물에 대한 수요가 예민하게 반응하는 식품, 의류, 전자 등 산업도 타격을 받는다.

실제로 한국방재학회의《산업연관모형을 이용한 자연 재난 피해가 국가 경제에 미치는 영향 평가》보고서에 따르면, 기후변화에 가장 민감한 산업 분야는 섬유와 가죽제품 제조업으로 나타났다. 섬유와 가죽제품 제조업에서는 기후변화 등에 따른 자연 재난으로 2001~2015년에 약 1,500억 원의 손실이 발생했다. 운송장비 제조업도 직간접적으로 피해를 많이 받는 업종으로 꼽혔다.

기후변화에 따른 자연 재난으로 직접적인 피해를 받은 산업이 다른 산업에 준 간접 피해를 분석했더니 제조업 가운데 1차 금속제품 제조업(17.37%), 화학제품 제조업(8.65%), 금속제품 제조업(7.70%), 광업(7.09%), 비금속 광물제품 제조업(7.01%) 순으로 피해가 나타났다.

우리나라는 수출 의존도가 높고, 소비하는 에너지의 97%를 해외에 의존한다. 따라서 국내외에서 기후변화와 관련된 규제를 하면 국내 산업 중 철강, 비철금속, 화학, 고무 및 플라스틱 산업 등 에너지 집약 산업의 구조가 바뀔 것이다. 기후변화에 따른 이상 기상으로 사회 기반 시설이 파괴되는 등 부작용도 예상된다.

에너지 산업

전력은 지구 온난화에 따라 여름에는 냉방 전력 소비가 증가하고, 겨울에는 난방 전력 소비가 감소하는 추세로, 계절적 대비가 뚜렷하다. 2020년대 중반 무렵부터는 여름 냉방에 의한 전력 소비가 겨울 난방 소비를 넘어섰다.

기후변화는 소비 패턴과 산업 및 에너지 분야 전반에 걸쳐 큰 피해를 가져온다. 폭염 등 고온 환경은 근로자의 건강 및 작업 역량에 직접적 영향을 주며, 지역 기반 산업에도 악영향을 끼칠 것이다. 에너지 소비가 많은 경제 구조인 우리나라는 기후재난이 일어났을 때 재산상 피해가 심각할 수 있다.

원자력, 석탄 및 가스 발전, 수력 및 일부 태양력 발전에서는 냉각 과정이 필수적이다. 가뭄이 자주 발생하면 냉각수 부족에 따라 전력 생산에 차질이 생기고, 높은 기온으로 냉각수 온도가 높아지면 전력 생산의 효율성이 떨어진다. 또 1kWh(킬로와트시)의 전기를 생산하는 데는 글로벌 평균 459g의 이산화탄소가 배출된다.

온실기체 배출량이 가장 많은 65개국이 석탄, 석유, 가스 등 화석연료에 주는 공공 보조금의 중간값은 1조 1,820억 원이다. 국가 보조금을 줄이지 않는다면 에너지 소비는 계속 늘어나 기후변화를 해결할 수 없다. 따라서 에너지 산업이 기후변화에 미치는 영향을 이해하고 적응하기 위한 연구 개발이 필요하다.

기후변화와 삶
보건, 기상재해, 삶의 터

기후변화는 우리 삶 전반에 큰 영향을 미친다. 온난화에 따라 설사, 말라리아, 뎅기열 같은 질병이 늘고, 오존과 관련된 심혈관계 질병 환자가 늘고 사망률이 높아진다. 전염병 매개체 분포의 변화, 꽃가루 알레르기의 계절적 분포의 변화도 건강에 피해를 준다. 특히 어린이, 노인, 환자, 사회적 취약 계층 등은 기후변화에 따라 건강 피해를 겪는다. 또 폭염, 홍수, 태풍, 화재, 가뭄 등으로 피해를 보거나 사망하는 사람이 늘어난다.

보건

수인성 전염병

수인성 질환, 식품 매개 감염병은 병원성 미생물로 오염된 물이나 식품을 매개로 입을 통해 발생하는 소화기계 질병이다. 질병을 일으키는 바이러스, 세균, 원충생물은 영양분과 기온, 습도, 강수량, 해양 온도, 염도, 생태 환경 등에 따라 달라진다. 질병을 일으키는 발생원의 생존, 증식, 새로운 종의 출현 등은 기후변화의 영향을 받는다.

2007~2009년 수인성 및 식품 매개 질환을

분석했더니 6~9월에 발생한 건수의 44.2%, 증상이 있는 환자 수의 45.2%가 물, 먹을거리와 관련 있었다. 기온과 습도가 높은 5~9월에 살모넬라(*Salmonella*)의 78.8%, 병원성 대장균의 76.0%, 황색포도상균의 68.0%가 집중됐고, 장염비브리오균은 8~9월에 전체의 65.6%가 집중적으로 발생했다. 기온이 1℃ 오르면 장염 환자 발생은 약 6.84% 증가했고, 살모넬라(47.8%), 장염비브리오(19.2%), 황색포도상구균(5.1%)으로 인한 식중독 환자도 늘었다. 기온 상승으로 발생하는 질병에는 65세 이상 고령층이 가장 취약한 것으로 알려졌다.

바닷물 온도가 18℃ 이상으로 올라가면 유기물이 증가하고 플랑크톤이 증식하는 등 수인성 질병은 해양 생태 변화와도 밀접한 관계다.

동물 매개 전염병

기후변화의 영향을 받는 것으로 추정되는 동물이 옮기는 전염병이 늘고 있다. 병원균 매개 질병은 기온 상승과 함께 병원충의 저항력 증가, 병원균 매개체에 대한 관리 소홀 등이 관련 있다. 기후변화에 따라 질병 매개체의 분포가 넓어지고, 밀도는 기온, 강우량, 습도 등 기후요소에 영향을 받는다.

말라리아, 쓰쓰가무시증, 신증후군출혈열, 렙토스피라증 등 곤충과 설치류가 옮기는 전염병이 2000년대에 들어 늘었다. 말라리아는 2000~2004년까지 줄다가 다시 늘었으며, 쓰쓰가무시증은 2004년 크게 늘었다가 2006년과 2007년에는 조금 줄었다. 쓰쓰가무시증은 2001년부터 환자 발생 지역이 넓어졌으며, 10월에 환자가 가장 많다. 신증후군출혈열은 증가와 감소를 거듭하면서 꾸준히 늘고 있으며, 렙토스피라증은 2006년부터 다시 급증했다.

기온이 1℃ 오르면 쓰쓰가무시증(4.27%), 말라리아(9.52~20.8%) 등 곤충 매개 감염병이 증가한다.

모기

온도와 습도 등 기후 조건은 모기가 매개하는 말라리아의 계절적 변동과 전파에 영향을 미친다. 모기는 일평균 기온 또는 최고 기온이 1℃ 상승하면 일주일 뒤 성체의 개체 수가 27% 증가할 가능성이 있다. 상대 습도와 강수량도 관련 있어서, 강수량이 적으면 모기 유충이 살 수 있는 물웅덩이, 습지가 줄면서 개체 수가 줄고, 강수량이 증가하면 발생도 많아진다. 비가 적은 늦봄과 초가을에 강수량이 많아지면 유충 서식에 필요한 습지가 유지되어 모기 개체 수가 증가한다. 그러나 큰비가 내려 단기간에 강수량이 크게 늘면 모기 유충이 쓸려가 한동안 마릿수가 평소보다 줄어든다. 태풍이나 집중호우가 잦았던 해에는 모기가 평년보다 적게 보이는 이유다.

모기는 기온 25~30℃에서 가장 빠르게 늘고 활동도 활발하며, 30℃ 이상에서는 활력이 감소한다. 평균 기온이 16℃ 이하로 내려가면 활동을 멈추고 겨울나기에 들어간다. 따라서 여름철에 강수가 집중되면 기온과 습도가 높아져 모기가 많이 발생하고 살기 좋아지며, 상대 습도가 60% 이상 되면 생존 기간이 늘어나 모기 매개 전염병이 확산한다. 일본뇌염이나 웨스트나일열을 매개하는 빨간집모기가 활동하는 기온과 습도는 17.6~32.4℃와 75~88%이다. 말라리아가 발생하는 데 적합한 온도는 20~30℃로, 5~10월까지 발생하며 특히 7~8월에 환자가 집중된다.

진드기

여름에 기온이 높고 강수량이 적당하면 식생이 번성한다. 이어서 가을에 14℃ 이상의 온화한 날씨가 오래 이어지면 풀밭과 나무숲에 사는 털진드기의 활동이 활발해지며 유충의 밀도도 증가한다. 털진드기는 유충기 때만 설치류 등 숙주에 기생해 체액을 빨아먹기 때문에, 사람들의 야외 활동이 많아지는 가을에 털진드기 유충과의 접촉이 늘어나면서 매개성 질병도 많이 나타난다.

10월과 11월은 털진드기의 밀도가 가장 높아지는 때이다. 가을철 논과 밭 등 경작지 주변의 관목숲이나 풀숲에 서식하면서 사람을 물고, 그로써 쓰쓰가무시증 발병자가 급증해 최고치를 나타낸다.

기상재해

최근 기후변화에 따른 기상이변이 자주 발생하면서 기상재해로 발생하는 피해가 크게 늘었다. 1916년 통계 작성을 시작한 이래로 연간 재산 피해액이 가장 컸던 기상재해 10번 가운데 6번이 2001년 이후에 발생했다. 2001~2008년까지 기상이변에 따른 연평균 재산 피해액은 2조 2,900억 원으로, 1990년대 피해액인 6,954억 원보다 3배 이상 증가했다. 또 1940~2000년까지 10년 주기로 조사해 보니 가뭄은 줄었으나 이상고온 및 저온, 폭풍우, 태풍, 황사 등의 발생 빈도는 늘었다.

폭염

폭염은 건강과 노동력 등에 크게 영향을 미친다. 열사병, 열탈진, 열피로 등의 온열 질환이 많이 발생하며, 신장 질환, 심뇌혈관 질환, 정신 질환이 일어나는 것과도 관련성이 높다. 특히 온열 질환자 발생은 노동 생산성을 낮춰 산업계의 피해로 이어질 수 있다. 지속적인 고온으로 발생하는 대기 오염 물질이나 높아지는 오존 농도는 호흡기 질환자 증가나 면역 기능 저하 등 건강 문제를 일으킨다.

폭염에 가장 취약한 계층은 영유아, 임산부, 장애자, 노약자, 환자 등이다. 전체적으로 사회 경제적 상태가 낮은 인구 집단이 폭염에 더 취약해서, 국민기초생활보장 수급자는 고온에 대한 상대 위험도가 전체 인구보다 약 1.6배 높았다. 인구의 고령화에 따라 기상이변에 취약한 계층은 더 늘고 있다. 또 여성이 남성보다 고온에 취약해서, 성별에 따른 초과 사망자 수는 여성이 남성보다 높았다.

건강한 사람도 매연이 많이 발생하는 작업 환경, 단열과 통풍이 되지 않는 실내 공간에서 일하면 폭염 피해를 받는다. 운동선수, 노동자, 군인 등 열악한 환경에 노출된 계층도 폭염에 취약하다.

지역적으로는 서울 등 중부 지방에 사는 거주민이 대구와 부산 등 남부 지방의 거주민보다 고온 환경에 취약했다. 고층 고밀도로 개발된 도시 지역이 도시 근교나 농촌보다 폭염에 취약한 이유는 폭염 강도가 지형, 토지 이용, 녹지율, 도시 구조 및 배치, 건축물 밀도, 도심이 주변보다 온도가 높아지는 열섬 현상 등에 영향을 받기 때문이다.

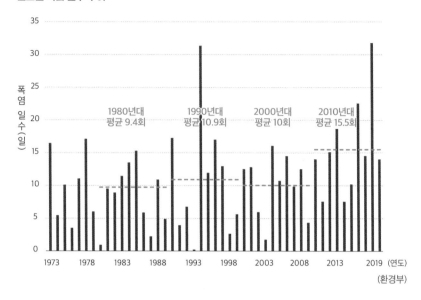

연도별 폭염 일수 추이

1980년대
평균 9.4회

1990년대
평균 10.9회

2000년대
평균 10회

2010년대
평균 15.5회

폭염 일수(일)

1973 1978 1983 1988 1993 1998 2003 2008 2013 2019 (연도)

(환경부)

　인구 밀도와 도시화 비율이 높은 전국 17개 광역시도의 1991~ 2006년 여름 사망자 수는 1994년 이후로 모든 지역에서 증가했다. 2018년에 폭염과 관련한 사망자는 48명이었고, 발병자도 4,526명에 이르렀다.

　기온이 1℃ 오르면 사망 위험이 5% 증가하고, 폭염 시기의 사망 위험은 8% 늘어나므로, 여름 일평균 최고 기온과 사망자 수의 증가는 상관관계가 더 높다. 대도시에서 짧은 기간 집중된 폭염이 더 치명적이어서, 서울에서 일 최고 기온이 38.4℃로 가장 높았던 1994년 7월 24일 하루 뒤에 80여 명의 초과 사망자가 나타났다.

　지금처럼 온실기체가 배출되면(RCP 8.5의 경우) 대한민국의 폭염 일수는 현재 기준으로 연간 10.1일에서 21세기 후반에는 35.5일로 크게 늘어난다. 폭염으로 인한 여름 사망자 수는 2011년 인구 10만 명당 100.6명에서 2040년 230.4명으로 약 2배 이상 증가하면서, 이에 따른 사회 경제적 피해도 증가할 것이다.

태풍과 폭우

지구상에서 해발 고도가 5m 미만의 낮은 지역에 사는 인구는 5억 6,960만 명으로, 이들은 해수면 상승이나 홍수, 폭풍의 위험에 놓여 있다. 기상재해로 발생하는 피해의 특성과 변화를 분석한 결과 재해 빈도는 줄었으나 피해 강도가 늘었으며, 기상재해 가운데 특히 태풍과 호우의 피해가 가장 컸다. 재해별 사망자 수는 호우(홍수)가 43.6%가 많았고, 태풍은 전체 재해 사망자의 37.8%를 차지했다.

행정안전부가 발간한 《재해연보》를 보면, 2004~2018년의 연평균 자연 재난 피해액은 약 5,430억 원, 복구액은 1조 320억 원이었다. 자연 재난의 종류로는 호우와 태풍(88.5%)이 압도적이었고, 대설(6.6%), 지진(2.7%), 풍랑(1.2%), 강풍(1.1%) 순이었다. 기상재해를 복구하는 데 소요된 금액은 총 7조 7,095억 원으로 호우와 태풍(94.5%), 지진(2.5%), 대설(1.7%), 풍랑(0.5%), 강풍(0.2%) 순이었다. 국회 예산정책처는 기후 변화의 영향을 고려한 자연 재난 피해액을 연간 11.5조 원으로 추정했으며, 2020~2060년 동안 발생 가능한 연간 피해액은 2002년에 발생한 최대 피해액의 1.4배인 11조 4,794억 원으로 보았다.

기상청에서 발간한 《2020년 이상기후 보고서》에 따르면, 2020년에 장마와 태풍, 겨울철 이상 기온 등의 영향으로 1조 2,585억 원의 재산 피해와 46명의 인명 피해가 발생했다. 2010~2019년의 연평균 피해(재산 3,883억 원, 인명 14명)를 3배 넘어선 규모다. 폭우에 의한 산사태는 1976년 이후 역대 세 번째로 많은 6,175건(1,343ha)이 발생했다. 에너지 분야에서는 태풍 마이삭 때문에 29만 4,818호에 정전이 발생했다. 이는 정전 피해가 가장 컸던 2019년 태풍 링링(16만 1,646호)의 2배에 이르는 수준이다.

스위스 재보험사 스위스리(Swiss Re)는 세계 2위 업체로, 세계 30개국에서 활동하면서 기후변화의 위험요인을 평가한다. 스위스리 연구소의 기후경제지수(Climate Economics Index)에 기초해 2048년까지 온도가 3℃까지 오르는 최악의 시나리오를 적용하면 대한민국은 국내총생산의 12.8% 정도 손실이 예상된다. 세계 경제의 90%를 차지하는 48개국 가운데 대한민국은 24번째로 기후변화에 취약한 것이다.

우리나라는 또한 국지성 호우 등에 따른 농업 피해가 크다. 2020년 말 기준으로 농작물재해보험 상품(NH농협손해보험) 가입자에게 지급된 보험금은 1조 192억 원으로 2015년(528억 원)보다 20배 가까이 늘었다. 같은 기간 가입자가 낸 보험료(8,677억 원)는 2015년(3,611억 원)보다 2배 정도 증가했다.

대기의 질

공기는 사람이 살아가는 데 물과 함께 가장 필수적인 자연 자원이다. 공기의 질과 수질은 삶의 질을 결정하는 기초 자산인데, 기후변화는 대기 중 오존과 미세먼지 농도를 높여 건강에 영향을 미친다.

대도시를 중심으로 여름에 오존, 일산화탄소, 질소산화물 등 대기 중 오염 물질의 농도가 증가하면 천식 같은 호흡기 질환, 심혈관 질환 등 각종 질환 및 저체중아 발생이 늘고 초과 사망을 일으킬 수 있다. 특히 고령층과 저소득층은 대기의 질이 나빠지면 큰 피해를 본다. 미세먼지 PM10의 $10\mu g/m^3$ 증가에 따른 계절별 초과 사망률과 병원을 찾는 비율의 변화를 분석한 바에 따르면, 매우 더운 여름에 미세먼지가 많으면 겨울 등 다른 계절보다 건강에 해로웠다.

기후변화로 개화 시기가 빨라지고 꽃이 피어 있는 기간도 길어지면 꽃가루 알레르기도 증가한다. 공기 중 이산화탄소 농도가 높아지면서 기온이 상승하고 꽃가루 생산량이 늘어나면, 많아진 꽃가루에 노출되는 기회가 많아지고 알레르기 환자가 늘어난다. 특히 외래 잡초인 돼지풀 꽃가루의 양이 많아지면 어린이 알레르기 환자가 늘었다.

만성신장 질환 환자는 대기오염이 심해지는 정도(PM2.5 $10\mu g/m^3$당 1.1배, PM10 $10\mu g/m^3$당 1.16배, CO 10ppm당 1.31배, NO₂ 10ppb당 1.11배)에 따라 고통이 커진다는 연구도 있다. 2019년에 전 세계에서 대기오염으로 사망한 사람은 400만 명 정도다.

삶의 터

도시화와 에너지

우리나라의 도시 면적은 2018년 기준 국토
의 15.9%에 불과하지만, 지속적인 도시화로
전체 인구 가운데 도시에 거주하는 인구 비율
을 나타내는 도시화율이 91.8%에 이르렀다.
도시 지역에서 직접 소비하는 에너지가 늘면
서 1999~2007년 전체 대기 오염 물질이 6.4%
증가했다. 탄소 배출과 관계가 깊은 에너지 소
비량은 전국적으로 23.4억 석유환산톤(ton of oil
equivalent, toe, 1toe=원유 1톤이 연소할 때 발생하는 발열량 1천만kcal)이다. 2017년 기준 에너지 소비량은 전라남도(18.15%), 경기도(12.54%), 울산(12.17%), 경상북도(9%), 서울(6.41%) 순으로 높았다.

국내 농가 수와 인구는 점차 감소하고 있고, 반면 농촌의 70세 이상 고령 인구 비중은 38.4%로, 2010년과 비교해 6.7% 증가했다. 2017년 기준 농어촌 전체 행정리 가운데 36.6%는 일반 상수도를 통해 물을 공급받지 못하고 있으며, 하수 처리 시설이 없는 지역은 51.2%, 도시가스가 설치되지 않은 지역은 99%여서 인프라가 갖추어진 도시보다 기후변화에 대응하기 어렵다.

대도시의 온난화

인구와 사회간접자본이 밀집된 도시 지역이 비도시 지역보다 기후변화에 취약하고, 저소득층 밀집 지역에 피해가 집중된다. 특히 온난화는 도시에서 더욱 자주 발생해서, 대도시에서는 겨울 최저 기온과 평균 기온이 상승하고, 여름에는 열대야가 잦아지는 대신 상대 습도는 감소했다.

과거 10년(1954~1963)과 20세기 말 10년(1989~1998) 기온을 비교한 결과와 1954~1993년 동안의 기온 자료를 분석 결과해 보니, 35년간 기온 상승의 32%는 도시화 효과였다. 도시화와 인구 증가에 따른 기온 상승은 대구(0.84℃), 서울(0.68℃), 인천(0.63℃), 포항(0.58℃), 울산(0.55℃) 등 인구가 증가하고 도시화가 활발했던 대도시와 에너지를 많이 사용하는 공업 도시에서 두드러졌다.

우리나라의 온난화 경향은 전 세계의 평균 기온 증가율에 비하여 특히 두드러지고, 대도시 지역의 평균 기온 증가율은 중소도시보다 온난화 추세가 가파르다. 대도시의 최고 기온은 2000년대 들어와 증가율이 주춤하지만, 최저 기온이 가파르게 올랐고, 계속 오르는 경향을 보인다. 폭염 및 열대야로 7~8월 건물 부문 전력 소비량이 증가해 아파트 정전 횟수가 늘었으며, 1~2월 사이에는 겨울철 한파로 인한 에너지 소비량이 증가했다.

기후변화와 국제 사회

기후변화가 자연적 및 인위적 요인으로 발생한다는 것은 과학적 사실이지만, 그 불확실성이 매우 크다. 이에 기후변화가 사기극이라고 주장하는 과학자도 있다. 기후변화는 대기와 삼림, 바다와 강, 사람과 가축, 사람이 배출한 온실기체, 사회 경제 제도 등이 서로 영향을 주고받는 복잡계이며, 자연과 사회가 영향을 주고받으면서 예상치 못한 연쇄 효과도 일으킨다. 연쇄 효과는 지구 시스템을 연결하는 그물망을 타고 퍼져서 그 피해가 커지기도 한다. 기후변화를 관리하기가 복잡하고 쉽지 않은 이유다.

국제 사회의
인식과 대응

세계경제포럼(World Economic Forum, WEF)은 다보스포럼(Davos Forum)이라는 이름으로 알려진 단체로, 《2022 세계 위협 보고서》에서 인류에 가장 큰 위협으로 기상이변을 꼽았다. 기후 변화 대응 실패, 자연재해, 생물 다양성 손실, 인간 유발 환경 재난 등도 2020년대 인류에 대한 위협 요인으로 판단했다. 그리고 전 세계 국내 총생산의 절반 이상인 44조 달러(약 5경 1,326조 원)가 기후변화 위험에 노출돼 있다고 했다. 기후변화에 노출된 3대 산업으로 건설 산업(4조 달러, 약 4,666조 원 규모), 농업 산업(2조 5천억 달러,

약 2,916조 원 규모), 음식료품 산업(1조 4,000억 달러, 약 1,633조 원 규모) 등을 꼽았다.

UN이 운영하는 UN대학교는 2023년 《2023 상호연결 재난 위험 보고서》를 발표하고, 인류는 생물 멸종 가속화, 지하수 고갈, 빙하 녹음, 우주 파편, 극심한 더위, 감당 불가능한 미래 등 여섯 가지 위험 요소로 위기에 처했다고 경고했다. 재난을 막을 방법으로 '회피하는 해법'과 변환점에 왔을 때 부정적인 영향을 최소화할 수 있는 '적응 해법'이 있다고 주장했다. 또 재난과 관련된 최악의 상태에 이르는 속도를 늦추는 '지연 행동'과 시스템을 강화하거나 지속 가능한 방향으로 재구상하는 '혁신 행동'이 필요하다고 강조했다.

WMO에 따르면, 2020년 아시아에서 기후변화에 따른 홍수나 산사태로 피해를 보는 인구는 약 5천만 명, 사망자는 5천 명 이상이고, 재산 피해도 수백조 원이다. UNEP의 2021년 《온실기체 격차 보고서(Emissions Gap Report 2021)》는 세계 각국이 UN에 제출한 국가 온실기체 감축 목표로는 지구 평균 기온을 산업화 이전과 비교해 1.5℃ 이하로 유지하자는 파리 협정의 약속을 지킬 수 없다고 경고했다.

기후변화에 따른 피해가 현실이 되자 UN, 유럽, 미국 등은 2030년까지 온실기체 배출량을 절반으로 줄이고, 이후에도 최대한 빨리 줄여서 탄소 중립을 달성해야 한다는 목표를 공식화했다. 전 세계적으로 기후변화를 막기 위해 배출권 거래제, 탄소세 등으로 화석연료 사용에 실질적인 벌칙을 매기는 방향으로 움직이고 있다.

IPCC의 대응

기후변화를 완화하는 방법을 다루는 IPCC 제3 실무그룹은 2023년 6차 평가보고서에서 지구 평균 온도 상승 수준을 산업화 이전의 1.5℃ 이내로 제한하기 위한 구체적인 로드맵을 제시했다. 2030년까지 전 세계 온실기체 배출량을 2019년보다 43% 줄이고, 2050년까지는 84%까지 감축하는 것이다.

온실기체 순 배출량을 줄이려면 태양광-풍력을 중심으로 전력을 생산하고, 농업-임업은 친환경적으로 바꾸어야 한다.

이산화탄소는 2050~2055년, 다른 온실기체는 2070~2075년까지 넷 제로를 달성하면 지구 온도를 1.2℃ 이하로 유지할 수 있다. 반면 이산화탄소 순 배출이 없는 시점이 2070~2085년으로 늦춰지면 지구 온도는 1.5~1.8℃ 상승할 수 있다.

2019년 기준 전 세계 온실기체 순 배출량은 59기가톤인데, 현재의 온실기체 감축 정책이 그대로 유지될 때 2030년 순 배출량은 57기가톤으로 비슷하다. 국가별 온실기체 감축 목표를 달성해도 순 배출량은 50~53기가톤이다. 따라서 지구 온도가 1.5℃ 이상 오르지 않으려면 16기가톤 이상의 온실기체를 더 줄여야 한다.

국제에너지기구(IEA)가 밝힌 2022년도 전 세계 이산화탄소 배출량은 36.8기가톤으로, 1900년 이후 최대를 기록했다. COVID-19 대유행에서 회복되면서 항공 여행이 활발해지고 값싼 전력 공급원인 석탄의 사용이 늘었기 때문이다.

각국의 대응

영국 경제주간지 《이코노미스트(Economist)》는 2022년에 눈여겨봐야 할 10가지 주제로 민주주의 대 독재 정치, 전염병에서 풍토병으로, 인플레이션 우려, 노동의 미래, 테크 기업에 대한 새로운 반발, 암호화폐의 성장, 기후위기, 여행 문제, 우주 개발 경쟁, 정쟁의 불씨 등을 선정했다. 2022년에 주목해야 할 22가지 신기술은 태양 지구공학, 열펌프, 수소 비행기, 이산화탄소 포집 기술, 인공육과 인공 생선 등이었다. 즉 기후위기와 태양 지구공학, 이산화탄소 포집 기술 등은 시대적 화두다.

영국은 2019년에 〈기후변화법〉을 제정해 주요 선진국 가운데 최초로 탄소 중립 목표를 법제화했으며, 2030년까지 해상 풍력 발전 용량을 40기가와트(GW)까지 확대한다는 계획이다. 이를 위해 약 3,300억 원 규모의 '넷 제로 수소 펀드'를 만들어 저탄소 수소 생산 능력을 늘린다.

독일은 2030년까지 온실기체를 1990년 대비 65% 감축하고, 2040년까지 88% 줄이고, 2045년에는 탄소 중립을 이루려고 한다. 이를 위해 2038년까지 석탄 화력발전소를 없애고, 2030년까지 신재생에너지 비중을 65%까지 확대할 계획이다. 또 2030년까지 전기차를 700만~1천만 대 보급하는 것이 목표다.

미국은 기후변화 대응과 청정에너지 시스템 구축에 4년간 약 2,400조 원을 투자하고, 2030년까지 상업용 신축 건물의 탄소 중립을 이루고,

2035년까지 발전 부문의 탄소 배출을 0으로 만들려고 한다.

국제 평가기관 저먼워치(Germanwatch)는 신기후연구소(New Climate Institute)와 함께 전 세계 온실기체 배출의 90%를 차지하는 60개국과 EU의 온실기체 배출(40%), 신재생에너지(20%), 에너지 이용(20%), 기후 정책(20%) 등과 이행 수준을 평가한 기후변화 대응 지수(Climate Change Performance Index)를 발표했다. 우리나라는 2022년 평가에서 59위를 차지했다.

해마다 G20 국가의 기후 대응에 대한 보고서를 펴내는 국제 기후 단체 기후투명성(Climate Transparency)은 2021년 보고서에서 우리나라의 기후변화 대응이 부족하다고 했다. 국가 온실기체 감축 목표(NDC)에서 우리나라의 온실기체 감축 목표안(2030년까지 2018년 기준 40% 감축)이 1.5℃ 목표를 달성하기에는 부족하며, 2030년 온실기체 배출량을 278MtCO$_2$e(이산화탄소 환산 톤으로 배출되는 온실기체를 이산화탄소로 환산한 메가톤 값) 수준으로 줄여야만 파리 협정에서 정한 1.5℃ 목표를 이룰 것으로 보았다.

국제 사회가 지향하는 기후변화 대응 추세에 뒤처지면 우리나라는 국가 경쟁력을 잃고 도태될 것이다. 먼저 적극적으로 대처해야 한다.

탄소의
비용

탄소국경조정제도

2021년, EU는 〈탄소 감축 입법안(Fit for 55)〉을 통해 2030년까지 탄소 배출량을 1990년 수준보다 55% 줄이겠다는 목표를 제시했다.

탄소국경조정제도(Carbon Border Adjustment Mechanism, CBAM) 또는 탄소국경세는 EU로 수입되는 제품이 EU에서 생산된 제품보다 온실기체 배출이 많으면 관세를 매긴다는 것이다. 2023년 1월 1일부터 철강, 알루미늄, 시멘트, 비료, 전력, 수소 등 6개 품목 수입품의 탄소 배출량이 기준치를 넘으면 EU는 탄소 배출권 거래제(Emission Trade System, ETS)에 따라 관세를 물린다. 다만 2023년부터 3년 동안은 수입품의 탄소 배출량을 보고받고, 2026년에 본격적으로 도입할 예정이다. 탄소 규제가 느슨한 국가가 많은 탄소를 배출해 생산한 제품이 EU 제품보다 가격경쟁이 높아지는 것을 막으려 한다.

2035년부터는 EU 내에서 휘발유, 디젤 차량의 신규 판매를 사실상 금지하고, 교통, 제조업, 난방 부문에서 탄소 배출 비용을 높이고, 탄소를 많이 배출하는 항공, 선박 연료에 세금을 부과할 계획이다.

한국은행 발표에 따르면, EU와 미국이 탄소국경세를 부과하면 우리나라 수출은 연간 1.1%(약 71억 달러, 한화 8조 1,224억) 감소한다. 따라서 우리나라 수출 주도형 기업은 탄소 감축 기술을 개발하거나 도입해야 한다.

탄소 가격

기후변화에 따른 위험과 기회의 요인을 의무적으로 공개하는 '기후공시'가 2025년부터 도입될 예정이다. 국제지속가능성기준위원회(ISSB)가 밝힌 기후공시의 공개 사항 중 하나가 기업이 인식하는 탄소 가격이다. 기업은 내부 탄소 가격(internal carbon price)을 정해 시설 투자나 연구 개발 투자를 결정할 때 반영해야 한다. 내부 탄소 가격은 기업이 온실기체 배출의 경제적 비용을 내부화하면서 자체적으로 탄소 배출에 부여한 가치를 뜻한다. EU 집행위의 유럽 지속 가능성 공시기준(European Sustainability Reporting Standards, ESRS)도 기후변화 영역에서 내부 탄소 가격을 설정하도록 했다.

탄소 예산

2023년에 영국 임페리얼 칼리지 런던 기후학자들은 온실기체가 지금 추세로 배출되면 2029년쯤에는 지구 온도가 1800년대보다 1.5℃ 이상 높아질 것이라고 밝혔다. 지구 온도가 산업화가 시작된 1800년대보다 1.5℃ 이상 올라가면 기후에 심각한 문제가 발생한다는 것이 과학자들의 견해다. UN은 2015년 파리 COP21에서 산업화 이전보다 1.5℃가 넘지 않도록 노력하기로 했다. 그러나 지구 온도는 지난 10년 동안 1800년대보다 1.14℃ 높아졌다.

지구 온도가 상승하는 속도가 예상보다 빠른 것은 역설적이게도 대기의 질이 좋아진 결과라고 한다. 화석연료 등을 태울 때 나오는 그을음이나 분진 등 에어로졸이라고 부르는 미세먼지는 햇빛을 가려 지구를 더워지는 것을 막는 효과가 있다. 전 세계적으로 대기의 질이 좋아지면서 대기 중 에어로졸 농도가 줄어들며 지구 냉각 효과가 줄었다고 한다.

임페리얼 칼리지 연구진은 2023년 초 기준으로 남아 있는 탄소 예산(carbon budget)을 약 2,500억 톤으로 추산했다. 탄소 예산은 지구 온도를 50%의 확률로 산업화 이전보다 1.5℃ 높은 범위에 두면서 배출할 수 있는 탄소의 양이다. 오늘날 대기에 배출되는 탄소는 1년에 400억 톤 정도이며, 해마다 늘고 있다. 2023년 초 기준으로 탄소 예산을 모두 쓰는 데까지는 6년 정도 남았다. 만약 지구 온도가 2℃까지 오르는 것을 받아들이면 탄소 예산은 1조 2,200억 톤으로 늘어나 앞으로 30년 더 여유가 생긴다.

탄소의 사회적 비용

기후변화의 시대에는 경제 활동에 탄소 배출의 사회적 비용을 반영해야 한다는 주장에 힘이 실리고 있다.

현재 선진국은 기후변화에 따른 피해를 돈으로 따지는 탄소의 사회적 비용(Social Cost of Carbon, SCC)을 환산한다. 탄소의 사회적 비용은 1톤의 탄소가 배출될 때 사회가 1년 동안 부담할 경제적인 비용이며, 미래에 발생할 모든 사회적 피해의 현재 가치를 뜻한다. 기후변화로 사회가 떠안게 될 손실에는 농업 생산성, 재산 피해, 건강 영향 등이 있다.

국제적으로 규정된 탄소 비용의 계산법이나 기준은 없으며, 나라마다 상황에 맞춰 계산한다. 기후변화의 심각성을 받아들이는 정도에 따라 탄소 비용도 달라진다. 특히 기후변화에 따른 인명 손실이나 미래 세대가 입을 피해에 대한 가중치에 따라 할인율 등을 적용하는 값이

다르다. 할인율(discount rate)은 미래 가치를 현재 가치와 같게 하는 비율이다.

탄소의 사회적 비용은 미국과 프랑스가 상대적으로 낮고, 영국과 독일이 높은 편이다. 영국 농림환경부가 2003년에 추정한 탄소의 사회적 비용은 2020년에 90파운드, 2030년에 100파운드, 2040년에 110파운드, 2050년에 130파운드로, 점차 크게 오른다. 2019년 독일 환경청이 추정한 탄소의 사회적 비용은 1%의 할인율을 적용하면 2015년에 180유로, 2030년에 205유로, 2050년에 240유로였다. 미국이 2021년 추정한 탄소의 사회적 비용은 3% 할인율을 적용할 때 2020년에 51달러, 2030년에 62달러, 2040년에 73달러, 2050년에 85달러였다.

우리나라는 정부 차원에서 탄소의 사회적 비용을 공식적으로 발표하지는 않았다. 다만 2015년 에너지경제연구원이 발표한 보고서에서 할인율 3% 기준으로 탄소의 사회적 비용을 2만 6,600원 정도로 제시했다. 대한민국 현실에 맞고 특성화된 탄소의 사회적 비용 계산 방식을 개발하는 것은 탄소세, 배출권 거래제 등 탄소 감축 정책 수립에 필요하다. 공식적으로 탄소의 사회적 비용을 산정해서 정부의 대내외 정책과 기업이 국제적 경쟁력을 갖도록 힘써야 한다.

ESG와
CSR

기후변화에 대한 국제 연기금의 대응

전 세계적으로 기업의 환경에 대한 사회적 책임을 강조하는 비재무적 요소인 환경, 사회적 책임, 지배 구조를 뜻하는 ESG(Environment, Social responsibility, Governance) 경영과 기업의 사회적 책임을 중요시하는 CSR(Corporate Social Responsibility) 경영 열풍이 불면서 글로벌 기관투자자와 연기금 등도 관심이 많다. 정부가 외환 보유고 등의 자산을 주식, 채권 등에 출자하는 국부펀드(Sovereign Wealth Fund, SWF)와 공적

연금, 기업연금, 개인연금 등으로 축적된 자금과 국가가 조성한 기금을 아우르는 연기금은 기후변화에 대응하는 기업으로 투자 대상을 바꾸고 ESG 투자를 늘리고 있다.

노르웨이 정부 연기금은 1조 3천억 달러(1,760조 원) 규모로 세계 2위이며, 전 세계 약 9,100개 기업의 지분을 보유하고 전체 상장 주식의 1.4%를 소유한다. 2021년 12월에는 투자하는 기업이 기후변화에 구체적인 조치를 세울 것을 요청했다. 캐나다 연금계획투자위원회(CPP)는 4,254억 달러(575조 5,662억 원)를 관리하는 세계 최대 연금 펀드 가운데 하나로 재생 가능 에너지, 유틸리티 및 발전 등 청정에너지 자산에 투자를 늘리고 있다. 사우디아라비아의 공공투자기금(PIF)은 '사우디아라비아의 비전 2030 프레임 워크'를 통해 기후위기에 대응한 투자를 결정했다.

연기금이 기후변화에 관한 대응에 소극적인 기업에 투자를 거두어들인 사례도 있다. 세계 3대 연기금 가운데 하나인 네덜란드 공적연금운용공사(APG)의 자산 운용 규모는 약 6천억 유로(800조 원)다. APG는 한국전력이 베트남, 인도네시아 등 해외 석탄 발전소에 계속 투자하자 2021년 초 모든 자금을 회수했다. 영국 국가퇴직연금신탁(NEST)은 운용 자산이 30조 원인데, 한국전력, 미국 석유 기업 엑슨 모빌과 마라톤 오일, 캐나다 임페리얼 오일, 홍콩 전력회사 파워에셋 등 5개 기업의 주식을 모두 팔기도 했다. 역시 한국전력이 베트남 석탄 화력발전소 사업에 참여하는 등 기후변화 대응에 대한 노력이 부족하다는 이유에서다. 기후변화에 대응하지 않는 기업은 대규모 투자를 받지 못하는 것이 현실이 되었다.

노벨상 수상자들의 주장과 ESG 경영

　스웨덴 스톡홀름국제평화연구소(SIPRI)가 제시한 2020년 세계 각 국이 지출한 군사비는 1조 9,810억 달러(약 2,345조 5천억 원)다. 미국이 7,780억 달러(약 922조 원)로 세계 군사비의 39.27%를 차지했고, 중국 (2,520억 달러), 인도(729억 달러), 러시아(617억 달러), 영국(592억 달러) 등도 높은 비율을 차지한다. 이에 2021년 세계 각국의 노벨상 수상자 50여 명이 전 세계를 상대로 향후 5년간 군비를 2%씩 감축할 것을 촉구하 는 공개서한을 보냈다. 군사비 지출을 2%씩 줄여 생긴 재원을 UN을 통해 전염병 대유행, 기후변화, 빈곤 등의 해결 등에 사용할 것을 제안 하며, '인류를 위한 단순하면서도 구체적인 제안'이라고 강조했다. 기 후변화와 같은 지구촌의 현안을 푸는 데 필요한 재원을 군비 감축을 통해 마련할 수 있다는 주장이다.

　기후변화에 대응하기 위해 최근 5년간 그린 본드(Green Bond) 발행 이 늘었다. 캐나다에서 정부를 포함한 공공 기관과 민간 기업이 발행 한 그린 본드는 재생에너지, 청정 교통, 지속 가능한 하수 관리, 그린 빌딩 등 7개 분야에 투자하고, ESG와 CSR 기조에 맞춰 관리한다. 핀란 드에서는 그린 본드로 조달한 자금을 재생에너지, 에너지 효율 제고, 공해 방지, 지속 가능한 토지 이용, 지속 가능한 하수 관리, 재활용 경제 활성화 등 6개 분야에 투자한다. ESG와 CSR 경영은 기업뿐만 아니라 공공 기관의 미래를 결정하는 데 중요하다.

금융 투자자의 대응

전 세계 금융 시장은 포스트 코로나 시대의 새로운 투자처로 기후금융을 주목하고 있다. 세계 최대 인프라 자산운용사인 맥쿼리 자산운용그룹(Macquarie Group Limited)의 설문 조사에 따르면, 기후변화는 ESG 투자의 핵심 현안으로, 기관 투자자 대부분이 ESG 전담 기능부서를 새로 설치하고 투자를 강화하고 있다.

스위스리에 따르면, 2050년까지 탄소 중립을 이루어 온실기체 배출량을 크게 줄이면 기후변화에 따른 전 세계 국내총생산 피해를 4% 정도 줄일 수 있다. 그러나 지구 온도가 2℃ 올라가면 국내총생산 피해는 11%까지 늘어날 것으로 보았다.

블랙록(BlackRock)은 약 1경 원의 자금을 운용하는 세계 최대 자산운용사로, 2020년 석탄 생산 기업 등 기후위기 고위험 기업에 투자하지 않는다는 기관 투자자의 의결권 행사 지침인 '스튜어드십 코드(Stewardship Code)'를 선언했다. 블랙록이 기후변화의 위험을 관리해야 한다고 선언하자 글로벌 기업은 기후변화에 대응해야만 하는 처지에 놓였다.

글로벌 투자은행 UBS는 온실기체 순 배출량 0을 앞으로 10년 동안 가장 중요한 투자 전략의 하나로 봤다. 온실기체 순 배출량 0을 이루려면 2050년까지 10년마다 신재생에너지에 50조 달러(약 5경 9천조 원) 이상 투자해야 한다. 앞으로 50% 이상의 자금이 탄소 배출을 줄이는 기술에 투자될 것으로 봤다.

다국적 투자은행 골드만삭스(Goldman Sachs)는 앞으로 10년간 온실기체 순 배출량 0에 대한 투자가 연간 6조 달러(약 7천조 원)에 이를 것으로 봤다. JP 모건 등 투자은행들도 '기후변화가 인류에 미칠 악영향'을 경고하며 기후변화 관련 대응 투자에 팔을 걷어붙이고 있다.

세계 유명 기업과 로비 조직 500여 곳에서 수집한 데이터베이스를 활용해 기후정책을 세우는 두뇌집단 인플루언스맵(InfluenceMap)은 청정에너지 정책에 저항하는 기후변화 대응 훼방꾼으로 엑슨 모빌, 셰브론, 도요타 등을 꼽았다.

기후변화를 부정하는 광고를 중단하겠다고 선언한 구글은 여전히 해당 콘텐츠를 통해 수익을 내고 있어 언론의 빈축을 사기도 했다. 디지털혐오대응센터(Center for Countering Digital Hate, CCDGH)는 2021년 보고서에서 '구글은 여전히 기후변화를 부정하는 광고를 허용 중'이라고 비판했다.

우리는 기후변화의 피해를 줄이려는 기업에 대한 투자자의 관심이 기업의 경영과 문화를 바꾸는 시대에 살고 있다.

기후변화와
대한민국 정부

대한민국은 경제 규모에서는 선진국 대열에 합류했지만, 국제 사회의 새로운 규칙으로 떠오른 탄소 중립에는 대비가 부족하다. 맥킨지 글로벌연구소의 탄소 중립 이행 보고서는 선진국 가운데 탄소 중립에 대한 전환 노출도가 가장 큰 국가로 대한민국을 꼽았다. 국내 산업이 에너지를 많이 소비하고 탄소 배출이 많아 기후변화에 취약하기 때문이다. 정부와 기업이 손잡고 기후변화를 극복하면서 국제 경쟁력을 갖출 수 있는 길을 찾아야 한다.

정부의
적응 대책

정부는 기후변화에 따라 발생하는 피해와 영향을 줄이고, 이를 새로운 기회로 활용하고 적응 능력을 높이고자 국가 및 지자체에서 수립하는 5년 단위 행동계획을 세우고 있다. 2010년에 환경부는 최초의 법정계획인 〈국가기후변화 적응대책(2011~2015)〉을 수립했다. 2012년 12월에는 기초 지자체 적응대책 수립 및 시행을 위한 법적인 근거를 마련하고, 2015년부터 시행하도록 했다.

〈제2차 국가기후변화 적응대책〉은 '기후변화 적응으로 국민이 행복하고 안전한 사회 구축'이라는 비전과 함께 '기후변화로 인한 위험 감소 및 기회의 현실화'라는 목표를 세웠다. 적응 원칙으로 지속 가능한 발전에 알맞을 것, 취약 계층을 고려할 것, 과학적 근거 및 기술을 기반으로 할 것, 기존 정책과 연계되고 통합적 시너지를 만들 것, 이해 당사자가 참여할 것 등을 강조했다.

에너지 소비

대한민국은 세계에서 여덟 번째로 에너지를 많이 소비하는 나라다. 에너지 소비량은 OECD 평균의 1.7배가 넘는다. 10년간 OECD 회원국의 에너지 소비는 연평균 0.2% 줄었으나, 한국은 연 0.9%씩 늘었다. 지난 40년 동안 5배 증가한 국내 에너지 소비는 2018년 정점을 찍고 2019~2020년 2년 연속 감소했다. 그러나 2021년에 11년 만에 가장 높은 5.4%의 증가율로 사상 최고치를 기록했다. 전력만 놓고 보면 한국은 OECD 회원국 가운데 전체 소비는 4위, 1인당 소비는 5위다.

2000년 이후 우리나라 국내총생산이 105% 성장할 때 에너지 소비는 43% 증가했다. 같은 기간에 일본, 독일은 국내총생산이 각각 16%, 26% 성장했으나, 에너지 소비는 17%, 4%씩 줄었다. 경쟁국은 경제가 성장하면서도 에너지 소비를 줄였으나, 우리나라는 에너지를 많이 소비하는 구조가 굳어졌다. 국내총생산 대비 경제 활동에 투입된 에너지의 효율성을 평가하는 지표인 에너지 원단위(原單位, unit requirement)도

OECD 38개 회원국 가운데 35위다. 에너지 원단위가 높다는 것은 그만큼 단위 부가가치를 생산하는 데 에너지를 더 많이 써서 에너지 효율이 낮다는 것이다. 우리나라는 에너지 소비 측면에서 국제 경쟁력이 떨어지고 기후변화 대응에도 불리하다는 뜻이다.

이산화탄소 배출량

국가별 탄소 배출량을 추적하는 국제과학자그룹 글로벌 카본 프로젝트(GCP)에 따르면, 2019년 기준으로 온실기체를 많이 배출하는 나라는 중국(101억 7,500만 톤), 미국(52억 8,500만 톤), 인도(26억 1,600만 톤), 러시아(16억 7,800만 톤), 일본(11억 700만 톤) 순이다.

우리나라 온실기체 배출량은 화석연료와 시멘트 생산 과정 등에서 약 6억 1,100만 톤에 이르며, 2019년 기준으로 세계 이산화탄소 배출량의 약 1.4%를 차지했다. 2020년 국내 온실기체 총배출량은 6억 5,600만tCO$_2$eq(이산화탄소 환산 톤)으로 1인당 온실기체 배출량은 G20 국가 평균의 2배에 가깝다. 한 해 동안 국민 1명이 배출하는 이산화탄소의 양은 세계 평균치(7.3톤)의 두 배가 넘는 15.5톤이다. G20 국가의 1인당 평균 온실기체 배출량은 2013~2018년에 0.7%씩 감소했는데, 우리나라는 3%씩 증가했다. 2020년 대한민국의 온실기체 배출량 6억 5,620만 톤 가운데 삼림이 흡수한 양은 3,790만 톤으로, 배출량에서 흡수량을 뺀 6억 1,830만 톤이 순 배출량이다.

안면도, 고산, 울릉도, 독도, 전 지구의 이산화탄소 배경농도

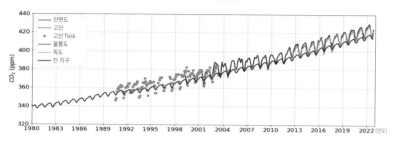

(국립기상과학원, <2022 지구대기감시보고서>)

2019년 지구 전체 이산화탄소 평균 농도는 409.8ppm이었는데, 충남 태안 안면도의 기상청 기후변화감시소에서 관측한 이산화탄소 평균 농도는 2019년 417.9ppm을 기록했고, 2022년에는 425.0ppm으로 관측 사상 최고치를 기록했다.

국민 1인당 이산화탄소 배출량이 매우 많아 탄소 중립으로 가는 과정에 부담이 뒤따를 것이다. 이산화탄소 배출량의 70%를 차지하는 전력과 산업 분야, 19%를 차지하는 교통과 운수 분야에서 탄소 중립을 이룩해야 한다. 그러나 2021년 한국의 신재생에너지를 이용한 전력 발전 비중은 9%로, G20 평균 신재생에너지 발전 비중인 29%의 3분의 1 수준이다. 특히 태양광 및 풍력의 발전 비중은 4.5%로 매우 낮다. 정부는 전력을 신재생에너지로 바꿔 기후변화에 대한 부담도 줄이고 국제 경쟁력도 높여야 한다.

2022년에 한국과학기술기획평가원(KISTEP)은 '2030 국가 온실기체 감축 목표(NDC)에 기여할 10대 기후변화 대응 미래 유망기술'로 이산화탄소 포집과 전환 기술, 바이오 기반 원료, 제품 생산 기술, 탄소 저감형 고로-전로 공정 기술, 고용량 및 장수명 이차 전지 기술, 청정 수소 생산 기술, 암모니아 발전 기술, 전력망 계통 연계 시스템, 고효율 태양 전지 기술, 초대형 해상풍력 시스템, 희토류 등 유용 자원 회수 기술 등을 제시했다.

석탄 발전과 투자

IEA에 따르면, 온실기체를 가장 많이 배출하는 에너지원은 석탄으로, 2020년에는 연료를 태워 생기는 온실기체의 약 45%를 차지했다. 대한민국은 석탄 발전으로 해마다 1인당 3.18톤의 온실기체를 배출해 G20 국가 가운데 오스트레일리아(4.04톤)에 이어 2위이며, 세계 최대 온실기체 배출국인 중국(3.06톤)보다도 많다.

대한민국은 2022년 11월 현재 석탄 발전소 58기(발전 공기업 53기, 민간 발전사 5기)를 운영한다. 석탄 발전 설비 용량은 총 37.7기가와트(GW)로, 전체 전원별 설비 용량의 27.9%를 차지해 액화천연가스 발전(41.2GW)에 이어 두 번째로 비중이 높다. 발전량에서 차지하는 비중은 석탄이 34.3%로 가장 높다.

독일의 비영리 환경단체 우르게발트(Urgewald)는 해마다 석탄 관련 사업 비중이 높은 기업을 대상으로 세계 석탄 퇴출 리스트(Global Coal Exit List, GCEL)를 발표한다. GCEL에 포함된 기업에 투자한 한국발 자금은 2021년에 418억 5,900만 달러(약 50조 4,200억 원)이다. 전 세계 모든 연기금 가운데 대한민국의 GCEL 기업 투자 규모는 세 번째로, 회사채 약 9조 6천억 원, 주식 약 5조 9천억 원 등이다. 한국사회책임투자포럼의 한국석탄금융백서에 따르면, 2021년 6월에 국내 금융기관의 운용 자산 가운데 석탄 관련 위험에 노출된 자산 규모는 공적 금융기관 약 40조 원, 민간 금융기관 약 46조 원으로, 모두 86조 원이다.

대한민국의 전력 송배전 인프라는 요즘 자주 발생하는 극단적인 기후에 취약하다. 폭염과 혹한에 따라 전력 수요가 급격히 증가하면 전력 수급에 문제가 생긴다. 한국환경연구원(KEI)에 따르면, 평균 기온이 상승하면 발전 시설, 저장 시설은 위험해질 수 있다. 해수면 상승은 발전 시설, 태풍과 폭풍은 발전과 전송 시설에 위협적이다. 홍수, 집중호우, 혹서는 발전, 저장, 전송 시설 모두에, 가뭄은 수력 발전에 매우 불리하다. 기후변화에 따른 에너지 분야의 피해는 규모와 현황, 업종에 따라 다르며 산업별 대응책을 세워야 한다.

기후변화
대응 수준과 정책

  기후변화 대응 지수(Climate Change Performance Index, CCPI)는 저먼워치와 신기후연구소가 공개하는 나라별 기후변화 대응 지수이다. 온실기체 배출(40%), 재생에너지(20%), 에너지 소비(20%), 기후 정책(20%) 등 네 가지를 종합해 평가하는데, 2023년 대한민국 순위는 세계 최하위권이었다.

  대한민국 환경부와 외교부는 강화한 〈2030 국가 온실기체 감축 목표〉를 2021년 12월 UN 기후변화협약 사무국에 제출했다. 2030년까지 온실가스 배출량을 2018년(7억 2,760만 톤)보다 40%(2억 9,100만 톤) 감축해 4억 3,660만 톤으로 줄이고, 2050년까지 탄소 중립을 달성하는 것이다. 정부는 에너지 전환과 산업, 건물, 수송, 농축수산업, 폐기물, 토지 이용 및 삼림 등에서 온실기체를 줄인다고 밝혔다.

CCPI 전문가들은 대한민국에 2030년 신재생에너지 발전 비중 목표를 30% 이상으로 높이고, 2030년까지 탈석탄을 마무리하고 최대한 빨리 화석연료 의존도를 낮추는 적극적인 기후 정책과 행동을 주문했다.

기후변화의 완화

지구 온난화를 해결하려면 정부는 이산화탄소 등 온실기체 배출량을 줄이고, 증가 속도를 줄이며, 이미 배출된 온실기체를 흡수하는 정책을 펼쳐야 한다. 온실기체 배출량을 줄이려면 석탄 사용량을 줄이고, 풍력, 태양 에너지 등 지속 가능한 에너지의 사용을 늘리며 사용하는 에너지의 효율성을 높여야 한다. 그러나 정부의 온실기체 배출 규제 정책 등 강력한 기후변화 완화 정책은 산업과 경제 활동에 미치는 영향이 크다는 한계가 있다. 경쟁국의 대응책을 비교 검토하면서 에너지 정책을 세워야 한다.

2050년까지 탄소 순 배출량을 0(넷 제로)으로 만들려면 우선 화석에너지를 신재생에너지로 바꾸고, 화력 발전은 모두 중단하거나 가스 발전만 일부 남겨야 한다. 화력 발전과 산업 공정 등에서 배출되는 이산화탄소는 탄소포집저장(Carbon Capture & Storage, CCS)을 통해 대기로 배출되기 전에 모아 해저 지층 등에 가두어야 한다. 숲을 가꾸어 이산화탄소를 흡수하여 줄이는 방법도 바람직하다.

정부의 2050 탄소중립녹색성장위원회가 2021년에 확정한 2050 탄소 중립 시나리오에는 직접공기포집(Direct Air Capture, DAC) 또는 대기 중 탄소직접포집이 있다. 직접공기포집은 공기 중에서 이산화탄소만 뽑아서 저장하거나 다른 유용한 물질로 바꿔 활용하는 것이다. 이 시나리오에 따르면, 2050년 수송 부문 배출량의 80%가 넘는 740만 톤을 포집해야만 탄소 중립을 이룰 수 있다. 직접공기포집은 이산화탄소 배출량 감축과 구분해 이산화탄소 제거(Carbon Dioxide Removal, CDR)로 부른다. 화석연료 연소 과정 등에서 배출되는 이산화탄소가 아니라 이미 대기 중에 있는 이산화탄소를 포집하는 방법이다.

IPCC 제6차 기후변화평가 〈기후변화 완화 보고서〉는 감축하기 어려운 나머지 배출량을 상쇄하기 위한 이산화탄소 제거(CDR) 방식이 '넷 제로 이산화탄소' 또는 '넷 제로 온실기체'를 위해 필요하다고 했다. 이산화탄소 제거 없이는 탄소 중립에 도달하기 어렵기 때문이다. 기후변화를 극복하려면 탄소 배출량보다 대기에서 제거하는 양이 더 늘어나고 순 배출량을 0이 아니라 음수(-)로 바꿔야 한다.

21세기 말까지 지구의 기온 상승을 산업화 이전과 비교해 1.5℃ 이내로 억제하려면 에너지로 쓰고 배출되는 이산화탄소를 모아 저장하는 바이오에너지 탄소포집저장(Bio-energy with Carbon Capture and Storage,

BECCS)을 가동해 2100년까지 300억~7,800억 톤의 탄소를 흡수해야 한다. 이 밖에도 바이오차(biochar, 숯)를 이용해 토양 속에 탄소를 저장할 수도 있다. 공기 중에서 포집한 이산화탄소는 연료나 화학제품 원료 등 유용한 물질로 전환해 쓸 수 있다. 2050 탄소 중립녹색성장위원회의 탄소 중립 시나리오도 포집한 이산화탄소를 차량용 연료로 활용하는 것을 가정했다.

정부는 나무와 숲을 길러 대기 중에 있는 이산화탄소를 흡수해야 한다. 기후변화를 완화하려면 삼림 벌채를 막고, 숲을 늘리는 등 탄소 흡수원을 늘리는 정책을 펼쳐야 한다. 나무는 대기 중 이산화탄소를 흡수해 기후변화의 속도를 조절하고 자연 생태계의 건강성을 유지하는 국가적 자산이다. 바다에 사는 해조류도 탄소 흡수원으로 가꾸고 늘려야 한다.

기후변화에 대한 취약성을 줄이고 효율적으로 대응하기 위해서 정부는 과학적이고 신뢰할 수 있는 통계 자료와 관련 정보를 구축하고, 연구 개발을 지원해 미래 기후변화를 예측하고 대응하는 국가적 역량을 길러야 한다.

IPCC 보고서를 토대로 한 대응 방안은?

IPCC 6차 보고서에 제시된 대응 방안에 맞추기 위한 정부의 미래 대응 방안은 다양하다. 에너지 부문에서는 석탄 화력 발전을 크게 줄이고, 신재생에너지 발전을 늘려야 한다. 석탄 화력 발전소를 폐쇄하거나 발전원을 LNG로 바꾸고, 태양광 및 풍력 발전의 비중을 높인다. 신재생에너지 관련 연구 개발(R&D) 지원을 늘리고, 전력망을 개선하는 데 투자해야 한다.

탄소 중립을 위해서는 화석연료 감소, 탄소포집저장 기술 활용, 무배출 전력 시스템, 광범위한 전기화, 대체 에너지 활용, 에너지 절약 및 효율화, 에너지 시스템 연계 확대 등이 필요하다. 스위스의 스타트업 클라임웍스(Climeworks)가 실용화에 성공한 직접공기포집과 같은 기술도 개발해야 한다.

수준 높은 기술력과 인적 자원을 앞세워 미래를 이끄는 탄소(C)테크 개발에도 나서야 한다. 2030년에는 인터넷 사용에 따른 에너지 소비가 전체 사용량의 약 10%에 이를 것이므로 데이터 센터의 전력 공급 구조와 효율성을 개선해 이산화탄소 발생을 최소화한 네트워크 환경인 '녹색 인터넷'을 구축해야 한다.

산업 부문에서는 철강, 석유화학, 시멘트 산업 등 온실기체 배출이 많은 분야에서 저탄소 전환을 지원해 생산 공정에서 배출을 줄여야 한다. 철강 산업은 전기로를 사용하고, 석유화학산업은 나프타 대신 바이오 나프타를 사용하는 시설로 바꿔야 한다. 시멘트 산업은 화석연료 대신 폐합성수지를 사용하여 에너지 효율을 높이고, 반도체 및 디스플레이 산업에서는 불화가스계 온실기체 배출을 줄여야 한다.

교통 부문에서는 지속 가능한 바이오 연료, 저배출 수소, 생산 공정 개선, 비용 절감이 필요하다. 수송에서 배터리 전기차, 수소연료전지

차 등 무공해차 보급을 늘리고, 대중교통 서비스를 개선해 승용차 통행을 줄여야 한다. 친환경 선박을 보급하고, 항공기 운항 효율을 높여 온실기체 배출량을 감축해야 한다.

폐기물은 발생을 줄이고, 재활용을 늘려야 한다. 석유계 플라스틱은 바이오 플라스틱으로 대체하고, 쓰레기 매립지의 메탄을 에너지원으로 활용해야 한다.

금융 부문에서는 2020~2030년 지구 온난화 완화를 위한 연간 평균 투자비를 현재 수준보다 3~6배 늘려야 한다.

농업에서는 논에 물을 대는 기술, 질소 비료를 적게 쓰는 방법 등을 개선해 저탄소 농업을 해야 한다. 축산업에서는 가축 분뇨 처리 방법을 개선하고, 분뇨 폐기물을 에너지원으로 활용하며, 메탄 배출이 낮은 사료를 보급해야 한다. 에너지 소비를 줄이는 효율 높은 농축산 설비도 보급해야 한다.

생활 속 대응

기후변화에 따른 풍수해를 예방하려면 방재 기준을 개선하고 재해 예방사업을 추진해 도시의 내구성을 키워야 한다. 폭염 피해를 줄이려면 취약 계층의 유형별 위험 특성을 조사해 보호하는 대책이 필요하다. 미세먼지 재난을 막으려면 교통, 산업 등 미세먼지 주요 배출원 자체를 줄여야 한다. 아울러 주기적, 반복적으로 유행하는 신종 감염병에 대한 연구 개발에 투자하고 의료자원 운영 체계를 구축해야 한다.

사회, 생계, 경제 부문에서는 날씨, 건강보험, 사회보장, 비상 기금, 기후서비스 등에서 제공된 정보와 관련한 교육을 강화해야 한다.

건강 및 영양 부문에서는 기후에 민감한 질병에 대한 공공 건강 프로그램을 늘리고, 깨끗한 물을 안정적으로 공급하고, 홍수 방지, 조기 경보 시스템을 구축하고, 백신을 개발해야 하며, 정신 건강을 체계적으로 관리해야 한다.

도시에서는 기후변화를 고려한 정주지 및 인프라 설계, 소규모 도시를 위한 토지 이용 계획, 직장 및 주거지 근접, 대중교통 지원, 건물의 효율적인 설계 및 건설, 개조, 사용, 에너지 자재 소비 감소 및 대체, 전기화 등에 적극적인 정책을 세워야 한다. 특히 새로 건축할 시에 제로 에너지를 이룩하고, 기존 건물은 그린 리모델링 사업을 통해 에너지 효율을 높여야 한다. 고효율 조명 시스템 및 가전제품을 보급하고 태양광, 지열, 수열 등 신재생에너지를 널리 활용해야 한다.

토지, 해양, 식품, 물 부문에서는 삼림 보존, 개선된 관리, 지속 가능한 건강 식단으로의 전환, 음식물 쓰레기 배출 감소 등을 이루어야 한다. 특히 지속 가능한 형태로 공급된 농업, 임업 생산품이 온실기체 저감 대책으로 떠오른다.

삼림 분야에서는 지속 가능한 삼림 경영, 삼림 보전 및 복원 등을 통해 기존의 탄소 흡수원을 유지하고, 도시에서도 나무를 심어 숲을 늘려야 한다. 해안 및 내륙 습지를 조성하고, 물가에도 여러 식물을 심어 탄소 흡수원을 늘려야 한다. 국제협력에서는 재정, 기술, 역량 배양과 관련해 국제협력을 강화하고, 초국가적 파트너십과 환경 및 부문별 협정이 활성화되어야 한다.

언론을 통한 정보 공유와 홍보

정부는 기후변화 문제를 국민이 알고 친환경적인 실천을 할 수 있도록 홍보하고 교육하는 데 앞장서야 한다. 언론을 통해 대중에 홍보하고 정보를 공유하는 것도 필요하다.

미국 뉴욕타임스는 2017년부터 기후팀을 꾸려 80여 명으로 늘렸고, 워싱턴포스트는 별도 기후 섹션을 개설해 관련된 의제를 깊게 다뤄 왔다. 영국 가디언은 기후 보도 논조와 원칙들을 설정하고, 매년 경과를 보고한다.

국내에서는 2020년 한겨레신문을 시작으로 MBC, 한국일보 등에서 기후 전담 부서를 만들었다. 중앙일보 등에서는 환경 전문기자가 기후 문제를 다룬다. KBS는 기존 '재난방송센터'를 확대해 전담 부서를 만들었다.

한국언론진흥재단은 '2022 KPF 저널리즘 컨퍼런스'에서 기후변화 보도에 대한 시민 인식을 발표했다. 응답자의 84.7%가 기후위기의 심각성을 알고 있고, 기후변화 보도에 관심을 가진 사람도 76.6%에 달했지만, 73.1%의 응답자가 보도되는 양이 부족하다고 답했다. 응답자의 67.8%는 한국 언론의 기후 보도에 문제가 있다고 평가했다. 기후변화에 따른 부정적 결과와 피해의 심각성은 잘 다루지만(63.4%), 제도적, 정책적 해결 방안 등은 부족하다(67.1%)는 의견이 크다. 기후변화에 대한 보도에서 정부와 기업의 역할에 더 집중하고, 기후변화를 알리는 보도에 더 많은 공간을 내주고 읽기 쉽게 만들어야 한다고 주문했다. 정부와 언론이 유기적으로 기후변화에 대응하는 협업이 바람직하다.

국민도 기후변화를 비롯한 환경교육 확대의 중요성을 잘 알고 있다. 한국환경연구원이 성인 3,022명을 대상으로 수행한 '2020년 국민환경의식조사'에서 학생에게 환경교육이 필요하다는 응답이 89.4%였다. 1주에 1시간 이상 의무교육에 동의한다는 의견도 82%를 차지했다. 그러나 현실은 이런 바람과는 너무나 거리가 멀어 2021년도 기준 국내 환경교사는 35명에 불과하다. 청소년이 제대로 된 환경교육을 받을 기회조차 없는 것이다. 정부는 기후변화를 비롯한 환경교육에 대한 교육 제도의 개선에 나서야 한다.

기후변화와 관련해 어린이와 청소년이 읽을 수 있는 쉬운 정보도 필요하다. 생활 속에서 알고 실천하도록 읽기 쉬운 책과 정보를 보급해 학교뿐만 아니라 사회 전체에 알리는 교육 기회를 확대해야 한다.

기후변화와
기업

경제 활동의 주체인 기업이 상품을 생산하고 서비스를 공급하는 과정에서 배출하는 탄소의 양이 많아지자 기후변화를 일으키는 주체로 지목받고 있다. 이에 기후변화 완화와 저감을 위해 기업은 전기차와 같은 혁신적인 상품을 만들기도 하고, 탄소 배출을 줄이는 기술도 개발하며, 대기 중 탄소를 포집하는 기술을 통해 탄소를 새로운 산업의 소재로 삼으려는 다양한 노력을 하고 있다.

탄소와
기업 활동

　영국 비영리기구 탄소정보공개프로젝트
(CDP)는 2017년 보고서 《주요 탄소 배출원 데이
터베이스》에서 '겨우 100개 기업이 지난 30년
간 세계 온실기체 배출량의 71%를 차지했다'
라고 발표했다. 기후변화를 막으려면 산업계
가 먼저 온실기체 배출 줄이기에 앞장서야 하
는 이유다.

　기업이 제품을 생산하고 서비스를 제공하면
서 발생하는 탄소 발자국(carbon footprint)을 줄
이려는 움직임은 오래전부터 있었다. 탄소 발
자국은 개인이나 단체가 발생시키는 온실기체

가운데 이산화탄소의 총량을 의미한다.

2007년에 글로벌 기업 가운데 가장 먼저 탄소 중립을 선언한 구글은 2030년까지 모든 데이터 센터와 사무실에서 사용하는 에너지를 온실기체가 없는 에너지로 바꿀 예정이다. 아마존은 2040년까지 탄소 중립을 선언하고 배달 차량을 모두 전기차로 바꾸며, 애플은 생산하는 제품의 탄소 배출량을 75% 줄이겠다고 선언했다.

과거의 매출과 영업 이익으로 기업을 평가하는 시대는 저물고 ESG 경영이 새로운 기업 경영의 조류가 되었다. 환경 파괴와 산업재해, 금융사고 등 부정적 위협을 줄이는 착한 기업에 '글로벌 머니'가 몰리고 있다. 기업이 시대 변화에 대비하지 못하면 위협이 되지만, 대응을 잘하면 새로운 기회를 창출할 수 있다.

ESG 경영이 확산되면서 국내 금융권에도 환경, 에너지 등과 관련된 금융 활동을 통합한 '녹색 금융' 바람이 불고 있다. 녹색 금융은 환경 개선, 금융 산업 발전, 경제 성장을 동시에 추구하는 금융 형태다. 환경을 보호하기 위한 상품이나 서비스 생산에 자금을 제공해 기업, 고객, 사회가 함께 탄소 중립을 실천할 수 있는 환경을 만드는 역할을 한다.

국내에서도 SK 그룹 계열사 여덟 곳이 2020년 11월 대한민국 최초로 재생에너지 사용 글로벌 캠페인 'RE100(Renewable Electricity 100%)'에 가입하고, 2050년까지 사용 전력의 100%를 신재생에너지로 바꿀 것을 약속했다. RE100은 기업이 소비 전력의 100%를 재생에너지로 조달하도록 유도하는 민간 차원의 캠페인이다. 기업은 솔선수범해 탄소 배출을 줄이고 소비자에게 저탄소 제품을 제공해야 할 사회적 책임이 있고, 이를 실천하면서 경쟁력을 갖춘다.

ESG과 CSR 경영에 관심 있는 기업은 신재생에너지 투자, 숲 조성 활동, 제로 웨이스트(zero waste) 캠페인, 에너지 절약 캠페인 등 다양한 활동을 통해 기업의 사회적 공헌에 기여하고, 이로써 고객의 호응을 얻을 수 있다.

기업의 탄소 배출량

기후변화행동연구소가 2023년 초 공개한 자료를 보면, 대기업은 우리나라 온실기체 총배출량의 75% 이상을 배출하고, 전체 기업의 배출량은 총배출량의 80%가 넘는다. 더구나 온실가스종합정보센터에 따르면, 온실기체 배출량 상위 10개 기업의 2022년 온실기체 배출량이 2018년보다 9% 증가했다고 발표했다. 기업의 생산활동이 국내 온실기체 배출량에서 차지하는 비중은 갈수록 커져 국제 경쟁력을 잃을 수도 있다.

5년 연속으로 온실기체를 가장 많이 배출한 기업은 포스코로, 2022년 온실기체 배출량은 2018년보다 4% 줄어든 7,018만 5,587톤이다. 포스코는 2022년 태풍 힌남노 침수 피해로 포항제철소 가동을 일시 중단했을 정도로 기후변화의 피해를 보기도 했다. 온실기체 배출량 2위부터 6위까지 차지한 발전 공기업 다섯 곳의 온실기체 배출량도 모두 감소했다. 배출량 2위 한국남동발전의 2022년 온실기체 배출량

은 3,538만 4,901톤으로 2018년보다 38.6% 줄었다. 한국남부발전
(-12.5%), 한국중부발전(-11.2%), 한국서부발전(-20.5%), 한국동서발전
(-26.2%)도 감소했다.

그러나 일반 대기업의 온실기체 배출량은 대부분 증가했다. 배출량
7위인 현대제철은 2018년보다 26.7%, 8위 삼성전자는 38.6% 늘었다.
10위 에쓰오일(49.6%), 11위 GS 칼텍스(63.2%), 12위 LG화학 (7.7%), 14위
현대오일뱅크(4.4%), 15위 롯데케미칼(6.8%) 등도 배출량이 늘었다. 반
면 9위 쌍용씨앤이(-2.8%), 13위 SK 에너지(-7.6%)는 배출량이 감소했다.

기후변화를 부추기는 탄소를 잡아두고 줄이기 위한 기업들의 노력
이 활발하다. 화석연료를 대체할 수소 에너지 등 새로운 청정에너지원
을 찾고, 공장이나 발전소에서 배출되는 탄소가 대기 중으로 배출되기
전에 가로챌 탄소포집기술을 연구하고 있다.

청정에너지

기후변화에 대한 우려가 커지는 가운데 청정에너지에 관심이 높아
지면서 핵융합 발전 스타트업은 새로운 투자처로 주목받고 있다. 핵융
합 발전은 수소 원자핵이 융합하면서 발생하는 에너지로 전기를 생산
하는 방식이다. 핵분열 발전과 달리 핵폐기물이 거의 발생하지 않고
사실상 무한정한 에너지를 만들어 낼 수 있다는 장점이 있다.

월스트리트저널(WSJ)에 따르면, 핵융합 발전 스타트업 코먼웰스 퓨

전 시스템은 빌 게이츠와 조지 소로스 등의 투자를 포함해 2021년에만 18억 달러(약 2조 1,240억 원)의 투자금을 조달했다. 헬리온 에너지도 5억 달러를 조달했고, 17억 달러를 추가 투자받기로 했다. 캐나다 제너럴 퓨전도 1억 3천만 달러 규모의 자금을 모을 정도로 온실기체를 만들지 않는 청정에너지에 관한 관심은 크다.

탄소 포집

IPCC는 탄소 예산 개념으로 인류가 앞으로 배출할 수 있는 온실기체 양을 제시하고, 거기에 맞출 것을 주문했다. 인류가 1850~2019년에 약 2,390기가톤의 이산화탄소를 배출하면서 지구의 평균 기온은 1850~2019년에 1.07℃ 상승했다. 지구의 기온 상승 목표 한계선인 1.5℃까지는 0.43℃가 남았다. 앞으로 500기가톤의 이산화탄소를 더 배출하면 1.5℃ 목표를 달성할 가능성은 50%이며, 배출량을 300기가톤으로 줄이면 1.5℃ 목표 달성 가능성이 83%로 높아진다.

이를 위해 천연가스 또는 석탄을 사용하는 발전소에서는 배출되는 탄소를 포집, 이용, 저장하는 기술(carbon capture, utilization and storage, CCUS)이 필요하다. 탄소 포집은 여러 물질이 혼합된 가스 가운데 이산화탄소만 분리해 모으는 기술이다. 즉 탄소 이용은 모아진 이산화탄소를 화학적, 생물학적 과정을 거쳐 시장 가치가 있는 제품 원료로 바꾸는 기술이다.

IPCC는 지구 온실기체 배출량을 줄이기 위해 대기 중의 이산화탄소를 흡수해 제거하는 마이너스 배출(negative emission) 기술인 바이오에너지-탄소포집저장(BECCS)을 제시했다. 바이오에너지를 사용할 때 나오는 이산화탄소를 공기 중으로 내보내지 않고 포집함으로써 공기 중의 이산화탄소를 줄이는 것이다.

IPCC 특별보고서에 따르면, 이런 기술이 온실기체 증가 속도를 최대 10%까지 줄여 지구 기온이 상승하는 폭을 1.5℃ 아래로 낮추고 2050년 탄소 중립을 이루는 데 필요하다. 2050년까지 탄소 중립을 달성하는 수준으로 온실기체 배출을 줄여야 21세기 말 지구 기온이 1.5℃ 이상 오르지 않고 기후 시스템을 유지한다는 것이 IPCC의 입장이다.

탄소 저장

탄소 저장은 인공적으로 포집한 이산화탄소를 땅속, 해저 등에 저장하는 기술이다. 경북 포항 포스코에서는 배출된 탄소를 포집해 액체 상태로 만든 뒤 적절한 압력과 온도로 조절해 700~800m 깊이 땅속에 주입해 저장하는 데 성공했다. 포항 분지 이산화탄소 저장 실증 프로젝트 사업단 역시 2017년 주입 실험을 통해 모두 100톤의 탄소를 주입하는 데 성공했다. 당시 국내 최초이자 세계에서 세 번째로 성공한 사례였다.

그런데 2017년 11월 15일 발생한 포항 지진이 탄소 저장을 목적으로 지하 깊은 곳을 파면서 일어난 것이 아닌지 하는 의심을 받게 됐다. 2019년에야 포항 지진과 탄소 저장 사업이 관련 없다는 조사 결과가 나왔지만, 주민 우려 등을 고려해 이후 저장 실험은 중단되었다. 탄소 저장 사업 실증 연구는 주민 안전성을 고려해 앞으로는 해안가에서 최소 60km 이상 떨어진 먼바다에서 재개될 방침이다. 이산화탄소를 저장할 곳이 확보되고 실험이 성공적으로 진행된다면 2030년에는 탄소 저장 설비를 통해 연간 400만 톤의 탄소를 흡수, 저장할 것이라고 한다.

지구공학

지구공학(Geoengineering)은 기후공학이라고도 부르며, 지구 생태계나 기후순환 시스템을 물리화학적 방법으로 조작해 온난화 속도를 늦추는 기술이다. 기본적인 아이디어는 햇빛을 가리거나 반사하는 등 인위적으로 조작해 지구 온도를 떨어뜨려 온난화를 막자는 것이다.

태양 복사 조정(Solar Radiation Modification, SRM)은 대기, 구름, 지표에 햇빛을 반사하는 화학물질을 뿌리거나 밝게 만들어 지구의 반사량을 늘려 온실기체에 의한 지구 온난화를 줄이고 지구 기온을 낮추는 기술이다.

대기 중 이산화탄소를 제거하는 기술은 대규모 조림이나 인공 나무를 이용해 흡수하는 것이 부작용이 가장 적다. 바이오차를 이용해 토양 속 산소를 제거하거나, 탄소를 포집해 저장하는 기술도 관심을 끌고 있다. 대기에서 흡수한 탄소를 고체 상태로 육지, 해양 또는 지질 저장고에 저장하는 방법 등 새로운 기술도 실용화되고 있다.

신산업

앞으로 우리나라는 탄소 배출을 줄이는 C테크를 기반으로 탄소 중립 산업 구조를 통해 세계 시장에서 경쟁력을 확보해야 한다. 세계 각국의 탄소 배출 규제는 갈수록 엄격해져 수출 의존도가 높은 한국 경제에는 큰 부담이기 때문이다. 이에 2050년 탄소 중립을 목표로 하고 있으나, 현재까지의 진행 상황은 희망적이지 못하다. 특히 전체 이산화탄소 배출량의 70%를 차지하는 전력과 산업 분야, 19%를 차지하는 교통과 운수 분야는 탄소 중립으로 전환하는 일이 필요하다.

기업은 기술력과 인적 자원을 이용해 C테크 개발에 노력해야 한다. 전기자동차와 친환경에너지 부문, 기후 시스템 변화에 따른 각종 방재 정보나 재해 방지 솔루션 등을 최첨단 사물인터넷(IoT) 기기나 인터넷 등과 연계하는 신산업을 개발해야 한다.

전기차

2022년 전 세계 전기차 판매량은 1,052만 2천 대로 전체 차량 판매량의 13%를 기록하며, 2021년 같은 기간보다 55% 더 팔리는 폭발적인 성장률을 기록했다. 2021년 말 미국 전기차업체 테슬라는 자동차 업체로는 처음으로 시장 가치 1조 달러 클럽에 합류했다. 유통업체 아마존의 시장 가치가 1천억 달러에서 1조 달러에 이르는 데 8년 넘게 걸렸는데 테슬라는 2년도 채 걸리지 않았다. 2030년에는 전기차가 2억 3천만 대로 늘어나 전체 자동차의 12%를 차지할 전망이다.

EU는 완성차 제조사에 2030년까지 새로 출시하는 승용차, 승합차의 탄소 배출량을 2021년 대비 각각 55%, 50% 줄이도록 요구했다. 탄소 중립 바람은 전기차의 보급을 더욱 부추겨 20여 개 나라는 앞으로 10~30년 안에 내연 기관차 판매를 전면 금지하려 한다. 2035년부터는 탄소 배출량이 없는 신차만 출시할 수 있다. 완성차업체들이 중장기 전동화 전략을 내놓은 이유는 환경 규제에 따른 불이익을 피하기 위해서다.

국내 전기차 판매 대수는 2019년에 3만 5,046대였는데, 2022년에는 16만 4,482대로 증가했다. 환경부는 현재 10만 대 수준의 충전기를 2025년까지 50만 대로 늘린다는 계획이다. 정부는 2030년 친환경차 누적 대수 목표치를 450만 대로 잡았는데, 그러면 국내 전체 자동차에서 친환경차의 비중은 33%에 이르게 된다.

탄소가 자동차 산업 구조를 바꾸고 있다. 내연 기관 중심의 기존 자동차 산업에서 벗어나 전자 연료(e-fuel)를 포함하면 탄소 배출 감축 목표를 이룰 수 있다고 주장한다. 다만 내연 기관 자동차보다 전기차에 들어가는 부품이 30% 정도 적기 때문에 2030년 국내 친환경차 비중이 33%가 될 때까지 3만 5천여 명이 일자리를 잃을 것으로 보인다.

즉 내연 기관차 퇴출은 비용, 고용, 관련 산업에 미치는 영향이 크므로 기간을 두고 단계적으로 바꾸어야 한다.

기후에 투자하는
기후테크

탄소 배출 감축과 기후변화에 대응하는 혁신기술을 뜻하는 '기후테크'에 투자가 몰리고 있다. 글로벌 시장조사업체 피치북에 따르면, 전 세계에서 해마다 기후테크 산업에 투자하는 자금만 60조 원에 이른다. 우리나라 정부도 2030년까지 민관 합동으로 약 145조 원을 투자해 기후테크 분야 유니콘(기업 가치 1조 원 이상 비상장기업) 10개를 육성하는 목표를 세웠다.

국내에도 새로운 기술을 통해 기후변화에 대응할 수 있는 혁신적인 솔루션을 가진 팀에 적극적으로 투자하는 벤처캐피털(VC)이 많다.

기후테크 투자는 직접공기포집(DAC) 기술, 가상 발전소 소프트웨어 (VPP), 버섯으로 닭고기 대체육 만들기, 영농형 태양광 발전 기술, 플라스틱 폐기물 재활용, 플라스틱 생분해, 의료 섬유 폐기물 재활용, 매립지 발생 메탄가스를 수소와 카본 블랙으로 전환, 전기차 폐배터리 재활용 기술, 열 차단 필름, 음식물 쓰레기 재활용 기술, 지능형 사물인터넷(AIoT) 기반 건물 에너지 자동관리, 비발화성 수계 이차 전지, 내연기관 자동차를 전기차로 바꾸는 플랫폼 등 다양하다.

탄소를 성공적으로 줄인 기업

풀무원기술원은 국내 식품연구소 최초로 2020년 4월 미국 친환경 건축물 평가인증제도 '리드(LEED)'에서 골드 등급을 받았다. 이 회사는 건물의 지열, 빙축열, 태양광을 통해 생산하는 에너지를 효율적으로 관리한다. 옥상에는 태양광 발전을 위한 모듈 256개를 설치해 1년에 13만 1,400kW의 전기를 얻어 건물에서 사용하는 전력 총사용량의 7.5%를 감당한다. 겨울철 난방에는 계절과 상관없이 온도가 15~20℃인 심층 지하수를 지하 470m에서 끌어올려 활용한다. 건물 난방에 사용하는 전력의 45%를 지열 에너지가 감당하는 것이다. 여름 냉방은 심야 전력을 사용해 냉동기에서 얼음을 얼린 뒤, 이를 낮에 다시 냉방에 이용하는 빙축열 방식이다. 빙축열을 이용한 방법은 일반 냉방과 전력량에서는 큰 차이가 없지만, 전력 사용량이 적은 심야 전력을 사용하기 때문에 여름 전력 수요가 많은 시간대의 전력 부하를 낮출 수 있다. 업무 차량은 모두 전기차를 이용하는 등 화석연료를 줄이기 위한 노력도 한다.

2020년 11월에 풀무원은 국산 콩두부 10종으로 영국 정부가 기후변화 대응을 위해 설립한 비영리 기관인 '카본 트러스트'의 탄소 발자국 측정 부문 인증을 획득했다. 카본 트러스트의 인증제도는 측정 부문과 감축 부문으로 나뉜다. 풀무원은 두부 1개 제품을 만들 때 전 과정에서 탄소 배출량을 정확히 산정해 인증을 받아 경쟁력을 높였다.

2024년 유한킴벌리는 1984년 시작된 국내 최장수 숲환경 공익 캠페인 '우리강산 푸르게 푸르게' 40주년을 맞이했다. 국내외 약 16,500ha 면적(여의도 56배 크기)에 5,700만 그루 이상의 나무를 심고 가꾸어 이산화탄소를 흡수해 기후변화를 완화하고, IMF 외환 위기 극복 과정에는 약 17만 명의 일자리 창출 효과를 거두었다는 평가를 받았다. 캠페인은 협력적 거버넌스를 근간으로 사회와 기업 모두의 발전을 이끄는 CSR 모델로 인정받아 국민적 반응이 높다.

13

기후변화와
개인

1970년 4월 22일 제1회 지구의 날은 미국인 2천만 명이 친환경적인 활동을 서약하고, 어머니 자연(Mother Nature)의 중요성을 문화적으로 깨우친 날이다. 지구의 날 선언문은 인간이 환경을 파괴하고 자원을 낭비하면서 자연과 조화롭게 살던 전통적 가치가 무너졌다고 경고하며, 기업은 사회적 책임을 다하고 시민은 생활 문화를 개선해야 한다고 강조했다. 이 운동에 참여하는 사람은 전 세계 10억 명으로 늘었지만, 인간 활동에 따른 기후위기는 갈수록 심해지고 있다.

먹을거리

식량

1956년 2,150만 명이던 우리나라 인구는 2020년 5,180만 명으로 2.4배나 늘었다. 국민소득은 66달러에서 3만 1,755달러로 481배 늘었다. 인구와 소득이 늘어나면서 식생활도 곡물과 채소에서 육식 위주로 바뀌었다.

한국농촌경제연구원《농업전망 2023 리포트》에 따르면, 2022년 한국인 1인당 육류 소비량은 58kg으로 주식인 쌀의 소비량 56kg을 넘었다. 육류 소비량은 2012년 이후에 42% 증가했으나, 쌀 소비량은 2012년 70kg, 2014년 65kg, 2018년 61kg, 2020년 58kg, 2022년 56kg으로 줄었다. 2024년에는 53kg, 2033년에는 45kg 까지 감소할 것이라는 예측이다. 쌀, 보리, 밀, 콩, 옥수수, 감자, 고구마 등 7대 곡물의 1인당 소비량은 2002년 167.2kg에서 2021년 137.9kg 으로 연평균 1.0%씩 감소했다.

육식이 늘면서 배추, 무, 마늘, 고추, 양파 등 5대 채소는 1인당 연 간 소비량이 2022년 11.1kg에서 2032년 111.6kg으로 늘 것으로 예상 한다. 사과, 배, 복숭아, 포도, 감귤, 단감 등 6대 과일 소비량은 2002년 1인당 47.1kg에서 2021년 35.3kg으로 연평균 1.5%씩 감소했다. 앞으 로도 곡물과 국내산 과일의 1인당 소비량은 계속 줄고 수입 과일은 늘 것이라는 전망이다.

축산과 온실기체

축산은 대기, 토양, 수질, 온실기체와 기후변화, 생물 다양성, 산림 파괴와 사막화 등 다양한 환경 문제를 일으킨다.

전 세계 육지의 26%가 가축 사료를 생산하는 방목용 목초지로 사 용되며, 가축은 곡물 수확량의 3분의 1을 소비한다. 넓이 6,070m² 토 지에서는 1만 7,236kg 정도의 식물성 식품이 생산되지만, 같은 면적에 서 생산되는 소고기는 170kg 정도로 토지 효율이 100배 정도 낮다. 또 축산 분야의 물 사용량은 전 세계적으로 인간이 사용하는 양보다 8%

이상 많은데, 주로 가축용 사료 작물을 기르는 데 쓰였다.

지난 50년간 고기를 얻기 위해 전 세계 열대 우림의 3분의 2가 파괴됐으며, 특히 아마존 열대 우림의 70%가 사라졌다는 주장도 있다. 햄버거 하나를 먹을 때마다 아마존 열대 우림 1.5평이 사라지는 것으로 알려졌다.

축산은 막대한 양의 자원을 소모하고 많은 폐기물을 배출한다. FAO 보고서 《축산업의 긴 그림자》에 따르면, 전 세계 온실기체 배출량의 13%는 교통수단에서, 15% 내외는 축산업에서 발생한다. 그린피스는 축산 부문의 온실기체 배출량은 전체 온실기체 배출량의 18~20% 정도로 추산했다.

즉 가축을 기르기 위해 탄소를 흡수하는 숲은 계속해서 사라지고, 가축은 끊임없이 탄소를 배출한다. 지구와 공생하려면 육류 소비를 줄여야 하는 이유다.

우리가 육류를 많이 소비할수록 더 많은 가축을 키워야 하고, 그만큼 온실기체가 많이 발생해서 기후변화의 속도가 빨라진다. 축산에서 발생하는 메탄의 방출량은 이산화탄소 방출량의 200분의 1에 불과하지만, 지구 온난화를 일으키는 효과는 이산화탄소의 25배 정도 높다. 파리 협정에서 약속한 대로 지구 온도가 지금보다 1.5℃ 이하로 유지하려면 전 세계 축산 시설을 지금보다 25% 이상 줄여야 한다.

FAO가 제26차 COP26에서 공개한 보고서에서는 2019년 농업과 식량 분야에서 배출한 온실기체가 전체 온실기체 배출량의 3분의 1에 이르며 1990년보다 17% 늘었다고 분석했다. 그중에서도 축산업 때문에 발생하는 메탄 배출량이 전체의 53%를 차지했다. 따라서 2030년까지 메탄 30%를 감축하는 '국제메탄서약'을 지킨다면 2050년까지 지구 온도를 0.2~0.3℃ 낮출 수 있다는 추산이다.

환경부가 발표한 〈2020년 국가 온실가스 인벤토리(1990~2018)〉에서 산업별 온실기체 배출량과 변화 추이를 보면, 가축의 장내 발효와 가축의 분뇨를 처리하면서 2018년에 배출한 온실기체의 양이 1990년보다 각각 51%, 74% 증가했다. 이는 전체 온실기체 배출량의 1.2% 정도를 차지하는 것으로, 국내의 육류 소비가 늘면서 가축 사육 두수가 늘어난 결과다. 값싼 육류를 생산하기 위해 좁은 공간에서 가축을 밀집해 기르는 공장식 축산이 널리 퍼지면서 탄소 배출량이 크게 늘었다. 가축용 사료 생산에 사용하는 비료인 질소는 대기 및 수질오염, 기후변화, 오존 고갈 등의 부작용을 야기한다.

육식

육식을 줄이는 것은 온실기체 배출량을 줄여 기후변화 속도를 늦추는 효과가 있다. 그린피스는 EU가 2050년까지 온실기체 순 배출 0이라는 목표를 달성하려면 연간 1인당 육류 소비량을 82kg에서 24kg으로 줄여야 한다고 말한다.

국민 1인당 연간 육류 소비량은 50년(1970~2020) 사이에 10배나 늘었다. 1970년 5.2kg에서 2012년 41kg, 2016년 50kg, 2020년 54kg,

2022년 58kg으로 늘었으며, 2027년에는 60.6kg, 2032년에는 63kg까지 늘 것으로 본다. 한국인은 세계 평균보다 10kg 정도 더 육류 소비량이 많다. UN 등은 지구와 사람의 건강을 위한다면 육류 섭취량은 지금의 3분의 1 수준이 적정하다고 본다.

식생활이 바뀌면서 국내에서 기르는 가축 마릿수도 크게 늘었다. 소는 1956년 870만 마리에서 2020년 3,360만 마리로 3.86배, 돼지는 1,260만 마리에서 1억 1,070만 마리로 8.79배, 닭은 8,920만 마리에서 16억 7,410만 마리로 18.77배 증가했다. 2019년을 기준으로 1인당 고기별 소비량은 돼지고기(50%), 닭고기(29%), 소고기(21%) 순이다.

FAO에 따르면, 축산업은 전체 온실기체 배출량의 16% 남짓을 차지하며, 특히 61%가 육류 생산과 관련된다. 가축 사료를 생산하고 사육하면서 메탄과 분뇨를 배출하기 때문이며, 소고기가 기후변화에 가장 부담이 크다.

사료를 먹고 자란 육류를 먹는 것은 곡물을 직접 먹는 것보다 식품 효율이 20분의 1 정도로 낮다. 다시 말하면 20명이 먹을 분량의 곡물로 1인분의 소고기를 얻을 수 있다. 가축을 기르면서 배출되는 온실기체, 수질 오염, 악취와 해충, 생산지에서 소비지까지의 식품 마일리지 등을 따지면 축산이 환경과 기후에 미치는 영향은 지대하다. 가축 사육을 위한 사료와 축산 활동으로 온실기체인 이산화탄소와 메탄의 배출량이 급증하면서 기후변화를 부추겼다.

축산 선진국에서는 기후변화에 영향을 미치는 제품 목록에 육류가 추가됐다. 네덜란드 암스테르담 서쪽에 있는 인구 16만 명의 작은 도시 하를럼은 세계 최초로 육류 소비를 줄여 온실기체 배출을 감축하기 위해 2024년부터 공공장소에서 육류 광고를 중단했다. 국내 시장도 세계 축산 시장의 변화에 발맞추어 대응해야 한다.

대체육

육류와 같은 모양과 맛을 내는 대체육(代替肉, alternative meat)은 콩 단백질 또는 밀가루 글루텐 등 식물성 재료로 만들어 식물성 고기로도 불린다. 균단백질(mycoprotein)을 활용한 비식물성 대체육도 있다. 대체육은 동물성 지방을 함유하지 않아, 콜레스테롤이나 포화 지방산 때문에 발생하는 심혈관계 질환 및 생활습관병을 예방하는 데 도움이 된다. 동물성 식품에서 발생할 수 있는 질병 감염 우려가 없고, 기후변화를 일으키는 온실기체 발생도 현저히 적다.

국내 대체육 시장은 약 200억 규모로 시작 단계이며, 대체식품 시장도 마찬가지다. 한국무역협회 국제무역통상연구원은 대체육 시장이 2030년까지 전 세계 육류 시장의 30%, 2040년에는 60% 이상을 차지하면서 일반 육류 시장 규모를 추월할 것으로 예상한다. 글로벌 컨설팅기업 AT 커니(AT Kearney)는 전 세계 전통 육류와 대체육 소비 비율이 2025년에는 9:1 정도, 2040년쯤이면 4:6 정도가 될 것으로 예측했다.

미국 대체육 식품회사 임파서블 푸드(Impossible Food)와 비욘드 미트(Beyond Meat)의 버거 패티는 100% 식물성이지만, 같은 크기의 소고기

패티보다 단백질 함량이 높고 지방과 칼로리는 낮아 영양이 우수하다. 식물성 버거 패티는 소고기 패티를 만들 때보다 토양 95%, 물 74%를 적게 쓰며, 온실기체 배출량은 87% 정도 줄일 수 있다.

배양육

푸드테크 회사들은 배양육(培養肉, cultured meat) 개발에 본격적으로 나섰다. 배양육은 시험관 고기(in vitro meat)라고도 부르는데, 기후변화를 완화할 수 있고, 동물 복지, 식량 안보 및 인간 건강에 미치는 영향도 적은 편이다. 또 기존 육류와 비슷한 식감과 풍미를 느낄 수 있다.

배양육 생산법으로 고기를 키울 때 들어가는 에너지 소모량은 소를 키울 때의 절반 수준이고, 온실기체 배출량은 10%, 물 사용량은 5% 수준, 땅은 1% 정도다. 배양육을 생산하려면 줄기세포 기술이 사용해 소, 돼지, 닭 등 가축에서 줄기세포를 추출하고 그것을 배양해서 고기로 만드는 것이 윤리, 건강, 문화 및 경제적으로 문제가 된다는 우려도 있다.

채식

국제채식인연맹(IVU)에 따르면, 2018년도 기준 전 세계 채식 인구는

채식인의 구분

1억 8천만 명이다. 채식인(vegetarian)은 동물성 식품은 먹지 않고 과일, 채소 등 식물성 식품만을 먹는 순수 채식인 비건(vegan), 식물성 식품과 유제품(우유, 치즈, 버터 등)을 먹는 락토(lacto), 식물성 식품과 달걀을 먹는 오보(ovo), 식물성 식품과 유제품, 달걀을 먹는 락토오보(lacto-ovo), 식물성 식품과 유제품, 달걀, 해산물까지 먹는 페스코(fesco), 붉은 살코 기는 먹지 않으나 우유, 달걀, 닭고기까지만 섭취하는 폴로(pollo), 주로 채식을 하지만 때때로 육식을 하는 플렉시테리안(flexitarian) 등으로 나

누어진다.

한국채식협회에 따르면, 국내 비건식품 소비자는 2008년 15만 명에서 2018년 150만 명으로 10배 늘어났으며, 비건을 지향하는 사람에게 실천 정보를 제공하는 네트워크 활동도 활발하다. 홍콩의 사회적기업 그린 먼데이(Green Monday)는 일주일에 한 번 고기를 먹지 않음으로써 공중보건, 동물권 보호, 식량 위기, 기후변화에 대처할 수 있다는 캠페인을 펼친다.

최근 채식뿐만 아니라 대체육, 배양육 등 대체 식품 시장이 빠르게 성장하는 이유는 기후변화에 따른 기업의 인식 변화, 채식 인구의 증가, COVID-19 등이다. 채식이 기후변화와 환경 오염 그리고 동물 복지 등을 풀 수 있을지는 소비자인 개인의 의지에 달렸다.

음식물 쓰레기

식량을 생산해 소비자에게 운반하고 조리하고, 음식물 쓰레기를 처리하는 과정에도 기후변화를 부추기는 탄소 발자국이 발생한다.

2018년 세계은행 보고서에 따르면, 인류의 연간 쓰레기 배출량이 올림픽 수영장 80만 개를 채울 수 있는 20억 톤이 넘는다. 2018년 보스턴컨설팅그룹 보고서는 매년 식품 16억 톤이 버려진다고 했는데, 이 버려지는 음식만으로도 지구의 절반에 이르는 굶주리는 사람이 먹고도 남는다.

2050년에는 쓰레기가 34억 톤으로 급증할 전망이지만, 현재 재활용되는 폐기물은 전체의 16%에 그친다.

식품과 플라스틱 용기

호주 비영리 민간단체 민더루 재단이 발표한 보고서 《플라스틱 폐기물 생산자 지수 2023》에 따르면, 2021년 전 세계에서 1억 3,900만 톤의 일회용 플라스틱 폐기물이 발생했다. 환경부에 따르면, 2022년 기준 우리나라 1인당 가정에서 버린 쓰레기는 446kg였고, 이 중에서 플라스틱 쓰레기는 102kg이었다. 그린피스는 《2022년 내가 쓴 플라스틱 추적기》에서 전체 일회용 플라스틱 폐기물 배출량(총 14만 5,205개) 가운데 73.2%(10만 6,316개)가 식음료 포장재라고 했다.

COVID-19가 퍼져 비대면 거래가 일상화되면서 배달음식 서비스 시장이 크게 성장했고, 이에 따라 플라스틱 용기 사용량도 급증했다. 배달과 포장용 플라스틱 용기 생산량은 2016년 6만 4,081톤, 2017년 7만 3,501톤, 2018년 8만 2,763톤, 2019년 9만 2,695톤, 2020년 11만 957톤으로 증가했다. 한국소비자원에 따르면, 음식 배달에 사용된 플라스틱 용기는 21억 개였다. 배달음식 이용자 1인당 연간 약 10.8kg의 플라스틱을 배출하는데, 이는 국민 1인이 사용하는 연간 플라스틱의 약 12%에 이른다. 2020년 생활폐기물 통계에서 하루에 발생하는 플라스틱 폐기물의 양은 923여 톤이다.

UNEP의 2018년 조사에 따르면, 전 세계 플라스틱 쓰레기 가운데 9%만이 재활용된다. 플라스틱 쓰레기 문제를 해결해 기후변화 속도를 줄이려면 개인의 실천이 필요하다. 음식을 포장할 때 그릇을 직접 가져가는 '용기 내 챌린지', 경기도처럼 지자체와 민간이 손잡고 여러 번 사용할 수 있는 그릇으로 배달하는 서비스, 한살림처럼 자체적으로 용기를 회수해 재사용하는 등의 대안이 있다. 플라스틱 사용량을 줄이면 에너지와 자원을 아낄 수 있으므로 플라스틱 폐기물을 줄이는 '제로 웨이스트'를 실천해 기후변화를 막을 수 있다.

입을 거리

    의류의 소비 주체는 소비자인 개인이다. 소비자인 내가 구입하는 상품이 지구 환경에 어떠한 부담을 주는지 생각하고 선택하는 원료, 원산지, 제조 방식 등을 따지는 지혜로운 소비자가 되어 기후변화를 부추기지 않는 상품을 선택해야 한다. 일단 구입한 옷은 될 수 있는 대로 오래 입어 소비 증가에 따른 자원과 에너지 소비, 물과 대기의 오염 그리고 쓰레기 문제를 일으키지 않도록 해야 한다.

값싼 옷

🔥

2015년 미국 MIT 대학 보고서를 보면, 한 해 생산된 폴리에스터 가운데 섬유에 사용된 건 약 80% 정도다. 섬유용 폴리에스터 제작 과정에서 배출된 온실기체는 7,060억kg으로 185개의 석탄 발전소가 연간 배출하는 탄소량과 맞먹고, 1억 4,900만 대의 자가용의 연간 배출 탄소량과 같은 수준이다. 1950년부터 2016년까지 전 세계의 합성섬유에서 나온 미세섬유의 양은 560만 톤이다.

전 세계에서 1년 동안 생산되는 옷은 약 1천억 벌이며, 의류를 제조하는 데 세계 플라스틱 생산량의 20%가 사용된다. 면화를 재배하는 데 세계 살충제 사용량의 24%가 쓰이며, 티셔츠 한 장을 만드는 데는 약 2,700리터의 물이 사용되는 등 폐수의 20%가 옷을 만들면서 배출된다.

SPA(Specialty retailer of Private label Apparel)는 패스트 패션이라고 하는데, 옷의 기획, 생산, 유통을 모두 담당해 저렴한 가격에 상품을 제공하는 의류회사를 말한다. 다양한 디자인의 옷을 만들어 빠르게 회전시키는 시스템으로 소비자는 최신 유행의 옷을 다양하고 값싸게 구매할 수 있다. 우리가 값싸게 사서 입고 버리는 SPA 옷이야말로 땅, 공기, 물, 생물 등 지구 환경을 희생하면서 만들어진 것이다.

비싼 옷

고급 옷감 소재인 캐시미어(cashmere)는 산양류 염소의 부드럽고 섬세한 속털로 만들며 길이는 2~9cm이다. 스웨터 1벌을 만들려면 4~6마리, 외투 1벌에는 30~40마리의 털이 필요하다.

캐시미어는 의복 재료로 우수하지만 기후와 생태계에 여러 문제를 일으킨다. 초식성 가축인 소, 양과는 달리 염소는 초원의 풀뿐만 아니라 먹을 것이 부족하면 나뭇잎, 나뭇가지 심지어 뿌리까지 먹어 치워 식생을 파괴한다. 그 결과 몽골과 중국 등지에서는 염소 등 가축 때문에 풀과 나무가 자라는 토지가 황폐화하면서 땅이 사막화되어 황사, 건조화, 기온 상승 등 부작용이 나타났다. 캐시미어의 소비국이며 이웃 나라인 한국도 황사와 이상기상에 따른 피해가 심각하다. 한 나라의 문제가 다른 나라에도 영향을 미치는 기후 시스템의 구조 속에 우리는 살고 있다.

옷 쓰레기

값싼 옷이 흔해지면서 해마다 버려지는 옷은 약 9,200만 톤이며, 2020년 대한민국의 헌 옷 배출량은 8만 2천 톤으로 세계 5위다. 석유나 석탄에서 추출한 성분을 활용해서 만든 섬유인 나일론, 폴리에스터, 아크릴 등 합성섬유는 분해되는 데 200년이 걸린다. 옷을 만들거나 폐기하는 과정에서 배출되는 탄소는 세계 탄소 배출량의 10%에 이른다.

매년 생산되는 1천억 벌의 옷 가운데 73%는 팔리지 않고 불태우거나 땅에 묻는다. 안 팔린 옷을 싸게 팔면 브랜드 가치가 떨어지고, 창고 이용료, 관리자 인건비 등이 발생하기 때문이다. 옷은 생산, 운반, 저장, 폐기 과정에서 많은 양의 탄소를 배출하며, 멀쩡한 옷을 묻고 태우면서 기후변화를 부추긴다.

미국 의류회사 파타고니아(Patagonia)의 '환경을 위해 옷을 사지 말라(Don't buy this jacket)'라는 광고가 유명하다. 물론 아예 사지 말라는 게 아니고 '슬로우 패션'으로 튼튼하고 오래 입는 옷을 만들어 버려지는 옷을 최소화하자는 철학이다. 이 회사는 연 매출의 1%를 '자연세'라는 명목으로 지구를 위해 사용하는 등 친환경적인 정책으로 소비자의 만족도가 높다.

환경부는 기업이 제품 생산부터 사용 후 발생하는 폐기물에까지 적용하는 제도인 생산자책임재활용제도(Extended Producer Responsibility, EPR)를 시행한다. 재활용 의무를 지고 있는 기업은 대상 제품과 포장재 품목에 따라 다르게 책정된 '재활용 의무율'에 따라서 EPR 분담금을 내야 한다. 옷을 만드는 데 들어간 노동력, 자원, 에너지는 기후변화를 일으키는 원인이 되며, 대기와 수질, 토양을 오염시키고 생태계에도 피해를 준다. 따라서 의류 등 플라스틱을 원료로 만든 폐기물의 재활용을 높이는 것은 탄소 배출을 줄이고 수질에도 부담이 적다.

생활 쓰레기

2020년부터 전 세계적으로 COVID-19가 빠르게 퍼지면서 배달과 택배 주문이 늘어났고, 일회용 플라스틱 쓰레기 등 생활 폐기물이 크게 늘었다.

선진국에서는 기업이 플라스틱을 생산할 때 재활용 인증을 받은 제품을 일정 비율 섞어 쓸 것을 의무화했다. EU는 2025년까지 일회용 플라스틱 제품을 만들 때 재생 플라스틱 함량을 30% 이상 사용하게 하는 법을 만들었다. 프랑스는 판매되지 않은 의류를 기부, 재사용, 재활용하도록 했다. 의류뿐만 아니라 '판매를 목적으로 하는 비식품 제품'을 모두 폐기하는 것은 법으로 금지했다. 독일은 폐기 금지가 의무는 아니지만, 폐기하는 분량을 문서화하고 정부에 보고하게 해 기업이 주의하도록 제도를 만들었다. 벨기에는 재고상품을 자선단체에 기부하면 부가가치세를 내지 않는다. 폐의류는 태우거나 묻는 대신 기부하고 장려금을 받도록 유도했다.

국내 쓰레기 문제

한국환경공단에 따르면, COVID-19가 기승을 부린 2020년 우리나라 일평균 폐기물 발생량은 54만 872톤으로, 역대 가장 높은 증가세를 보였다. 2014년에 4만 9,915톤이던 전국 일일 생활 폐기물 배출량은 2019년에 5만 7,961톤으로 늘었으며, 공장이나 건설 현장 등에서 나오는 폐기물까지 합치면 일일 폐기물 총배출량은 40만 2천 톤에서 49만 7천 톤으로 23% 정도로 급증했다. 2020년에 발생한 생활 폐기물은 전체 쓰레기(1억 9,546톤)의 8.9%(1,730톤)를 차지하고 나머지는 공장과 건설 현장 등에서 나왔다. 2015~2020년에 생활 폐기물은 20.5% 늘었지만, 사업장 폐기물은 42.7%나 늘었다.

우리나라에서는 쓰레기를 매립한다. 독일과 일본의 매립률은 각각 0.2%, 1%에 불과하지만, 우리나라는 13.4%로 높다. 그런데 2031년이면 국내 공공 매립시설 215곳 가운데 47%인 102곳이 포화 상태에 이르게 된다.

더군다나 2026년부터는 생활 쓰레기를 직접 땅에 묻는 매립이 금지되고, 탄소 중립을 중심으로 시장경제가 개편되면서 폐자원 활용을 통한 에너지 회수가 중요해진다. 국내에서 2020년에 소각열 에너지를 회수해 줄인 이산화탄소 배출량은 179만 톤이다. 이는 원유 5억 7천만 리터를 대체한 수준으로 1년간 자동차 740만 대가 운행할 수 있는 만큼 연료를 절감했다.

국내 패션, 뷰티 기업들은 ESG 열풍 속에서 환경과 경제를 생각한 'RE'에 관심이 많다. 자원을 순환해 탄소 배출량을 줄이는 재사용(reuse), 재활용(recycle), 재충전(refill)을 기본으로, 중고거래로 새로운 가치를 찾는 재거래(recommerce)가 유행이다. 아예 다른 소재에서 미래 먹거리를 재발견(rediscovery)하는 것이 새로운 기준(new normal)으로 자리 잡았다. 용기를 다시 사용하면 상품을 제조, 운반, 폐기하는 데 드는 에너지와 탄소를 줄여 기후변화를 막을 수 있다.

디지털 세상과
전력

한국전력이 밝힌 2022년 기준 발전 분야별 국내 전력 생산은 총 138,195MW로 액화천연가스 41,201MW, 유연탄 37,728MW, 신재생에너지 26,326MW, 원자력 24,650MW, 수력 6,513MW, 유류 920MW, 무연탄 400MW, 기타 457MW 순이다. 신재생에너지의 전력 생산량이 원자력을 넘었으나, 이산화탄소를 배출하는 화석연료의 비율이 58.1%에 이른다.

국민 1인당 연간 소비 전력은 10,652kWh/년으로 하루 약 30kWh를 사용한다. 전력 사용량은 1980년의 32,734MW에 비해 20배

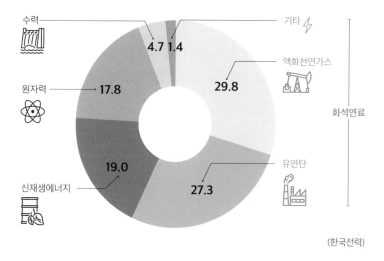

2022년 국내 에너지별 전력 생산 비율(%)

수력 4.7

기타 1.4

액화천연가스 29.8

원자력 17.8

화석연료

유연탄 27.3

신재생에너지 19.0

(한국전력)

정도 증가했다. 용도별 전력 소비는 생산 부문 287,937GWh(53%), 공공 서비스 181,438GWh(33%), 가정용 78,557GWh(14%) 등 모두 547,933MW이다.

정보화 시대에 와이파이나 LTE에 접속하면 서버를 연결하는 과정에서 에너지가 소비된다. 수많은 컴퓨터가 하루 24시간 내내 실시간으로 연산을 처리하며 데이터를 전송하는 데 전력을 쓰는 데이터 센터는 적정 온도와 습도를 유지하기 위해 서버를 식힐 때도 많은 양의 전력을 쓴다. 우리가 날마다 하는 포털 검색, SNS 활동, 이메일 확인, 동영상 스트리밍 등 디지털 기기를 사용하는 모든 과정에서 이산화탄소가 발생한다.

IEA에 따르면, 데이터 센터의 운영과 통신 네트워크에 쓰는 전력 소비량은 전 세계 전력 수요의 약 2%를 차지한다. 이는 세계 항공산업의 전력 총소비량과 비슷한 수준이며, 인터넷, 전자기기를 포함한 디지털 시스템을 합하면 전 세계 온실기체 배출량의 3.7%를 차지한다.

산업통상자원부에 따르면, 우리나라 데이터 센터 한 곳에서 사용하는 평균 연간 전력량은 25GWh 수준으로, 4인 가구 6천 세대가 쓰는 전력과 같다. 국내 데이터 센터의 연간 전력 총사용량은 원자력발전소 연간 발전량의 3분의 1이다. 국내 데이터 센터의 전력 수요는 2020년 말 1,762MW에서 2032년 7만 7,684MW로 증가하는데, 이는 원자력발전소 40기가 감당할 수준이다. 구글, 애플, 페이스북 등 데이터 산업의 글로벌 기업은 자체적으로 탄소 중립을 달성하기 위해 데이터 센터에 필요한 전기를 풍력 발전으로 생산하는 비율을 늘리고 있다.

디지털 세상에서 개인이 할 수 있는 일

이메일 한 통을 보내는데 4g 정도의 이산화탄소가 배출된다. 메일함 1GB를 비우면 탄소 14.9kg을 줄일 수 있다. 대한민국 국민 5,182만 명이 메일 50통씩을 지우면, 서울~제주를 비행기로 4번 왕복하고도 남는 양인 탄소 1,036kg이 줄게 된다.

스마트폰으로 정보를 검색하면 와이파이나 LTE 같은 네트워크를 거쳐 데이터 센터로 서버를 연결할 때 탄소가 발생한다. 통화는 1분에 3.6g, 포털 검색 때마다 0.2g, 비디오 스트리밍은 10분당 1g, 데이터는

1MB당 11g의 탄소를 배출한다. 텔레비전은 매일 1시간씩 시청하면 32인치 기준 연간 탄소 32kg을 배출하는데, 휘발유차 한 대로 72km를 운전하는 것과 같다.

KBS와 그린피스의 설문 조사에서 대한민국 국민은 석탄 발전소를 대체할 전력 발전원을 태양광(24.8%), 수소 에너지(20.8%), 원자력(18.9%) 순으로 보았다. 개인이 기후변화를 막기 위해 참여한 활동은 쓰레기 재활용(91.8%), 일회용품 줄이기(87.7%), 에너지 효율이 좋은 가전제품 구입(86.6%) 등이다. 기후위기 정책을 펴는 정당 또는 정치인 지지(19.5%), 집회나 시위 참여(12.9%), 전기차 구매(12.5%), 가정에 태양광 패널 설치(9.7%) 등의 활동 참여 경험은 상대적으로 적었다.

환경부가 낸 보도자료에 따르면, 일반 가정에서 전기 플러그 뽑기, 텔레비전 시청과 컴퓨터 사용 줄이기, 물 절약 등 저탄소 생활 실천으로 줄일 수 있는 연간 온실기체 배출량은 국가 배출량의 약 1% 정도다.

이 밖에 개인이 생활 속에서 탄소 중립을 실천하는 방법은 전자영수증 발급, 텀블러나 다회용 컵 이용, 일회용 컵 반환, 재충전소 이용, 다회 용기 이용, 무공해차 대여, 친환경 제품 구매, 고품질 재활용품 배출, 폐휴대폰 반납 등이 있다.

디지털 환경에서 기후변화에 주는 부담을 줄이는 데 개인이 할 수 있는 일은 디지털 기기를 되도록 오래 쓰기, 사용하지 않을 때 전원 끄기, 인터넷 클라우드(cloud) 비우기, 실시간 재생(스트리밍) 대신 내려받기(다운로드), 메일함 비우기, 인터넷 북마크 사용하기 등이다.

개인이 실천을 통해 온실기체를 줄이는 것에는 한계가 있으나 개인적으로 에너지와 자원을 아끼는 것이 기후변화를 막는 첫걸음이다. 개인이 실천하는 작은 변화라고 해서 가치가 없는 것은 아니다. 개인은 소비자로서 생산이 주체인 기업과 유권자로서 기후변화 정책을 다루는 정부가 달라지게 하는 힘이 있다.

미래 기후는?

지구 연평균 기온이 산업화 이전보다 1.5℃ 상승할 시점에 대한 논란이 많다. 지구 온난화에 따라 한반도 기후가 아열대 기후로 바뀌는 것에 대한 우려도 크다. 지구 전체, 동아시아, 대한민국의 미래 기후를 예측한다는 것은 어려운 일이다. 고기후를 바탕으로 현재 기후를 이해하고 미래 기후를 과학적으로 예측하는 노력이 필요하다.

기후변화
시나리오

미래 기후가 어떻게 바뀔지를 예측하는
IPCC 기후변화 시나리오 가운데 SRES, RCP,
SSP 등 세 가지가 널리 알려졌다.

SRES와 RCP 시나리오

배출 시나리오에 관한 특별보고서(Special
Report on Emission Scenarios, SRES)는 IPCC 3차 보
고서(2001)에 사용된 미래 배출 시나리오로, 예
상되는 이산화탄소 배출량에 따라 A1B, A2, B1

등 여섯 개가 있다.

대표농도경로(Representative Concentration Pathways, RCP)는 IPCC 5차 보고서(2013)에 제시된 시나리오로, 인간 활동이 대기에 미치는 복사량으로 온실기체 농도를 정했다. RCP 시나리오는 모두 네 단계(RCP 8.5/6.0/4.5/2.6)로 나누어지며, 시나리오 숫자는 복사강제력인 온실기체 등으로 에너지의 평형을 변화시키는 영향력의 정도를 나타낸다.

SSP 시나리오

공통사회경제경로(Shared Socioeconomic Pathway, SSP)는 IPCC 6차 보고서 작성을 위해 각국의 기후변화 예측 모델을 기초해 만들었다. 온실기체 감축 수준 및 기후변화 적응 대책 수행 여부 등에 따라 미래 사회 경제 구조가 어떻게 달라질지 예측한 시나리오다. 6차 보고서는 인구, 경제, 토지 이용, 에너지 사용, 탄소 배출 감축 노력 등 미래 사회상을 반영했다. SSP는 2100년 기준 복사강제력 강도와 함께 미래 사회 경제 변화를 기준으로 기후변화에 대한 미래의 완화와 적응 노력에 따라 다섯 개의 시나리오가 있다. 인구 통계, 경제 발달, 복지, 생태계 요소, 자원, 제도, 기술 발달, 사회적 인자, 정책 등을 고려했다.

지금보다 화석연료를 더욱 많이 쓰는 SSP3 시나리오 이후부터는 21세기 말 평균 기온이 3~4℃ 더 올라가고, 해수면은 최저 28~55cm 에서 최대 63~101cm 정도 상승할 것으로 본다.

SSP에 기반해 예측한 미래 지구 온도 변화(괄호는 가능성이 높은 범위)

시나리오	가까운미래 2021~2040	중간 미래 2041~2060	먼 미래 2081~2100	온실기체 배출
	최적 추정치(℃)			
SSP1-1.9	1.5(1.2~1.7)	1.6(1.2~2.0)	1.4(1.0~1.8)	2050년 탄소 중립
SSP1-2.6	1.5(1.2~1.8)	1.7(1.3~2.2)	1.8(1.3~2.4)	2060~2080년 탄소 중립
SSP2-4.5	1.5(1.2~1.8)	2.0(1.6~2.5)	2.7(2.1~3.5)	21세기 중반까지 현 수준 배출량 유지
SSP3-7.0	1.5(1.2~1.8)	2.1(1.7~2.6)	3.6(2.8~4.6)	2100년까지 현 수준 2배 도달
SSP5-8.5	1.6(1.3~1.9)	2.4(1.9~3.0)	4.4(3.3~5.7)	2050년 현 수준 2배 도달

SSP1-1.9
온실기체 감축 노력을 강력하게 지속하면 21세기 후반(2081~2100)에는 산업화 이전보다 기온이 1.4℃(가능성이 큰 범위는 1~1.8℃) 상승한 수준으로 되돌아갈 수 있을 것으로 예상. 온실기체를 줄여서, 2100년 온실기체에 의한 태양 에너지 흡수량인 복사강제력을 m²당 1.9W 수준으로 낮춘다.

SSP1-2.6
신재생에너지 기술 발달로 화석연료 사용이 최소로 줄고 친환경적으로 지속 가능한 경제 성장을 이룰 때를 가정. 적극적으로 감축 노력을 해서 21세기 중반 1.7℃ 정도, 21세기 말 1.8℃ 상승.

SSP2-4.5
기후변화 완화 및 사회 경제 발전 정도가 중간 단계를 가정하는 경우로, 21세기 중반에 지구 기온이 2℃, 21세기 말에는 2.7℃ 상승하는 것으로 예측.

SSP3-7.0
기후변화 완화 정책에 소극적이며, 기술 개발이 늦어 기후변화에 취약한 사회 구조를 가정하는 경우.

SSP5-8.5
산업 기술의 빠른 발전에 중심을 두어 화석연료 사용이 많고 도시 위주의 무분별한 개발이 확대될 것으로 가정하는 시나리오. 온실기체 감축 노력이 없으므로 2040년 이전에 1.6℃가 오르고, 21세기 중반 2.4℃ 상승하며, 21세기 후반 4.4℃까지 오를 것으로 전망.

(IPCC)

1.5℃ 기온 상승의 의미

IPCC는 온실기체 감축에 가장 적극적인 SSP1-1.9 시나리오를 적용해도 2021~2040년 사이에 지구 기온이 산업화 이전보다 1.5℃ 상승할 것으로 전망했다. 이 시나리오에서도 21세기 중반(2041~2060)에는 기온 상승이 1.6℃에 이를 것으로 예상했다. SSP1-1.9 시나리오대로 온실기체 감축 노력이 강력하게 이어지면 21세기 후반(2081~2100)에는 산업화 이전보다 기온이 1.4℃(가능성이 큰 범위는 1~1.8℃) 상승한 수준으로 되돌아갈 수 있을 것으로 보았다.

기온이 1.5℃ 상승하면 같은 수준의 극단적 폭염이 발생할 가능성이 산업화 이전보다 8.6배, 2℃ 상승했을 때는 13.9배, 4℃ 상승했을 때는 39.2배로 높아질 것으로 IPCC 보고서는 전망했다.

또 기온 상승이 2℃ 또는 그 이상까지 진행되면 지구 온난화 영향이 더 광범위하고 뚜렷해지며, 가뭄과 호우, 평균 강수량에 대한 변화의 폭이 커질 것으로 예측했다. 지역별로는 열대 저기압이 더욱 강력해지고, 하천 홍수가 증가하고, 산불이 발생하기 쉬운 날씨도 자주 나타날 것이다. 작물 경작지 등 여러 지역에서 극단적인 기상 현상이 더욱 자주 나타날 것으로 보았다. 기온이 1.5℃ 상승할 때보다 모든 지역에서 폭염이 더 늘어나고, 영구 동토층, 빙하, 북극 얼음 등이 더 많이 줄어들 것이다.

6차 보고서는 '해양, 빙상 등 전 지구적 차원의 해수면 변화는 수백 년에서 수천 년 동안 되돌릴 수 없다'라고 했다. '모든 시나리오에서

2050년 이전 최소 한 번은 9월에 북극의 해빙(海氷)이 거의 다 녹을 가능성이 있다'라고 밝혔다. 어떤 시나리오든 2040년까지 지구 평균 온도의 1.5℃ 상승은 피할 수 없고, 2030년대 중후반에는 1.5℃ 선을 넘을 것으로 본다.

지구 온난화에 따른 미래 기후 예측

세계기후연구계획(WCRP)에 따르면, 지금처럼 화석연료를 계속 사용하면 2060년 이산화탄소 배출량이 산업화 이전보다 2배 늘어 기온은 1.5~4.5℃ 정도 상승할 수 있다. 최근 인류가 배출하는 이산화탄소의 양은 산업화 시기보다 1.5배에 높다. 18세기 후반 산업화가 시작된 직후 대기 중 이산화탄소 농도는 278ppm이었으나, 250여 년이 지난 현재는 420ppm 내외로 상승했다. 지금과 같은 추세가 이어진다면 이산화탄소 농도는 2060년쯤에는 560ppm까지 오를 수 있다.

2023년 2월에 미국 국립대기연구센터(NCAR)는 2100년까지 이산화탄소 농도가 2배로 증가하면 지구 기온이 최고 5.3℃ 더 올라갈 수 있다고 발표했다. 미국 에너지부(DOE) 역시 5.3℃ 상승을 예측했고, 영국 기상청 산하 해들리 센터는 5.5℃, 프랑스 연구진은 4.9℃, 캐나다 연구진은 5.6℃까지 예측했다.

IPCC 5차 보고서는 산업화 이후 2011년까지 이산화탄소의 누적 배출량을 1,890GtCO$_2$이라 했으나, 6차 보고서에서의 2019년까지 누적 배출량은 2,390GtCO$_2$으로 8년 사이에 20%나 많아졌다. 누적 이산화탄소 배출량과 지구의 기온 상승분을 계산하면 기온 1.5℃ 상승까지 남은 이산화탄소 누적 배출량은 400~650GtCO$_2$ 정도다. 앞으로 400GtCO$_2$의 이산화탄소를 방출하면 기온이 1.5℃ 상승할 확률은 67%라고 한다.

라이너스는《최종 경고: 6도의 멸종》에서 지구 평균 기온이 1~6℃까지 상승하는 기후변화 시나리오를 다루었다. 지구의 평균 기온이 1℃ 상승하면 만년빙이 사라지고 사막화가 심해지면서 우리가 겪고 있는 기상이변이 더욱 자주 나타난다. 2℃ 상승하면 대가뭄과 대홍수가 닥치고, 북극 빙하가 녹으면서 해수면이 높아진다. 3℃ 상승하면 최악의 상황으로 치닫는다. 뉴욕시 등 해안가 주변에 형성된 도시가 침수 사태를 겪으면서 수많은 이주민이 발생할 것이다. 4℃ 상승하면 시베리아의 영구 동토층이 본격적으로 녹으면서 남극의 빙하가 줄어든다. 영구 동토층에 갇혀 있던 메탄이 배출되면 지구 온도는 더 상승한다. 5℃ 상승하면 살아남은 사람이 식량과 물을 차지하기 위해 사회적 혼란이 일어난다. 6℃까지 상승하면 생물의 멸종을 대비해야 한다.

21세기 말 지구 기후

21세기 말(2081~2100)의 지구 평균 기온은 온실기체 배출 정도에 따라 1995~2014년보다 1.9~5.2℃ 상승할 것이라고 전망한다. 기온이 상승하는 폭은 육지(2.5~6.9℃)가 해양(1.6~4.3℃)보다 크고, 북극의 기온 상승은 다른 육지보다 2배 정도(6.1~13.1℃)이다. 21세기 말 대륙별 기온 상승 폭은 약 1.7~7.8℃로 주요 도시의 기온은 크게 상승할 것이다.

21세기 말 지구 육지의 일 최고 기온과 일 최저 기온 극값 모두에서 상승하며, 더운 온난일/온난야 일수는 크게 늘고 추운 한랭일/한랭야 일수는 줄게 된다. SSP5-8.5 시나리오에서는 온난일/온난야는 10년에 15.4일/17.1일씩 늘고, 한랭일/한랭야는 10년에 3.9일/4.0일씩 감소한다. 2081~2100의 지구 평균 해수면 온도는 온실기체 배출 정도에 따라 1995~2014년보다 1.4~3.7℃ 높아지고, 지구 해수면 높이는 52~91cm 정도 상승한다는 예측이다.

21세기 말 전 지구 평균 강수량은 온실기체 배출 정도에 따라 현재(1995~2014)보다 5~10% 증가할 것이라는 전망이다. 강수량 증가는 지역별 차이가 있으나, 적도와 60도 이상의 북반구 고위도 지역에서 강수량이 증가하는 경향(7~17%)이 두드러진다고 한다. 21세기 말 주요 몬순 지역의 강수량은 변동성이 큰 가운데 대체로 증가할 것으로 본다. SSP5-8.5 시나리오에서 5일 최대 강수량은 약 29% 늘며, 상위 5%의 극한 강수 일수는 현재 5일에서 21세기 말에는 8일로 증가하게 된다.

이런 비극적인 기후변화가 현실이 되지 않으려면 전 세계가 함께 노력해야 한다. 기후변화는 지구 시스템을 무너뜨리고 인류를 파탄으로 몰고 갈 수 있다.

동아시아 기후변화 시나리오

21세기 말 동아시아의 평균 기온과 강수량은 지금보다 각각 2.0~5.3℃, 6~10% 증가할 것이라고 한다. 동아시아 평균 해수면 온도 상승(1.9~4.6℃)은 지구 평균 해수면의 온도 상승 폭(1.4~3.7℃)보다 약간 크다. 동아시아 육지의 극한 기후지수 변화는 지구 전체와 대체로 비슷하나 변화 폭은 다소 크다.

한국과 중국, 일본이 위치한 동아시아는 1950년대 이후 폭염, 호우, 가뭄이 많이 늘어나며 지구 전체에서도 기후변화가 가장 두드러진 과열점(過熱點, hot spot)으로 나타났다. 여름철 몬순(장마)은 온실기체와 미세먼지의 영향으로 북쪽 지역은 건조하고 남쪽 지역에는 비가 많이 내렸다. 호우의 발생 빈도나 강도가 증가하고, 산지에서는 산사태도 자주 발생했다.

지금과 같은 기후변화가 계속되면 미래에는 여름 장마 형태가 완전히 바뀔 것이다. 장기적으로는 몬순 강수량이 많아지고, 태풍은 강해지면서 자주 발생하며, 지금보다도 북쪽까지 이동할 것으로 전망한다.

기온이 1.5℃ 상승하면 더운 기단이 주기적으로 몰려오는 열파(熱波, heat waves)와 더위가 늘면서 차가운 계절은 짧아지고, 2℃ 상승하면 폭염이 농업과 인간이 견딜 수 있는 임계치에 이르는 일이 더 잦아진다고 한다.

지난 40년 사이 북극에서는 해빙이 375만km²나 줄었고, 기온 상승이 지구 평균보다 2배 이상 빠르다. 2050년 이전에 여름철 해빙이 대

시나리오별 온도 상승, 해수면 변화[괄호는 가능성이 높은 범위]

시나리오	가까운미래 ⸺→ 2021~2040	중간 미래 ⸺→ 2041~2060	먼 미래 2081~2100	해수면
	최적 추정치(℃)			
SSP1-1.9	1.5(1.2~1.7)	1.6(1.2~2.0)	1.4(1.0~1.8)	0.28~0.55m
SSP1-2.6	1.5(1.2~1.8)	1.7(1.3~2.2)	1.8(1.3~2.4)	0.32~0.62m
SSP2-4.5	1.5(1.2~1.8)	2.0(1.6~2.5)	2.7(2.1~3.5)	0.44~0.76m
SSP3-7.0	1.5(1.2~1.8)	2.1(1.7~2.6)	3.6(2.8~4.6)	0.55~0.90m
SSP5-8.5	1.6(1.3~1.9)	2.4(1.9~3.0)	4.4(3.3~5.7)	0.63~1.01m

(IPCC)

부분 녹는 현상이 발생할 수도 있다. 북극이 더워지면 제트 기류에 영향을 주는 차단 현상이 나타나 한반도의 겨울 한파나 여름 폭염 같은 극단적인 기후가 두드러질 수 있다.

지구 온난화에 따라 21세기 말까지 해수면이 1995~2014년보다 0.55m 정도 상승하고, 최악의 경우 1.01m까지 오른다는 예상도 있다. 해수면이 지금보다 0.55m 높아지면 태평양의 대부분 섬나라는 가라앉고, 인도 뭄바이, 중국 상하이 등 대형 해안 도시가 일부 침수된다. 1m 이상 해수면이 올라가면 인천, 부산 등 국내 저지대 지역도 침수 피해가 커질 수 있다.

UNEP가 《배출량 격차 보고서 2020(Emissions Gap Report 2020)》에서 제시한 산업화 이전보다 2℃ 이하로 기온을 유지하려는 2030년의 이산화탄소 배출 목표치는 41GtCO$_2$eq다. 1.5℃로 높아지면 배출은 25GtCO$_2$eq까지만 허용된다. 그러나 현재의 국가별 감축 노력과 국가 온실기체 감축 목표(National Determined Contribution, NDC)를 통합적으로 고려해도 2030년에 최소 53GtCO$_2$eq 이상은 배출될 것이어서 상당한 격차가 있다.

대한민국의
미래 기후변화

시나리오별 미래 기후

대한민국 기초과학연구원(IBS) 기후물리연구단과 미국 국립대기연구센터(NCAR) 복합지구 시스템 모델(CESM) 그룹이 지구 시스템 모델 대규모 앙상블 시뮬레이션 작업을 수행했다. 그 결과는 온실기체 배출이 이어지면 21세기 말에는 지구 평균 온도가 2000년 대비 약 4℃ 높아지고 강수량은 약 6% 많아진다는 것이다.

가까운 미래(2021~2040)의 기온 상승 폭은 고

탄소 시나리오(SSP5-8.5)와 저탄소 시나리오(SSP1-2.6) 간에 차이가 크지 않다. 그러나 먼 미래(2081~2100)에는 고탄소/저탄소 시나리오에서 기온이 7.0℃/2.6℃ 상승해 차이가 클 것으로 전망됐다. 고탄소 시나리오에서 먼 미래 온난일(상위 10% 최고 기온 발생일)은 약 4배 늘고 한랭야(하위 10% 최저 기온 발생일)는 거의 나타나지 않는다. 저탄소 시나리오에서는 온난일이 약 2배 늘고 한랭일은 절반으로 감소한다는 전망이다.

대한민국의 미래 기후는 적용하는 시나리오에 따라 조금씩 다르다. SRES A1B 시나리오에 따르면 20세기 말(1971~2000) 대비 21세기 말(2071~2100)에 한반도는 평균 기온이 4℃ 상승하고, 강수량은 17% 증가하며, 태풍 강도, 강수의 빈도와 강도 역시 증가한다. 온실기체 농도가 증가할수록 기온도 상승한다. 남한 내륙에서는 3.8℃ 상승하고 고위도로 갈수록 기온 상승이 뚜렷했다. 계절적으로는 겨울에 기온 상승이 가장 크며, 여름에 가장 작았다. 온실기체 농도 증가가 큰 A2 시나리오는 A1B 시나리오보다 기온 상승 폭이 높았다.

RCP 시나리오에서는 앞으로 온실기체를 줄이는 정책이 아주 잘 실현되면(RCP 4.5의 경우) 21세기 말에 기온은 2.9℃ 오를 것으로 봤다. 그러나 노력 없이 지금처럼 온실기체를 배출하면(RCP 8.5의 경우) 기온은 4.7℃ 상승할 수 있다. 강수량은 3.3%(RCP 4.5)~13.1%(RCP 8.5) 정도 느는 등 불확실성이 많으나 전체적으로 증가할 것으로 보았다. 21세기 말까지 평균 해수면은 37.8cm(RCP 2.6)~65.0cm(RCP 8.5) 상승할 것으로 예측한다.

SSP 시나리오를 바탕으로, 모두 다섯 개의 배출 시나리오별로 가까

기후변화 적응 및 완화 노력에 따른 SSP 구분

운 미래(2021~2040), 중간 미래(2041~2060), 먼 미래(2081~2100)의 지구 온도 변화를 예측했다. 그 결과 최저 배출(SSP1-1.9의 경우)부터 최고 배출(SSP5-8.5의 경우)까지 대부분 시나리오에서 온도는 산업화 이전보다 1.5℃ 이상 상승한다.

2021년 기상청은 IPCC 6차 보고서(AR6)를 바탕으로 2081~2100년 남한 지역 6개 권역별 기후를 전망했다. 사회 경제적, 기술적 조건에 따라 기후 완화 정책이 다르게 적용된 SSP 가운데 저탄소 배출 시나리오(SSP1-2.6, 사회가 발전하면서 온실가스 감축을 잘해서 2050년경 탄소 중립에 이르는 경우)와 고탄소 배출 시나리오(SSP5-8.5, 사회가 발전하면서 온실가스 감축을 못 하는 경우)로 나눠 분석했다.

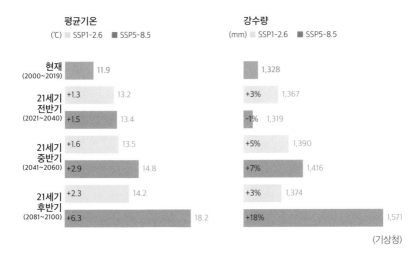

저탄소 시나리오와 고탄소 시나리오에서의 남한 평균 기온, 강수량 및 미래 기간별 변화

평균기온
(℃) ▨ SSP1-2.6 ▧ SSP5-8.5

강수량
(mm) ▨ SSP1-2.6 ▧ SSP5-8.5

	평균기온 SSP1-2.6	평균기온 SSP5-8.5	강수량 SSP1-2.6	강수량 SSP5-8.5
현재 (2000~2019)	11.9		1,328	
21세기 전반기 (2021~2040)	+1.3 13.2	+1.5 13.4	+3% 1,367	-1% 1,319
21세기 중반기 (2041~2060)	+1.6 13.5	+2.9 14.8	+5% 1,390	+7% 1,416
21세기 후반기 (2081~2100)	+2.3 14.2	+6.3 18.2	+3% 1,374	+18% 1,571

(기상청)

저탄소 시나리오로 정부와 기업이 온실기체를 크게 줄여 2050년에 탄소 중립에 이르면, 2041~2060년에 남한의 평균 기온은 현재보다 1.6℃, 강수량은 5% 증가한다. 현재처럼 온실기체를 배출하면(business as usual, BAU) 기온은 지금보다 2.9℃, 강수량은 7% 증가할 것이다. 저탄소 시나리오에서 21세기 후반 기온은 2.3℃ 상승하고, 강수량은 지금보다 3% 정도 많아진다고 한다. 고탄소 시나리오에서 남한 연평균 기온은 21세기 말에 최고 6.3℃까지 상승하고, 강수량은 18%까지 증가할 전망이다. 어느 경우에도 우리나라에 대한 국제 사회의 탄소 중립 요구 압박은 앞으로 더 커질 것이다.

미래 계절 변화

　기후적으로 여름은 일평균 기온이 20℃가 넘는 시기이고, 겨울은 일평균 기온이 5℃를 밑도는 계절이다. 기상청에 따르면, 저탄소 시나리오에서 현재 107일인 겨울은 21세기 후반에는 길어야 82일 정도다. 고탄소 시나리오에서 겨울은 39일로 더 짧아지며, 열대야와 관련된 일 최저 기온이 상승하는 폭은 중부 지방(7.0~7.4℃)이 다른 지역(5.3~6.7℃)보다 상대적으로 커질 것이다. 21세기 말에는 겨울은 39일로 짧아지고 여름은 170일로 유지될 것이다.

　지금처럼 온실기체를 배출하면 21세기 후반에는 여름은 6개월간 이어진다. 낮 최고 기온이 33℃가 넘는 날이 수도권에서는 현재 7.8일에서 86.4일로 11배 넘게 늘어난다. 밤 기온이 25℃ 이상을 넘는 열대야 일수는 제주에서 가장 많이 늘어 현재 11.1일에서 최대 71.6일까지 크게 늘어서 82.7일, 전라권에서는 현재 5.1일에서 76.4일로, 수도권은 2.8일에서 74.2일로 70일을 넘어설 것이다. 현재 평년 기준으로 97일인 여름은 21세기 후반이면 73일 늘어 170일에 이른다. 온실기체 배출을 감축하지 못하면 21세기 말에는 여름이 한 해 절반을 차지할 수도 있다.

　강수량 증가 폭은 제주도 일대에 뚜렷하게 나타난다. 온실기체를 현재처럼 배출하면 제주도는 1일 최대 강수량이 56% 늘어나고 호우일수(하루 강수량이 80mm 이상인 날의 연중 일수)도 지금보다 2.2일이나 늘어난다. 다른 지역에서도 하루 최대 강수량이 35~38% 정도 늘어나고

기후변화에 따른 계절 일수 변화 전망[괄호는 현재 대비 변화 일수]

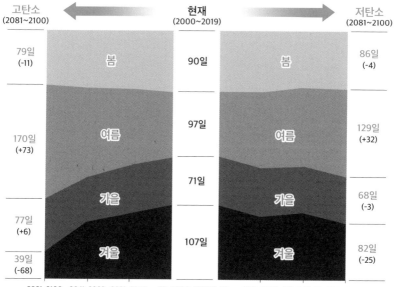

고탄소 (2081~2100)	현재 (2000~2019)		저탄소 (2081~2100)
79일 (-11)	봄 90일 봄		86일 (-4)
170일 (+73)	여름 97일 여름		129일 (+32)
77일 (+6)	가을 71일 가을		68일 (-3)
39일 (-68)	겨울 107일 겨울		82일 (-25)

2081~2100 2041~2060 2021~2040 《 2000~2019년 》 2021~2040 2041~2060 2081~2100

(기상청)

호우 일수가 1~1.3일 늘어날 것이라는 예상이다. 21세기 후반 지구 온
난화 추세는 저탄소 시나리오에서 완화되지만, 고탄소 시나리오에서
는 더욱 두드러질 것이라는 분석이다.

아열대 기후로 바뀌고 있다

미국 기후학자 트레와다(G. T. Trewartha)에 따르면 가장 추운 달 평균 기온이 18℃ 이하, 월평균 기온이 10℃ 이상인 월이 8개월 이상이면 아열대 기후형으로 구분한다. 이를 평년기후(1971~2000)에 적용하면 제주도 지역과 남해안 거제, 마산, 부산, 통영, 목포, 여수, 완도 등이 아열대 기후구에 포함된다.

A1B 시나리오에 따른 대한민국 미래 기후구 전망에 따르면, 아열대 기후구의 북쪽 경계가 점차 북상하며, 특히 태백산맥 동쪽 동해안 지역에서 아열대화가 빠르게 나타난다. 2021~2050년에는 남해안과 동해안 지역이 모두 아열대 기후구에 속하게 되며, 그 이후에도 아열대 기후구가 북상해 2071~2100년에는 태백산맥과 소백산맥 등 주요 산지를 제외한 내륙 지역까지 아열대 기후구가 넓어진다.

대한민국은 열 교환이 활발한 중위도 유라시아 대륙 동쪽에 위치해서 계절적 변화가 뚜렷하다. 그러나 지구 온난화에 따라 일 최저 기온의 상승이 두드러지나 일 최고 기온의 상승은 상대적으로 약해, 앞으로는 기후변화에 따라 계절도 바뀔 것이다. 미래에는 여름의 시작이 빨라지고, 가을의 시작은 늦어지면서 여름이 길어질 것이다. 위도가 낮을수록 여름 지속 기간은 더 길어져 서귀포는 여름이 6개월 이상 이어질 전망이다.

앞으로 겨울 시작일이 늦어지고, 봄 시작일이 빨라짐에 따라 겨울도 짧아진다. 제주도, 울릉도, 동해안 지역, 남해안에서는 겨울이 사라지고, 강원 산지만 90일 이상 겨울을 유지할 것으로 알려졌다. 가을은 가을 시작일보다 겨울 시작일이 늦어져 동해안과 남해안에 인접한 지역일수록 가을이 길어지는 것으로 예측됐다. 봄의 지속 기간은 지역에 따라 길어지거나 짧아지는 경향이 서로 달랐다.

우리나라의 아열대화

기상청이 2021년 발표한 신(新)평년값(1991~2020, 30년 평균) 기후자료를 분석했더니, 대한민국 기후는 원래 온대와 냉대가 적절하게 섞여 있는 사계절이 뚜렷한 기후였으나, 최근 지구 온난화로 평균 기온이 높아지면서 아열대 기후로 바뀌고 있다.

남해안 등은 4~11월 8개월 동안 월평균 기온이 10℃를 넘어 아열대 지역에 속한다. 국내에서 아열대 기후에 포함될지 여부는 4월보다는 11월 평균 기온이 중요하다. 제주 서귀포는 3~11월까지 9개월 동안 월평균 기온이 10℃를 넘었고, 12월도 월평균 기온이 9.4℃를 유지해 연평균 기온은 16.9℃였다. 그 밖에 제주 지역, 거문도, 부산과 김해 지역은 3월 월평균 기온도 10℃에 가까웠다.

동해안에서는 강원도 강릉의 11월 평균 기온이 9.5℃로 아열대 기후에 근접했다. 강릉은 2021년 기준 최근 10년 동안 11월 평균 기온이 9.8℃에 이르렀고, 최근에는 3년 연속 11월 평균 기온이 10℃를 넘어섰다. 경북 포항은 11월 평균 기온이 10.6℃로 아열대 기후구로 분류된다. 강릉~포항 사이에 있는 동해(9.3℃), 삼척(9.6℃), 울진(9.3℃), 영덕(9.2℃)의 11월 평균 기온은 아열대 기후구로 분류되는 남해안의 전남 해남, 함평, 강진, 고흥과 경남 고성 11월 평균 기온 9.3~9.8℃와 큰 차이가 없다. 울릉도는 기존 평년값(1981~2010 평균) 기준 11월 평균 기온이 9.7℃였는데, 1991~2020년 평균은 9.9℃였다. 지난 10년 동안 11월 평균 기온이 10.0℃였고, 2018~2020년에는 모두 10℃를 웃돌았다.

서해안에서는 전남 목포와 압해도, 흑산도 부근까지가 확실한 아열대 기후구로 분류된다. 전북 고창은 북위 35.43도에 위치해 강릉보다는 남쪽이지만 11월 평균 기온이 9.1℃로 강릉보다 낮다. 서해안은 11월에 북서쪽에서 부는 찬바람에 그대로 노출되면서 동해안보다 기온이 낮은 탓이다. 대도시인 대구광역시와 광주광역시의 11월 평균 기온이 각각 9.4℃와 9.6℃를 기록해 아열대 기후에 가까운 것은 지구 온난화의 영향에 더해 도시 열섬 현상까지 겹쳤기 때문으로 본다.

기상청이 신평년값을 적용해 분석했더니 남한의 평균 기온은 이전 평년값(1981~2010 평균)보다 0.3℃ 상승했다. 이런 추세라면 21세기 말까지는 평균 기온이 3℃ 가까이 상승하면서 서울, 인천, 청주, 양양, 속초까지 아열대화될 수 있다는 전망이다.

건국대 최영은 교수팀 연구에 따르면, 트레와다 기후 구분 기준을 우리나라에 적용하면 현재에는 제주도 해안, 남해안에서 아열대 기후형이 나타난다. 그러나 21세기에는 지구 온난화에 따라 아열대 기후형의 경계가 점차 북쪽으로 넓어질 것이라 한다. 또 열섬 현상의 영향으로 위도와 관계없이 21세기 전반기부터 대도시에서는 아열대 기후형이 나타나게 된다.

저탄소 배출량 시나리오인 SSP1-2.6 시나리오에서는 21세기 전반기에 서울, 부산, 대구, 광주 등 대도시 일부와 제주도 해안, 동해안, 서

21세기 아열대 기후 지역 전망

SSP1-2.6 SSP5-8.5

21세기 전반기
(2021~2040)

21세기 중반기
(2041~2060)

21세기 후반기
(2081~2100)

0 50 100 km

(최영은)

해안, 남해안 전역에서 아열대 기후형이 나타나며, 21세기 후반기에 전라남도와 경상남도 일부 지역까지 북상할 거라고 예측한다.

고탄소 배출량 시나리오인 SSP5-8.5 시나리오에서는 21세기 전반기에 SSP1-2.6 시나리오처럼 대도시와 해안 지역을 중심으로 아열대 기후형이 나타난다. 21세기 중후반기로 갈수록 아열대 기후형이 더욱 넓어져 21세기 후반기에는 강원도 일부 지역과 해발 고도가 높은 산악 지역을 제외한 대부분 지역에서 나타난다. 아열대 기후대가 북쪽으로 이동하면 기존 기후대에 적응해 온 자연 생태계와 국내 사회 경제 시스템이 변화에 맞추어 적응해야 한다.

지구와 더불어 사는 사람

  인간이 기후변화를 일으키는 주범이라는 사실은 부정할 수 없고, 우리는 지금도 기후 시스템을 교란하고 있다. 우리가 기후에 영향을 미치는 행위를 하면, 그 결과와 영향을 느끼기까지는 시간적인 차이가 있다. 오늘 온실기체의 배출을 멈춘다고 해도 지구 온난화는 수십 년간 이어질 것이다. 온실기체인 이산화탄소는 대기 안에 수백 년까지 머물러 있으면서 공기 중에 열기를 가두고 기후 체계에 영향을 미친다. 육지보다 더디게 반응하는 해양까지 원래 모습으로 되돌아오는 데는 더욱 오랜 시간이 걸린다.

  온실기체 배출을 줄이지 않으면 21세기 내에 지구의 평균 기온은 약 4℃ 내외로 상승할 것이다. 극지방에서는 빙하가 녹고, 일부 영구 동토층이 녹으면서 많은 양의 메탄이 방출되는 등 이미 재앙이 시작됐다. 메탄이 많아지면 지구가 온난해져서 땅이 녹고, 다시 토양 속 메탄이 대기에 늘어나는 자기 증폭성(自己增幅性, self amplification)이 나타난다. 최악에는 북극의 얼음이 모두 사라지는 여름을 맞이할 수 있다.

  한편에서는 지구가 하나 또는 그 이상의 변환점을 지나 위기에 빠지고 있다고, 즉 지구의 기후 시스템을 전혀 새로운 상태로 몰고 가서 갑작스럽고 돌이킬 수 없는 변화를 가져올 수 있다고 우려한다. 따라서 기후변화의 피해와 부작용을 줄이려면 공기 중으로 방출하는 온실기체를 줄여야 하고, 이미 진행된 기후변화에 대응해서 함께 사는 방법을 배우는 적응이 필요하다.

기후변화에 따른 불편, 피해와 위험이 커지면서 사람들은 스스로를 기후변화의 피해자라고 생각한다. 그러나 우리가 겪고 있는 기후변화의 시작은 에너지와 자원의 생산자이고 소비자인 개인으로부터 비롯된다. 우리는 기후변화를 부추기는 원인 제공자고 가해자다. 나부터 일상에서 기후에 부담을 줄이는 지속 가능한 친환경적인 생각과 의식주 활동을 실천해야 오늘보다 나은 내일을 만들 수 있다. 우리 시민이 움직여야 기업과 정부가 그리고 국제 사회가 압박을 느껴 문제 해결에 나설 것이다.

정치가 기후변화에 관심을 두고 관련된 정책을 만들도록 하는 것은 유권자인 우리 선택에 달려 있다. 깐깐하고 지혜로운 소비자는 기업을 바꾸고, 현명한 유권자는 정치와 행정을 바꿀 수 있다. 기후변화와 생태계 문제를 해결하려면 시민이 사회 문제 해결에 관심을 가지고, 공동체 차원에서 움직여야 한다.

기후변화 문제를 해소하려면 내가 기후변화의 피해자인 동시에 원인 제공자라는 사실부터 인식해야 한다는 것을 다시 한번 강조하고 싶다. 나부터 오늘부터 지속 가능한 친환경적인 실천에 나서야 한다. 지구의 권리를 인정하고 지구와 공생하는 삶을 살 때 기후 시스템은 제자리를 되찾고 더는 기후변화를 걱정하지 않아도 되는 세상을 만들 수 있다. 나부터 자연과 조화롭게 살면서 균형 잡힌 삶을 사는 지구와 더불어 사는 사람(*Homo symbiosis*)이 되어야 한다.

참고 문헌

강만길, 《한국근현대사》, 창작과비평사, 1984.

강찬수, 《녹조의 번성, 남세균 탓인가, 사람 잘못인가》, 지오북, 2023.

공우석 등, 《꼬마나무의 자연사와 기후변화》, 국립수목원, 2019.

공우석 등, 《키 작은 강인한 유존식물들이 들려주는 이야기》, 국립수목원, 2017.

공우석, 《기후위기, 더 멀어지기 전에 더 멀어지기 전에》, 이다북스, 2020.

공우석, 《왜 기후변화가 문제일까》, 반니, 2018.

공우석, 《우리 나무와 숲의 이력서》, 청아출판사, 2019.

공우석, 《침엽수의 자연사》, 지오북, 2023.

공우석, 김소정, 《이젠 멈춰야 해! 기후변화》, 노란돼지, 2021.

국립기상과학원, 《IPCC 6차 평가보고서 대응 전 지구 기후변화 전망보고서》, 국립기상과학원, 2019.

국립기상과학원, 《한반도 100년의 기후변화》, 국립기상과학원, 2018.

국립기상과학원, 《한반도 기후변화 전망보고서 2020》, 국립기상과학원, 2020.

국립기상연구소, 《기후변화 이해하기 II》, 국립기상연구소, 2009.

국립기상연구소, 《기후변화협약대응 지역기후시나리오 활용기술개발(IV)》, 국립기상연구소, 2008.

국립환경과학원, 《한국기후변화평가보고서 2010》, 환경부, 2011.

국립환경과학원, 《한국기후변화평가보고서 2014-기후변화 영향 및 적응-》, 환경부, 2015.

국립환경과학원, 《한국기후변화평가보고서 2020-기후변화 영향 및 적응-》, 환경부, 2020.

그린피스, 《기후변화와 생물 다양성 연구조사보고서(부제: 사라지는 것들의 초상)》, 한국그린피스, 2021.

기상청, 《기후변화의 이해와 기후변화 시나리오 활용[I]》, 기상청, 2008.

기상청, 《남한 상세 기후변화 시나리오와 전망 정보》, 기상청, 2021.

기상청, 《한국기후변화평가보고서 2014-기후변화 과학적 근거-》, 기상청, 2015.

기상청, 《한국기후변화평가보고서 2020-기후변화 과학적 근거-》, 기상청, 2020.

김연옥, 《기후변화》, 민음사, 1998.

김연옥, 《한국의 기후와 문화》, 이화여자대학교 출판부, 1985.

데이비드 깁슨(공우석 옮김), 《뜨거운 지구가 보내는 차가운 경고 기후 위기》, 머핀북, 2023.

마크 라이너스(김아림 옮김), 《최종 경고: 6도의 멸종》, 세종서적, 2022.

박정재, 《기후의 힘》, 바다출판사, 2021.

빌 게이츠(김민주, 이엽 옮김), 《빌 게이츠, 기후 재앙을 피하는 법》, 김영사, 2021.

신임철, 《고기후: 한국의 기후》, 기상청 기상연구소, 2004, pp.317~330.

윌어린이교육연구소(양윤정 옮김), 《우리 모두 SDGs》, 머핀북, 2023.

조천호, 《파란하늘 빨간지구(기후변화와 인류세, 지구 시스템에 관한 통합적 논의)》, 동아시아, 2019.

존 엘킹턴(정윤미 옮김), 《그린 스완》, 더난출판사, 2022.

카일 하퍼(부희령 옮김), 《로마의 운명: 기후, 질병, 그리고 제국의 종말》, 더봄, 2021.

한국해양연구원, 《장기 파랑 산출 자료집》, 한국해양연구원, 2003.

고정웅, 백희정, 권원태, <한반도 우기의 강수 특성과 지역 구분>, 《한국기상학회지》 41, 2005, pp.101~114.

공우석, <지구 온난화에 취약한 지표식물 선정>, 《한국기상학회지》 41(2~1), 2005, pp.263~273.

공우석, <한반도 고산식물의 구성과 분포>, 《대한지리학회지》 37(4), 2002, pp.357~370.

공우석, 김건옥, 이슬기, 박희나, 조수현, <한반도 주요 산정의 식물종 분포와 기후변화 취약종>, 《환경영향평가》 23(2), 2014, pp.119~136.

권영아, 권원태, 부경온, 최영은, <A1B 시나리오 자료를 이용한 우리나라 아열대 기후구 전망>, 《대한지리학회지》 42(3), 2007, pp.82~95.

권영아, 권원태, 부경온, 최영은, <A1B 시나리오 자료를 이용한 우리나라 아열대 기후구 전망>, 《대한지리학회지》 42(3), 2007, pp.82~95.

권원태, <기후변화의 과학적 현황과 전망>, 《한국기상학회지》 41(2~1), 2005, pp.325~336.

권원태, 안기효, 최영은, <최근 한국의 10년 기후특성 분석>, 《한국기상학회지》 12(1), 2002, pp.451~454.

기경석, 이경재, <대도시 외곽지역 논경작지의 토지 이용 및 피복변화에 따른 온도 변화모형 연

구>, 《한국조경학회지》 37(1), 2009, pp.18~27.

김경환, 김백조, 오재호, 권원태, 백희정, <한반도 기온 변화에 나타난 도시화 효과 검출에 관한 연구>, 《한국기상학회지》 36, 2000, pp.519~526.

김도정, <한라산의 구조토>, 《낙산지리》 1호, 1970, p.3.

김연옥, <고려시대의 기후환경-사료분석을 중심으로->, 《이화여자대학교 한국문화연구원 논총》 44, 1984a, pp.113~145.

김연옥, <한국의 소빙기 기후>, 《지리학과 지리교육》 14, 1984b, pp.1~16.

김연옥, <조선 시대의 기후환경-사료분석을 중심으로->, 《지리학논총》 14, 1987, pp.411~423.

김태호, <한라산 백록담 화구저의 유상구조토>, 《대한지리학회지》 36(3), 2001, pp.233~246.

심교문, 김건엽, 노기안, 정현철, 이덕배, <기후변화에 따른 농업기후지수의 평가>, 《한국농림기상학회지》 10(4), 2008, pp.113~120.

이명인, 강인식, <한반도 기온변동성과 온난화>, 《대기》 33, 1997, pp.429~443.

이승호, 권원태, <한국의 여름철 강수량 변동>, 《대한지리학회지》 39, 2004, pp.819~832.

임규호, 심태현, <조선왕조실록의 기상 현상 기록 빈도에 근거한 기후>, 《Asia-Pacific Journal of Atmospheric Sciences》 38(4), 2002, pp.343~354.

임규호, 정현숙, <서울지방 연 강수량의 경년 변동, 1771~1990>, 《한국기상학회지》 28(2), 1992, pp.125~132.

최광용, 권원태, <20세기 우리나라 자연계절 전이와 생활기온 지수의 변화>, 《지리교육논문집》 45, 2001, pp.14~25.

홍일표, <북한의 수자원>, 《한국수자원학회지》 39(1), 2006, pp.63~65.

Bereiter, B., Eggleston, S., Schmitt, J., Nehrbass-Ahles, C., Stocker, T.F., Fischer, H., Kipfstuhl, S., and J., Chappellaz, 2015, Revision of the EPICA Dome C CO_2 record from 800 to 600 kyr before present, *Geophys. Res. Lett.*, 42, 542~549.

Boo, K.O., W.T. Kwon, and H.J. Baek, 2006, Changes of extreme events of temperature and precipitation over Korea using regional projection of future climate change, *J. Geophys. Res.*, 33, L01701, doi:10.1029/2005GL023378.

Broeckier, W.S., 2001, Was the Medieval warm period global, *Science,* 291, 1497~1499.

Choi, Y.E., H.S. Jung, K.Y. Nam, and W.T. Kwon, 2003, Adjusting urban bias in the regional mean surface temperature series of South Korea, 1968~99, *International Journal of Climatology*, 23, 577~591.

EU, 2021, Fit for 55, EU.

Gulev, S., and M. Latif, 2015, The origins of a climate oscillation, *Nature*, 521, 428~430.

Ho, C.H., Lee J.Y., Ahn, M.H., and H.S., Lee, 2003, A sudden change in summer rainfall characteristics in Korea during the late 1970s, Int. *J. Climatol.*, 23, 117~128.

Ingram, M.J. *et al*, 1981, The use of documentary sources for the study of Past Climate, Wigley, T.M.I. and *et al*,(ed.), *Climate and History*, Cambridge University Press, Cambridge.

IPCC, 2007, *Climate Change, 2007: The Physical Science Basis*. Contributions of Working Group I to the Fourth Assessment Report of the Intergovernmental Panel on Climate Change, In: Solomon, S., *et al*, (Eds.), Cambridge University Press, Cambridge, United Kingdom and New York, NY, USA.

IPCC, 2013, *Summary for Policymakers*. In: Climate Change 2013: The Physical Science Basis. Contribution of Working Group I to the Fifth Assessment Report of the IPCC, Cambridge University Press, Cambridge, United Kingdom and New York, NY, USA.

IPCC, 2014, *AR5 Synthesis Report: Climate Change 2014*, IPCC.

IPCC, 2018, *Global Warming of 1.5℃*, IPCC.

IPCC, 2019, *Climate Change and Land*, IPCC.

Jo, S.H., 2003, The long-term temperature during the last 1000 years in DPRK, *Intl. Sym. on Climate Change*, Beijing, China, 31 March-3 April, 2003, Abstract, 121~122.

Jouzel, J. *et al*, 2007, Orbital and millennial Antarctic climate variability over the past 800,000 years, *Science*, Aug 10;317(5839):793~6. doi: 10.1126/*science*.1141038. Epub 2007 Jul 5.

Jung, H.S., Lim, G.H., and J.H., Oh, 2001, Interpretation of the Transient Variations in the Time Series of Precipitation Amounts in Seoul, Korea. Part I: Diurnal Variation, *Journal of Climate*, 14(13), 2989~3004.

Keigwin, L.D., 1996, The Little Ice Age and Medieval warm period in the Sargasso Sea, *Science*, 274, 1504~1508.

Kerr, R.A., 1999, The Little Ice Age-Only the latest big chill, *Science*, 284, 2069.

Lamb, H., 1982, *Climate, History and the Modern World*, Methuen.

NOAA, 2018, *State of the Climate*, NOAA National Centers for Environmental Information.

Global Climate Report for Annual 2017, published online January 2018, retrieved on

July 4, 2018 from https://www.ncdc.noaa.gov/sotc/global/201713.

Oh, J.H., T. Kim, M.K. Kim, S.H. Lee, S.K. Min, and W.T. Kwon, 2004, Regional climate simulation for Korea using dynamic down-scaling and statistical adjustment, *J. Meteor. Soc. Japan*, 82, 1629~1643.

Oppo, D., 1997, Millennial climate oscillations, *Science*, 278, 1244~1246.

Park, W.K., and R.R. Yadav, 1998, Reconstruction of May precipitation(AD 1731~1995) in west-central Korea from tree rings of Korean red pine, *J. Korean Meteor. Soc.*, 34, 459~465.

Park, W.K., J.W. Seo, Y.J. Kim, and J.H. Oh, 2001, July-August temperature of central Korea since 1700 AD: Reconstruction from tree rings of Korean pine(*Pinus koraiensis*), *Palaeobotanist*, 50, 107~111.

Rockström, J. *et al*, 2009, A safe operating space for humanity, *Nature*, 461, 472~475.

Stothers, R.B., 1984, The Great Tambora eruption in 1815 and its aftermath, *Science*, 224(4654), 1191~1198.

UNEP, 2020, *Emissions Gap Report 2020*, UNEP DTU Partnership.

국가기후위기적응포털 https://kaccc.kei.re.kr/portal/climateChange/changeeffect.do

국립기상과학원 http://www.nims.go.kr

글로벌카본프로젝트 http://www.globalcarbonproject.org

기상청 기상자료개방포털 https://data.kma.go.kr/cdps/original/selectOriginalMaritimeList.do?pgmNo=202

기상청 기후정보포털 http://www.climate.go.kr

기후변화 시계 climateclock.world

기후변화에 관한 정부 간 협의체 https://www.ipcc.ch

미국 해양과학연구소 https://scripps.ucsd.edu/programs/keelingcurve

세계기상기구 https://public.wmo.int/en

세계 인구 현황 https://www.worldometers.info/world-population

실시간 세계 통계 https://www.worldometers.info/kr

에스비에스 https://news.sbs.co.kr

옥스퍼드 사전 https://languages.oup.com/word-of-the-year/2019/

유엔기후변화협약 https://unfccc.int/

인플루언스맵 https://influencemap.org/

지구용 https://page.stibee.com/subscriptions/110917

프루트워치 https://fruitwatch.org/ords/r/livefw/fruit-watch101/home?tz=9:00

기후변화 충격

초판 1쇄 인쇄 · 2024. 6. 10.
초판 1쇄 발행 · 2024. 6. 20.

—

지은이　　공우석
발행인　　이상용·이성훈
발행처　　청아출판사
출판등록　　1979. 11. 13. 제9-84호
주소　　　경기도 파주시 회동길 363-15
대표전화　　031-955-6031 팩스 031-955-6036
전자우편　　chungabook@naver.com

—

ISBN 978-89-368-1236-2 03450

—

제20대 총선에서 낙선하면서 많은 생각이 교차했다

우선 낙선 인사와 주변을 위로하고 나서 밀린 잠을 푹 잤다

그러다 문득 내가 너무 바쁘게 살아왔구나 하는 생각이 들었다

용인, 역사에서 길을 찾다

용인,
역사에서
길을 찾다

이우현과 함께하는 역사산책

망설임… 설렘을 담아 책을 펴내면서

2016년 4월 13일 치러진 제20대 총선에서 낙선하면서 많은 생각이 교차했다. 선거운동 중에는 승리를 믿어 의심치 않았다. 대개의 유력후보들이 그러하듯이 나 역시 낙선하리라 생각하지 않았다. 상대 당이 공천과정에서 보여준 모습은 국민을 실망시키기에 충분했다. 진박 마케팅은 국민의 실소를 자아냈다. 만나는 주민들이 대부분 이번에는 꼭 될 것이라고 덕담을 건넸다.

　결과는 용인시민의 충분한 신임을 못 받은 것으로 나타났다. 우선 낙선 인사와 주변을 위로하고 나서 밀린 잠을 푹 잤다. 책을 읽고 인터넷에 접속해 이런저런 자료를 검색하며 소일하다 문득 '내가 너무 바쁘게 살아왔구나' 하는 생각이 들었다. 용인 땅에 살며 제대로 살펴보지 못한 곳이 너무나 많다는 사실을 자각하게 되었다. 용인의 역사 유적지를 중심으로 꼭 가봐야 하는 곳을 천천히 돌아보기로 했다. 갈 곳을 꼽으니 어림잡아도 수십 군데가 되었다. 이런 저런 행사로 들렀던 곳이 많지만 찬찬히 둘러본 적은 별로 기억이 없다. 주마간산, 건성건성 들렀다는 사실에 후회가 밀려왔다.

　포은 정몽주의 묘역부터 저헌 이석형 묘소에 들러 방계 후손의 한사람으로 추모 드리는 것이 좋을 듯 싶었다. 일주에 한두 곳도 가고 바쁘면 한주 건너뛰기도 했다. 차근차근 리스트대로 순례하듯 경건한 마음으로 다녔다.

자료가 어느 정도 모아지면 '위키피디아', '두산동아백과사전', '용인향토사전', 용인에서 펴낸 용인문화재 책자 등과 대조하며 다소 거칠더라도 글로 옮겼다. 이렇게 5~6개월 다니니 제법 원고분량이 늘었다. 고치고 고치길 거듭했다.

유적답사를 하며 느낀 점도 많았다. "산에 오를 땐 보지 못했는데 내려오며 꽃을 보았네"라는 어느 시인의 시 구절처럼 세월의 흔적과 주인의 숨결이 느껴졌다. 그렇지만 내내 개운치 못했던 것은 어지럽게 개발된 상흔이 깊게 패인 용인의 또 다른 모습 때문이었다.

도시를 개발할 때 좀 더 세심하게 주변 환경을 살폈더라면 천년의 세월을 견뎌온 문화유적이 볼썽사나운 콘크리트 숲에 포위되는 야만스러운 모습은 보지 않아도 되었을 터다. 용인시의원을 세 번 하면서 무심했던 나의 둔감함에 화가 났다. 나 역시 용인의 환경이, 문화유적이 조화롭게 제대로 보존되지 못한 책임에서 결코 자유롭지 못하다.

앞으로 우리는 개발보다는 보존에 힘쓰고 무슨 기념관을 세우는 것보다 어떻게 하면 내용을 알차게 채우고 관리할 것인가를 고민해야 한다. 유적지를 보존하는 것도 중요하지만 시민의 발길이 지속적으로 이어지도록 해야 한다.

마음먹고 소풍삼아 가볍게 나서면 두서너 곳을 연결하여 탐방할 수 있도록 샛길을 열고 안내문을 충실하게 담아 유적지 정보를 시민이 쉽게 얻을 수 있도록 해야 한다.

용인은 참 아름다운 고장이다. 인간의 탐욕에 할퀴고 파헤쳐졌지만 여전히 수려한 경관을 보여준다. 유적을 답사하며 우리가 살아가는 이 땅의 소중함을 새삼 느꼈다.

앞에서 밝혔듯 '위키피디아' 백과사전에서 특히 많은 정보와 자료를 수집했다. 여러 사람이 함께 만들어 가는 사전이라 내용이 다양하고 각자 다른 견해를 펴는 점이 인상 깊었다. 간간히 오류가 있었지만 다른 참고 문헌과 대조하면서 바로 잡았다. 보충설명이 필요하거나 역사적 사건에 이해를 돕기 위해 주(注)를 더했다.

거친 초고를 감수해준 이인영님과 이석순님에게 감사드린다. 이 책을 잘 편집하여 세상에 태어나게 도와준 '도서출판 북앤스토리' 김종경 대표를 비롯하여 수고해준 여러분에게 고마운 마음을 전한다.

2018년 1월 이우현

CONTENTS

PART 2 국권회복에 온몸 던진 선열의 유적

PART 3 용인의 역사유적 랜드마크

CONTENTS

PART I

용인은 유학의 본향

충절의 대명사 포은 정몽주

죽어서 불멸이 되다

영일 정씨의 관향은 경상북도 영천-포항 일원이다. 영일 정씨 문중의 중시조 정습명(고려 중기)의 후손들이 대대로 영천에 터 잡고 살았다. 영천은 명문가로 이름 높은 영일 정씨 집성촌을 이루었고 오늘날까지 이어지고 있다. 영일 정씨 문중을 대표하는 한사람을 꼽으라면 단연 포은(圃隱) 정몽주(鄭夢周) 선생이다. 포은은 용인과는 무관한 인물이었다. 생전에 용인에 잠시나마 머물렀던 적도 없다.

그러나 포은은 용인을 대표하는 인물이 되었다. 포은의 묘소가 용인시 모현면에 있기 때문이다. 포은이 용인 땅에 묻힌 이후 영일 정씨 문중 포은공파 직계손은 대대로 용인 땅에 묻혔다. 조선조 태종이 모현 일대를 포은의 후손에게 하사하면서 용인은 정몽주(1337~1392) 선생과 깊고도 오랜 인연을 맺게 되었다.

포은과의 인연으로 인해 용인은 충절의 고장으로 자리매김했다. 오늘을 살아가는 현대인들에게 충절은 매우 낯설다. 민주공화국의 주권자이자 시민인 현대인에게 충절은 생경한 개념이다. 우리는 포은 정몽주 선생을 만고의 충신으로 기억하고 추모한다. 한민족 역사상 단 한사람의 충신을 꼽으라면 단연 포은을 떠올릴 만큼 정몽주 선생은 죽어서 불멸(不滅)의 충신이 되었다. 불멸,

죽었으나 죽지 않은 자(者), 대대손손 기억되고 추앙될 삶을 살다간 사람.

정몽주의 신화(神話)는 고려가 망하고 조선이 개국되면서 비롯되었다. 주권이 군주에게 있었고 성리학을 지배 이데올로기로 삼았던 사대부의 나라 조선왕조에 있어 충은 효와 더불어 통치의 근간이었다. 신생 왕조 조선은 통치의 근간을 떠받쳐줄 표상이 절실했다. 상징조작을 통해서라도 유교국가 조선의 초석이 될 존재가 절실했다. 신생왕조를 대대손손 반석에 올려줄 인물로 선택된 이가 포은 정몽주다.

포은 선생은 죽음으로 막고자 했던 이성계의 조선 건국 이후 불과 9년 후인 1401년, 태종 이방원에 의해 불멸의 충신으로 상징화되고 조선왕조를 지탱하는 정신적 지주가 되었다. 역사의 아이러니다. 삼봉 정도전을 척살하고 태조 이성계를 퇴위시키며 권력을 장악한 태종 이방원은 정통성이 필요했다. 태종 이방원은 정도전을 역사에서 지우고 그 빈자리를 대체할 상징적 인물이 절실하게 필요했다. 자신이 수하 조영규를 시켜 개경 선죽교에서 척살한 포은 정몽주는 당시의 지배계급인 신진 사대부의 폭넓은 추앙과 흠모를 받고 있었다. 정몽주는 조선의 통치철학인 성리학을 완성한 명실상부한 본산이었다.

죽은 자는 위협이 되지 않는다. 태종은 정몽주 선생을 대광보국숭록대부(大

匡輔國崇錄大夫) 영의정부사(領議政府事)에 추증하고 문충(文忠)이라는 시호를 내렸다. 고려 말 성리학을 들여온 문성공(文成公) 안향 선생을 계승하여 성리학을 집대성한 정몽주는 사대부의 정신적, 학문적 지주였다. 포은 정몽주는 자신을 살해한 태종에 의해 문신(文臣) 최고의 시호인 문충공을 헌정 받음으로써 이후 대한제국 선포 때까지 조선조의 통치철학을 수호하는 성리학의 사실상 시조로 추앙받았다.

용인시는 해마다 포은 정몽주를 기리는 포은문화제를 개최하고 수지구에 포은아트홀을 건립하여 정몽주선생의 충절을 기리고 있다. 포은 정몽주는 여전히 용인시민들에게 600여년의 시공간 너머에 존재하는 역사적 인물인 것이 사실이다. 현재의 눈과 가치관이 아닌 당시의 시대적 상황을 어느 정도 인식하고 포은을 바라본다면 그의 사상과 충절을 어렴풋이나마 느낄 수 있다. 민주공화국인 대한민국의 이데올로기가 자유주의에 기반한 민주주의이듯 조선조 사상의 근간은 공맹(공자·맹자)의 가르침을 체계화한 주희의 주자학, 즉 성리학에 있었다는 것을 이해한다면 말이다.

불사이군 불경이부(不事二君 不更二夫), 즉 충신은 두 임금을 섬기지 않고, 열녀는 두 지아비를 섬기지 않는다. 두 임금이란 두 왕조를 일컫는다. 포은은 조선 개국 이후에도 살아서 고려왕조에 충절을 지켜야했던 목은 이색, 야은 길재의 비애와 고독에 비하면 오히려 죽음으로써 새 왕조의 출범과 수많은 충신열사의 죽음을 보지 않아도 되었고 충절의 대명사로 불멸의 존재가 되었다.

천하명당 포은 정몽주 묘

대학자요 정치가였던 포은 정몽주 선생의 묘역을 찾았다. 모현면 능원리 잘 정돈된 묘역에 이르니 새삼 마음이 경건해진다. 천천히 묘로 걸어 올라가 묵념을 했다. 기분이 새롭다. 용인시의원을 하면서 포은문화제 때문에 묘역을 몇 번 찾았지만 찾을 때마다 늘 새롭고 숙연하다. 금계포란지형의 지형지세에 유두(乳頭)형 묘혈, 오른쪽에 자리 잡은 포은선생의 묘는 주변 환경이 잘 정돈돼 있다. 풍수지리의 문외한이 봐도 한눈에 명당임을 알 수 있다.

이 몸이 죽고 죽어 일백 번 고쳐죽어
백골이 진토 되어 넋이라도 있고 없고
임 향한 일편 단심이야 가실 줄 있으랴

단심가가 입속에 맴돈다.

정몽주 선생의 묘는 개성 풍덕군에 있었다. 고향인 경상북도 영천으로 천묘하던 중 행렬이 현 용인시 수지구 풍덕천동에 이르자 영정이 바람에 날려 지금의 이 자리에 떨어지면서 논의 끝에 이곳에 모셨다고 한다.

정갈한 묘에는 곡담과 봉분에 병풍석과 난간석이 둘러있고 상석, 향로석, 문인석, 무인석, 석양을 비롯한 석물들이 잘 조성돼 있다. 묘표와 신도비도 서 있는데 신도비는 우암 송시열이 썼다. 신도비의 글귀는 선생의 높은 학덕과 충절을 기리는 내용이다.

원래는 단출한 무덤이었는데 1972년 경기도문화재 기념물 1호로 지정되면서 현재 모습이 됐다고 한다. 선생의 묘역은 천묘하면서 나라에서 사패지로 내려진 것으로 영일 정씨 포은공파의 종산이다. 아들 손자를 비롯해 25세손까지 이 묘역 안에 잠들어 있다.

충렬서원, 정몽주의 학덕과 충절을 기리다

정몽주 선생의 묘역에서 나와 43번국도 포은대로 건너편 방향으로 충렬서원이 멀리 보인다. 충렬서원은 정몽주 선생의 학덕과 충절을 기리기 위해 지어진 곳으로 원래 조선 선조 9년(1576)에 지방 유림들이 정몽주와 조광조를 기리기 위해 죽전에 지어 충렬사라 명명했다. 충렬사는 임진왜란 때 소실되어 선조 38년에 충렬서원이라는 이름으로 다시 지었는데, 이때 조광조의 위패는 심곡서원으로 옮겨졌다. 광해군 때 충렬로 이름을 지어 현판을 하사했고 조정의 경제적 지원을 받았다.

충렬서원은 선현에 대한 배향과 지방민의 유학교육을 담당했으나 고종 8년에 대원군의 서원철폐령으로 폐쇄된 후 서원, 강당 등이 복원되어 유지돼 오다가 1972년 고 박정희 대통령의 지시로 서원 전체를 복원해 오늘에 이르고 있다. 당시 유신을 선포한 박대통령은 포은 정몽주 선생의 충절을 대대적으로 부각시키고 양화대교 옆에 동상을 세웠다. 유신을 정당화하고 국민에게 멸사봉공(滅私奉公)의 전근대적인 국가관을 주입시키기 위해서는 포은을 역사의 전면에 끌어내 이용하기 위한 정치적 계산이 깔린 것이기도 했다. 포은 정몽주 선생은 태종과 박정희에 의해 본의 아니게 두 번이나 이용당한 셈이다.

500년간 이어진 정몽주 · 정도전 숙명의 대결

정몽주와 정도전을 한마디로 정의하면 '주류와 비주류', 영어로 말하면 메인스트림(mainstream), 넌메인스트림(nonmainstream)이다. 쉽게 말하자면 메이저리티(majority)와 마이너리티(minority)라 할 것이다. 물론 정몽주가 주류요, 정도전이 비주류다.

정몽주는 약관 스물둘에 장원급제, 그것도 3시를 장원급제한 최초의 고려인이다. 고려 초 제4대 군주 광종에 의해 과거제도가 실시된 이래 삼원 급제한 인물은 없었다. 475년 고려 역사상 정몽주가 유일하다. 몇 년 전 정몽주의 과거시험 답안지가 발견되어 당시의 과거시험의 수준을 가늠할 수 있었는데 출제는 왜구의 노략질을 근절할 대책과 백성을 안온케 할 대책을 논하라는 것이었다.

포괄적인 국가안보와 민생정책을 논하라는 출제에 정몽주는 막힘없이 자신의 대책을 제시했다. 이후 정몽주는 발군의 역량을 발휘하며 관료를 뛰어넘어 정치가로 성장해갔고, 성리학을 연구하여 유교를 숭상하는 신진 사대부의 구심점이 되었다. 당시 사대부의

포은 정몽주

정점은 정몽주와 정도전의 스승이기도 했던 목은(牧隱) 이색이었다. 청출어람(靑出於藍), 정몽주와 정도전에 어울리는 말이다. 학문적 측면과 깊이에서 정몽주는 스승을 뛰어 넘었고 학문의 현실적 운용에 있어서 정도전은 스승을 넘어섰다. 목은은 행복한 스승이었다. 두 명의 걸출한 제자 외에도 도은(陶隱) 이숭인도 목은의 제자였으니 말이다.

정몽주는 그의 죽음이 곧 고려왕조의 멸망을 상징하듯이 충절의 대명사이다. 조선조 오백년의 지배 이데올로기인 성리학을 집대성한 사실상의 시조이기도 하다. 왕도정치를 갈망하면서도 역성혁명에는 한사코 반대했던 그는 새 왕조에 가장 필요했던 대의명분을 한 몸에 짊어지고 있었다. 정몽주만 동의하거나 묵인하면 새 왕조는 정통성을 확보할 수 있었다. 정몽주는 죽을지언정 역성혁명에 동조할 수 없었다. 역성혁명(易姓革命)에 동조하는 것은 공자를 배신하는 것이었고 천리(天理)를 거스르는 것이었다. 그래서 그는 죽었다.

포은의 사상과 학문은 야은 길재와 권근 등 제자들에 의해 전승되어 후일 영남학

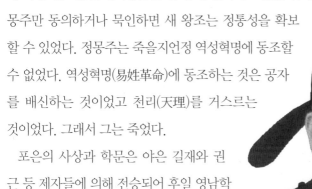

삼봉 정도전

파, 기호학파로 발전했다. 사림파가 조정의 주류가 되면서 조선은 성리학을 숭상하는 사대부가 온전하게 지배하는 나라가 되었다. 조선 성리학의 시조 정몽주, 그는 사상과 학문으로 문치(文治)의 기틀을 놓은 위대한 대 유학자였던 것이다.

반면 정도전은 공자보다는 맹자와 장자에 기울어져 있었다. 정도전은 고려 왕조를 뒤엎는 역성혁명이 아니고서는 현실의 질곡을 타파할 수 없다고 보았다. 그는 역성혁명을 결행했고 새 왕조를 이상적인 성리학의 나라, 사대부가 지배하고 통치하는 나라로 만들고자 했다. 정도전은 조선의 설계자였다. 대명률을 본떠 후일 조선의 국법이 되는 경국대전의 전신인 조선경국전을 편찬하여 법치의 근간을 세웠다. 한양천도를 단행하여 새 왕조의 근거지를 확보하였다.

그는 대대로 세습되는 국왕은 통치와 통합의 상징이어야 한다고 믿었다. 정치는 사대부를 중심으로 유능하고 경륜 있는 재상이 펼쳐야 한다고 확신했다. 드라마 정도전, 육룡이 나르샤 등에서 널리 알려져 신권정치(臣權政治)로 명명된 그의 통치철학은 조선왕조 오백년간 왕권과 충돌하고 타협하면서 면면히 이어졌다. 제1차 왕자의 난에서 정도전은 이방원에 척살되고 만고의 역적, 간신의 대명사가 되었다. 그의 이름 석자는 조선말 흥선대원군에 의해 경복궁이 중건되기까지 금기어였다.

1872년 경복궁 중건을 기념하여 한양천도와 조선의 법궁(法宮) 경복궁 건설을 총지휘한 삼봉 정도전은 고종의 명으로 복권되었다. 1398년 역사에서 지워진 그가 474년 만에 복권된 것이다. 복권은 되었지만 온전한 것은 못되었다. 정도전에게 덧씌워진 역적, 간신의 굴레는 질기고도 질겼다. 그가 역사의 전면에 재평가되고 온전한 복권이 이루어진 것은 노무현 대통령 시절이고 국민일반으로부터 인정받게 된 것은 용의 눈물, 정도전, 육룡이 나르샤 등 드라마에 의해서다.

조선조 개국에 죽음으로 저항한 정몽주는 사대부의 표상이자 충신의 대명사로 조선조 오백년과 대한민국을 관통하며 만고의 충신으로 추앙된다. 정도전은 오늘에 이르러 조선의 설계자이자 경세가로 재평가되었다. 결국 정몽주와 정도전의 대결은 숙명적으로 오백년을 이어온 동전의 양면이었던 것이다. 왕권의 안정과 종묘사직을 수호하기 위해 정몽주가 필요했고 사대부의 실질적인 지배구조를 위해 정도전이 주창한 재상정치(宰相政治)가 필요했던 것이다. 조선의 사대부에게 있어 정몽주는 대의명분(大義名分)이었고 정도전은 권력을 독점하고픈 내면의 욕망이었던 셈이다.

빛과 어둠의 대결에 비유될 만큼 극적이었던 정몽주와 정도전의 동거체제, 그것은 5백여년간 조선을 지탱해온 사상적 토대였던 것이다.

'어둠이 없다면 빛이 존재할까? 또 빛이 없다면 어둠이 존재할까?' 결국 빛과 어둠은 함께 공존하면서 완전해지는 게 아닐까 생각해 본다.

포은 정몽주 묘와 저헌 이석형의 묘 자리에 얽힌 에피소드

정몽주 묘소 바로 옆에 잘 꾸며진 또 하나의 묘가 있다. 주인공은 바로 정몽주 손녀의 남편이자 포은의 손서(孫婿)인 저헌 이석형(1415~1477)의 묘다. 연안이씨 문중의 이석형은 조선 최초로 세 가지 과거에서 장원급제해 '삼장원'으로 불린 천재였다. 세종22년 26세에 생원, 진사시에 연이어 장원급제한 이

석형은 이듬해 사마시에서도 장원하였다. 생원, 진사, 사마시에서 모두 장원급제한 이석형은 출사한 이후 문과중시에도 급제하였다. 성삼문, 박팽년, 이개, 하위지 등과 함께 응시하였는데 급제자 모두 출중하여 우열을 가릴 수 없었다고 한다.

이석형 묘는 원래 포은의 묘가 될 자리였다고 한다. 정몽주 선생의 신원이 복권되고 난 이후 포은의 자손들은 태종에게 영천의 선산으로 이장하는 것을 허락 받았다. 앞에서 밝혔듯 지금의 수지구 풍덕천동에 이르러 만장이 바람에 날려 떨어진 곳이 저헌 이석형의 묘 자리였다고 한다. 한눈에 천하명당임을 알아본 지관과 상주들은 "이것은 하늘의 뜻이니 고향으로 갈 것 없이 이 자리에 모시자"고 결정하고 광중을 팠다. 날이 어두워 다음날 계속하기로 하였는데 연안 이씨 문중 이석형에게 출가한 포은의 손녀가 밤새 물을 퍼 날라 광중에 부었다. 출가외인인지라 친정보다는 시댁과 자신의 자식과 후손들에게 복을 내려줄 요량으로 명당자리에 욕심이 났던 것이다.

다음날 물이 흥건한 광중을 보고 '천하명당이나 물이 나는 자리'에 포은을 모실 수 없어 바로 옆자리에 모셨고 후일 본래 포은의 묘자리는 이석형의 유택이 되었다. 포은의 손녀이자 이석형의 부인인 정씨의 지성에 하늘도 감복했는지 연안이씨 문중에서는 줄줄이 천재가 탄생했다. 연안 이씨 문중은 상신 (相臣/영의정 좌의정 우의정 삼정승을 말한다) 8명, 대제학 7명, 청백리 6명에 문형(文衡) 벼슬에 오른 월사 이정구 선생과 그의 아들 이명한, 손자 이일성도 대제학에 올라 내리 3대가 대제학 벼슬에 오르는 영예를 누렸다. 비변사 설치 후 구성원의 13%를 연안이씨가 차지했다. 이 대단한 문중은 조선조 오백여년 동안 250명의 문과 급제자를 배출하였다.

연안이씨 문중은 광산김씨, 달성서씨와 함께 조선조 3대 명문가에 꼽히기도 한다. 문형은 정승 세 명과도 바꾸지 않는다는 조선조 최고의 명예직으로 홍문관 대제학, 예문관 대제학, 성균관 대사성을 겸직한 사람을 일컫는다. 보통 삼관 중 한곳의 대제학에 올라도 문형이라 했지만 진정한 의미의 문형은 삼관 대제학, 대사성을 겸직해야 했다. 품계는 정2품이었지만 삼공(三政丞), 육경(六判書)보다 훨씬 더 명예로운 직책이었다. 연안이씨는 십 수 명의 중시조가 있는데 가장 유명한 가문이 이석형을 중시조로 하는 저한공파이다. 사족을 붙이자면 판소리 춘향전의 남자 주인공 이몽룡도 연안이씨로 묘사된다. 연안이씨가 얼마나 대단한 가문인가를 말해주는 대목이다.

후일 포은 선생의 손녀가 묘 자리에 물을 퍼부어 남편의 유택으로 삼은 것을 알게 된 영일 정씨 문중에서는 연안이씨와의 혼인을 금했다고 한다. 영일 정씨 문중에 내려오는 유명한 교훈이 있다. "딸은 출가외인이고 자식이 아니다". 영일 정씨 문중이 포은의 손녀에게 얼마나 괘씸하고 섭섭했으면 수백 년 가훈으로 삼았을까 이해가 된다.

개혁의 아이콘 조광조

개혁의 좌절과 조광조의 유산

조선 중기 중종 때의 문신 정암 조광조(1482~1519) 선생의 묘역으로 길을 나섰다. 수지는 조선시대부터 정암 사상의 중심지로 인식돼 왔다. 나는 조광조 사후에 내려진 시호 문정공에서 비롯된 문정중학교를 졸업했다. 묘역 맞은편에는 정암 조광조를 모신 심곡서원이 위치해 있다. 조광조가 모셔져 있는 한양 조씨 묘역은 평소에도 그 옆을 자주 지나다니곤 했지만 심곡서원과는 달리 묘역 안으로는 들어갈 일은 별로 없었다. 아니 별로 없었다기보다 무관심했었다는 것이 솔직한 고백이다. 반면 묘소 맞은편에 있는 심곡서원은 향사

때나 정암문화제가 있을 때마다 자주 들르곤 했다. 돌이켜보면 심곡서원 역시 행사의 일원으로 들른 것이다. 지척에 살면서도 역사의 숨결을 못 느끼고 살았다.

도심의 빼곡한 아파트 숲속임에도 조광조 묘역에 들어서니 자못 한적한 느낌이 들었다. 최인호의 소설 '유림'에 조광조가 사약을 받는 장면이 생생하게 묘사 돼 있기도 하지만, 그는 38세의 젊은 나이로 개혁정치를 펼치려다 실패

하고 오히려 사약을 받았다. 신진 사림파의 리더 조광조가 훈구파 노련한 재상들의 계략으로 화를 당한 기묘사화(己卯士禍)에 대한 역사적 평가는 크게 둘로 나뉜다.

야사에는 훈구파가 사림파를 제거하기 위해 나뭇잎 계략을 세웠다. 주초위왕(走肖爲王)이라고 벌레가 파먹은 나뭇잎을 중종에게 보여주며 주초는 곧 조(趙) 자의 파획이니 조씨가 왕이 될 조짐이라 해석을 내렸다. 중종은 그 말에 현혹되어 조광조를 그길로 유배 보내고 한 달 후 사약을 내려 사사했다. 조광조의 개혁정치도 물거품이 되었다. 조광조는 그 억울한 죽음을 어찌 받아들였을까 싶다. 조광조가 추구한 세상은 유교로 정치의 근본을 삼고 도덕에 기반한 왕도정치가 펼쳐지는 아름다운 세상이었다. 어진 왕과 현명한 신하들이 선정을 베푸는 세상. 말만 들어도 배가 부르고 뿌듯한 세상이 아니던가.

조광조를 급진 개혁주의자나 이상주의자로 부르는 것은 아마 강약을 조절해가면서 다소 템포를 늦춰가며 추진했더라면 혹 개혁이 성공했을 수도 있다는 가정인지도 모르겠다. 현실의 벽을 넘기에는 기득권 세력의 벽이 너무 두텁고 높았을 것이라는 생각이 든다.

조광조는 훈구대신들의 부패를 질타하고 잘못된 제도를 혁파해 새로운 질서를 수립하고자 급진 개혁을 추진했다. 연산군의 폭정에 견디다 못해 폭군을 몰아내고 중종이 왕의 자리에 앉도록 도운 공신 중에 실제로 공을 세우지도 않은 신하들을 공신록에서 삭제하였다. 상으로 내렸던 토지 등을 몰수토록 한 '위훈삭제'는 당시 기득권 세력이었던 훈구파의 강한 반발과 노여움을 사기에 충분했다. 결국 정권마저 뺏길 위기에 처한 훈구파가 기묘사화를 일으켜 조광조를 비롯한 70여명의 사림파를 제거하기에 이르렀다. 조광조는 전라도 화순의 능주로 유배돼 한 달 쯤 뒤 홍경주 등의 강경한 주장으로 사약을 받았다.

정치개혁가이자 이상주의자였던 조광조의 개혁이 성공했더라면 조선의 모습은 어떠했을까. 부질없는 가정이지만 아쉬움이 남는다. 조광조는 사사됐지만 그의 왕도정치와 도학사상은 후세로 이어졌다. 율곡 이이는 조광조를 김굉필, 정여창, 이언적과 함께 조선의 4대 성현이라 불렀고, 후대 선비들의 추앙을 받았다.

오늘날 역사학자들은 조광조의 좌절은 훈구파의 반격에 의한 것이라기보다 중종의 이중플레이, 양다리 걸치기에서 비롯된 것이라고 보는 견해가 우세하다. 박원종, 성희안, 윤임, 유자광을 위시한 반정공신의 위세에 눌려 오금도 못 펴던 중종은 반정의 리더였던 박원종이 죽고 유자광, 성희안이 잇달아 사망하자 은밀하게 왕권 강화에 나섰다. 윤임은 중종의 계비 장경왕후(인종의 어머니)의 친정아버지로 장인이었으니 든든한 버팀목이었다. 중종은 반정공신의 핵심인사가 줄줄이 타계하자 허수아비 왕이 아니라 진정한 군주가 되고 싶었다.

조광조를 위시한 사림파 중용의 시대적 배경이다. 조광조는 훈구파를 벨 예리한 칼이었다. 중종은 조광조와 신진 사림파의 도움으로 훈구파의 힘을 빼는데 성공했지만 사사건건 대의명분을 앞세우는 사림파 역시 왕권을 위협하는 피곤한 존재였다. 중종은 다시 훈구파와 손을 잡았고 서로의 이해는 맞아떨어졌다. 중종에게 애당초 개혁정치는 관심 밖이었다. 오로지 자신의 권한 강화와 왕실의 안녕이 주된 관심사였다. 훈구파의 날개는 꺾였고 사냥개는 귀찮은 존재가 되었다. 다음 수순은 토사구팽(免死拘烹)이다. 조광조는 그렇게 용도폐기 되었다.

후일 조광조의 유산은 찬란하게 부활한다. 사림파는 조광조의 죽음을 자양분삼아 다음 대인 명종시절 명실상부한 조선의 지배계급의 한축으로 부상한다. 이후 임진왜란을 거치며 조정의 전권을 장악한 사림파의 지배질서는 흥선대원군이 등장할 때까지 지속된다.

대원군의 서원철폐에도 살아남은 심곡서원

심곡서원은 조광조 사후 오랜 시간이 흐른 뒤 그의 학덕과 충절을 기리기 위해 효종 원년(1650)에 세워졌다. 효종은 심곡이라는 현판과 토지와 노비를 하사해 사액서원이 됐다. 이곳은 흥선대원군의 서원철폐령에도 무사했던 전국 47개 서원 사당 중의 하나로서 제례와 향리의 교육을 담당하는 기능을 했다.

원래 조광조의 신위는 정몽주와 함께 현 죽전동에 자리했던 충렬사에 모셔졌다가 임란 때 불에 탄 후 포은 묘소 아래에 새로 건립된 충렬서원에 함께 모셨다. 조광조 선생의 입장에서는 일종의 더부살이를 한 셈이다. 함께 모셨다고는 하나 주인은 포은 정몽주 선생이다. 심곡서원이 세워지면서 조광조 선생은 더부살이를 면하고 비로소 주인이 된다.

심곡서원 자리는 조광조가 부친의 장례를 모신후 여막을 짓고 시묘하던 곳이라고 전한다. 당시 조성된 연못과 5백년 된 느티나무가 심곡서원을 지키고 있다. 강당에는 숙종의 어제어필이 담긴 현판과 서원의 규약 등이 걸려 있고, 강당 옆에는 문서와 책을 보관한 장서각이 있으며, 제례 준비와 배향객들의 숙소로 사용된 건물인 고직사가 있다. 강당에는 화방벽이 설치돼 있어 화재를 방비하고 있다. 이곳에는 정암 조광조와 학포 양팽손의 위패가 봉안돼 있다. 양팽손은 조광조를 위해 여러 차례 상소를 올렸다.

심곡서원은 2015년에 국가지정 문화재인 사적 제530호로 지정됐으며, 매년 2월과 8월 중정일에 향사를 올리고 있다.

용인과 조광조의 인연

조광조는 성균관 시절부터 뛰어난 학행으로 이름을 날려 진사 신분이었지만 이미 사림의 영수로 대접받았다. 조광조는 한양에서 출생했는데, 함경도에 찰방으로 파견된 아버지를 따라갔다가 그곳에 유배 중이던 김굉필을 만나 그의 가르침을 받았다.

조광조는 왕도정치를 펼치기 위해서는 군왕 스스로 학자가 되어야 한다고 주청하면서 중종에게 학문에 충실할 것을 요구했고 연산군이 철폐한 성균관을 다시 열게 했다. 유교적 통치 이념을 회복하기 위해 도교시설인 소격서를 폐지했으며, 향촌을 유교 이념으로 교화하기 위해 상호부조를 내세운 여씨향약(향약: 향촌 공동체 규약)을 팔도에 실시토록 했다.

조광조와 용인의 인연은 그의 증조부로 거슬러 올라간다. 증조부 조육은 용인이씨 이백찬의 사위가 돼 신갈에 묘를 썼다. 그의 아들이자 조광조의 조부인 조충손은 상현동에 유택을 마련했고, 아버지 조원강도 선대의 묘가 있는 이곳에 오면서 한양조씨 세장지가 형성됐다. 조광조는 젊은 시절에 10여년을 상현동에서 보냈다. 아버지 시묘살이를 3년간 했으며, 그 후에도 한동안 선영의 묘를 떠나지 않았다. 바로 그 자리가 지금의 심곡서원이다.

불운한 시대의 선비 십청헌 김세필

조선 중기의 문신이자 학자였던 십청헌 김세필(1473~1533) 묘역이 수지구 죽전동에 있다. 김세필은 연산군 1년(1495)에 사마시로 벼슬길에 올랐으나 연산군에서 중종에 이르는 사화의 시대를 살았던, 어찌 보면 시대를 잘 못 태어난 불운의 정치가라고 하겠다. 진퇴가 분명했고 대의명분에 어긋나는 행위에 대해서 추상같은 단호함을 보였던 정치가이자 언행일치를 실천한 진정한 선비였다.

김세필의 정치 인생은 순탄치 못했다. 연산군 10년(1504), 어머니 폐비 윤 씨의 복위문제로 많은 사람을 죽인 갑자사화(甲子士禍)에 연루돼 거제도에 유배됐다. 중종반정(中宗反正/1506)이 성공하면서 유배에서 풀려난 후에는 조광조가 사사된 기묘사화(1519)가 일어나자 이를 부당하다고 규탄하다가 또다시 경기도 유춘역(장호원 일대)으로 귀양을 갔다. 기묘사화로 화를 당한 사림의 한명이었다.

기묘명현인 그는 50세가 되던 1522년에 귀양에서 풀려났지만 그 후론 벼슬에 나가지 않았다. 그가 이때 남긴 말은 지금도 유명하다. 논어에 나오는 과즉물탄개(過則勿憚改), 즉 허물이 있으면 즉각 고치라는 말이다. 그 후 김세필은 고향 충청도 음성으로 내려가 공자당(工字堂)을 짓고 제자를 가르치며 61세에 생을 마쳤다.

김세필의 후손들은 죽전동의 가장 오래된 중심 마을인 내대지에서 수백년 간 집성촌을 이루며 살고 있다. 김세필 선생을 선양하기 위해 2013년 김세필 선생 기념사업회가 창립됐으며, 학술대회를 갖는 등 종중을 중심으로 선양사 업을 활발하게 진행하고 있다.

이조참판을 지낸 문간공 김세필의 묘를 중심으로 한 경주김씨 세장지인 묘역은 조선 초기인 1400년대 초부터 조선 후기까지 조성된 것으로 조선시대의 묘제 양식의 변천사를 보여주는 중요한 자료다. 김세필 어머니 송씨의 묘가 가장 위에 있고, 그 아래 김세필과 정부인 고성이씨가 합장돼 있다. 묘 하단에 는 1980년에 건립된 김세필 신도비가 있다. 묘역 일대가 경기도문화재 자료 제92호로 지정돼 보호를 받고 있다.

음애 이자와 고택, 그리고 사은정

　요즘 기흥구 지곡동에 있는 음애 이자(1480~1533) 고택에서 생생 문화재 체험 행사가 펼쳐지고 있다.

　이자의 후손들이 살았던 양반 가옥에서 1박 2일 동안 체험을 하면서 한옥을 직접 경험하고 각종 프로그램을 통해 역사를 배우는 시간을 갖는다. 보통 부모와 자녀가 함께 참여하고 있다고 하니 언제 한번 체험을 해 보고 싶지만, 어린 자녀가 없어 참여하기는 곤란할 것 같다. 행랑채는 불에 타서 사라지고 본채만 남아있는데, 본채는 사랑채와 안채가 연결된 디귿자형 평면 구조다.

　500여년전의 참혹했던 역사적 사건을 배경으로 하고 있는 이자 고택에서 문화재 체험 행사가 이어지고 있는 것이 어찌 보면 세월의 무상함과 덧없음을 느끼게 한다. 당시의 역사적 사건인 기묘사화를 연극을 통해 체험하는 것 같다. 아이들이 주인공이 되는 세상에는 정쟁이 사라지고, 그야말로 어진 정치가들에 의해 모두가 평안하게 잘 사는 시대가 열리길 기대해 본다.

음애 이자는 조선 중종 때 기묘사화로 화를 당한 신진사류였다. 이자, 조광조, 조광보, 그리고 조광좌 4명의 벗은 기흥구 지곡동에 있는 사은정에 모여 학문과 정치를 논하던 절개와 기개 높은 학자이자 정치가였다. 썩은 시대를 개혁하고자 하는 개혁적 의식을 가졌던 이들은 모두 기득권 세력이었던 훈구파에 의해 화를 당하고 말았으니 기묘사화(己卯士禍)다.

멋스러운 모습으로 남아있는 사은정은 이 같은 아픈 사연을 갖고 있는 오랜 정자다. 이자는 기흥구 지곡동이 고향이다. 32세 되던 1511년(중종6)에 아버지 상을 계기로 머물기도 했지만 수시로 고향을 드나들었다. 고향 기와집말 앞 다래울 계곡 바위 틈에 단풍나무가 숲을 이뤘는데 그는 이를 좋아해서 풍림거사라는 자호를 가질 정도였다.

한산 이씨인 이자는 목은 이색의 5세손이다. 연산군 때 사헌부 감찰에 오르고 사신으로 명나라를 다녀오기도 했으나 연산군의 어지러운 정치에 환멸을 느껴 사직했다. 중종반정 후에 대사헌에 올라 조광조의 개혁정치에 힘을 보탰다.

이자는 기흥구 보라리 방은골(한국민속촌 자리) 출신인 방은 조광보와 회곡 조광좌 형제와도 가까웠다. 이들은 지곡동 초입 두암에 사은정을 짓고 친하게 지내며 도의로서 사귀었다. 기묘사화는 이들의 운명을 뒤엎어버렸다. 조광조는 죽임을 당했고, 이자는 관직을 삭탈 당한 후 옥에 갇혔다. 조광좌는 장살을 당한 후 고향에 묻혔고, 조광좌의 형 조광보는 충격으로 고향에 은거했다. 살아남은 이자는 음성 음애, 충주 토계 등으로 거처를 옮기며 세상과 등졌다. 묘역과 고택은 경기도에서 기념물과 민속자료로 지정해 보호하고 있으며, 사은정은 용인시 향토 유적으로 지정돼 보호되고 있다.

조선 실학의 시조 반계 유형원

　용인의 동쪽 끝자락 안성 경계지역인 백암에는 사극 촬영장인 용인대장금파크(구 MBC 드라미아)와 동양 최대 규모의 야생 식물원인 한택식물원이 있다. 빼어난 모습을 자랑하는 조비산도 백암에 있다. 용인시에 거주하는 시민이라면 대장금파크와 한택 식물원에 한 두 번 쯤 들렀거나 이름 정도는 들어봤을 것이다. 하지만 이곳에 조선조 실학의 창시자 반계 유형원(1622~1673)의 묘가 있는 것은 잘 모를 것 같다.

　백암면 주민들은 유형원을 기리고자 하는 모임을 만들어 활동을 하고 있다고 한다. 유형원의 실학 정신을 배우고 계승하려는 지역민들의 자발적인 모임이다.

　유형원은 주자(남송시대 성리학의 창시자)의 성리학이 지배하는 사대부의 나라였던 조선중기에 양명학과 서학까지 받아들여 연구하고 백성의 생활을 풍족하게 하는 것을 정치의 근본으로 삼은 실학의 선구자이다. 유형원은 성리학자이기도 했으나 점차 성리학의 한계와 모순을 깨달으면서 새로운 학문에 눈을 돌려 조선 실학의 지평을 열었다. 유형원은 성리학이 백성의 실생활과 사회발전에 아무런 도움이 못된다고 자각하면서 학문의 실사구시(實事求是)를 강조했다. 평생 실용적인 학문을 추구했던 유형원의 묘소는 백암면 석천리 황새울 마을 정배산 남쪽에 있다. 봉분 주위로 야트막하게 담장을 두른 묘역은 경기도기념물 제32호로 지정돼 있다.

유형원은 광해군 14년(1622)에 한성부 정동에 위치한 외가에서 태어났다. 세종 때 의정부 우의정을 지낸 유관의 8대손이다. 아버지 유흠은 유몽인의 역옥 사건에 엮여 역적의 누명을 쓰고 28세에 감옥에서 스스로 목숨을 끊었다. 유형원은 외삼촌 이원진에게 글을 배웠다. 5세부터 공부를 시작해 7세에는 서경을 읽었고, 20세에는 뛰어난 문장과 높은 학문으로 사람들을 놀라게 했다.

그는 과거시험에는 관심을 두지 않았다. 전국 각지를 돌며 임진왜란과 병자호란을 겪은 백성들의 좌절과 동요, 경제침체와 피폐한 삶을 직접 목도하며 당대 사회 현상을 날카롭게 주시했다. 사회적 모순과 집권 체제의 한계를 극복하는 것은 유형원의 고민거리였다.

32세에 전북 부안에 내려가 은거, 농사일을 하면서 학문 연구와 저술에 몰두해 자신의 학문적 성과와 이상을 모두 쏟아 넣은 반계수록(磻溪隧錄)을 집필했다. 유형원은 반계수록에서 부민, 부국을 위한 제도개혁의 필요성을 비롯해 나라를 부강하게 하고 농민의 삶을 안정시키기 위해서는 토지제도를 개혁해야 한다고 했다. 그의 혼이 담긴 저작 반계수록은 영조 46년, 영조의 특명으로 간행되기도 했다.

유형원은 실학의 연구와 보급을 필생의 과업으로 삼으면서도 국제정세에는 매우 어두웠다. 유형원은 북벌을 강력하게 지지하는 이른바 북벌론자였다. 열두 살, 열다섯 살의 나이에 겪은 정묘호란과 병자호란의 충격은 그를 청나라를 오랑캐 나라, 타도의 대상으로 일관하게 하는 주요 원인이었다. 1616년 누르하치(태조 천명제)는 성경에 도읍을 정하고 후금을 개국한 이후 2대 황제 숭덕제(홍타이지)에 이르러 정묘년(1627)과 병자년(1636)에 조선을 침공하여 항복을 받아냈던 것이다. 역사에 삼전도의 굴욕으로 전해지는 조선의 항복으로 후금(청)과 조선은 군신관계가 되었다. 소현세자, 봉림대군을 비롯한 대소 신료와 수십만의 백성이 끌려가는 참화를 겪은 조선은 절치부심했다.

당시의 정세는 엄혹했다. 1644년 300년 가까이 조선의 상국이자 종주국이었던 명나라가 멸망하고 청나라 팔기군이 북경을 장악했다. 유형원의 나이 스물 세살 때의 일이다. 급격한 정세변화, 중국대륙의 패권이동에 조선조정은 물론 신사상에 목말라했던 일부 사대부들조차 눈뜬장님 같았다.

소현세자는 청의 명나라 정벌 당시 팔기군 최고사령관 예친왕 도르곤에 이끌려 산해관까지 종군하였다. 욱일승천(旭日昇天)의 기세를 떨치는 청나라의 힘을 생생히 목도한 소현세자는 귀국 후 의문의 독살을 당했다. 청의 실체를 온몸으로 체험한 소현세자가 비명에 가면서 조선조정은 숭명배청(崇明排靑)

을 부르짖는 관념적 강경론자(서인/후에 노론·소론으로 분열)의 세상이 되었다. 인조에 이어 즉위한 효종은 북벌론의 근간이었다. 북벌을 위해 이완을 어영대장으로 삼고 10만 양병에 심혈을 기울였던 효종은 결국 뜻을 이루지 못하였다. 이룰 수 없는 목표를 세우고 와신상담했던 효종이나 북벌을 위해 압록강 일대를 답사했던 유형원이나 정세에 어둡기는 마찬가지였다.

역사에 가정은 없지만 만약 소현세자가 왕위에 올라 상당기간 통치했더라면 조선의 역사는 어떻게 달라졌을까. 최소한 신생제국 청나라와 활발한 교류를 통해 실사구시에 기반한 실학사상이 성리학을 대체할 수 있지 않았을까 생각해본다. 유형원 선생이 청장년 시절 연경(북경)을 비롯한 청나라 각지를 두루 견문(見聞)하고 서양의 선교사들과도 교류했다면 우물 안 개구리와도 같은 실학이 아니라 넓은 안목을 가진 온전한 실학사상이 착근하지 않았을까. 부질없는 상상이지만 안타까움에 가슴이 먹먹해진다.

청은 순치제에 이어 황위에 오른 강희제 치세에 굴기(屈起)하여 옹정제, 건륭제 3대 130여년간 중국역사상 유례없는 황금기를 이루었고, 오늘날의 기준으로 G1 국가가 되었다.

무신으로 판서에 오른 정양공 이숙기

이숙기 묘는 용인시향토유적 제56호로 지정돼 있다. 정양공 이숙기는 나의 중시조로 직계 조상이다. 이양의 증손으로 할아버지는 이백겸이며 아버지는 증연성부원군 이말정이다. 어머니는 경상도 관찰사 한옹의 딸이다. 이숙기(1429~1489)는 조선 전기의 무신이며, 본관은 연안, 시호는 정양이다. 1453년(단종1) 무과에 급제해 훈련원 주부까지 올랐고, 1455년 수양대군이 왕위에 오른 사건인 정난(靖難)에 가담하여 정난원종공신 2등을 받았다. 이후 세조의 가전훈도(선전관)가 돼 열병 때 왕명을 전달하는 임무를 맡았다.

1467년 무신 이시애가 세조의 북방민 홀대에 불만을 품고 난을 일으키자 이숙기는 강순의 지휘하에 맹비장으로 선봉에서 반군을 제압하는 공을 세웠다. 이 공로로 적개공신 1등을 받았고 가정대부

이조참판에 올랐으며, 연안군에 봉해졌다. 그해 겨울에는 건주위 야인들을 정벌하는 공을 세웠다. 1471년(성종2)에 좌리공신 4등을 받았으며 끊임없이 출세를 거듭했다. 무신으로서는 드물게 형조판서, 호조판서까지 올랐다. 김천시 도동서원과 불천위 사당인 정양공 사당에 배향됐다. 1786년 정조는 저양이라는 시호를 내렸다. 성품이 강직했고 엄격한 공사 구분과 과단성 있는 일 처리로 상하간 신망이 두터웠으며 재기가 있었다고 한다.

이숙기 묘는 부인 홍씨와 합장묘이며 용인 처인구 남사면 아곡리 완장천 건너편에 위치하고 있다. 용인시는 정양공 이숙기 묘역을 향토유적으로 지정했다. 이숙기 묘역은 면적 140평 규모로 부인 홍씨와 합장된 묘 외에도 좌우로 2쌍의 문인석이 세워져 있다.

봉분은 최근 시멘트를 이용해 만든 호석을 둘러 비교적 큰 편이고 봉분이 있는 계절(階節 ; 무덤 바로 앞에 평평하게 닦아놓은 땅)은 배계절(拜階節 ; 무덤 앞에 절하기 위해 만들어 놓은 자리)보다 단을 높게 조성했다. 좌우에는 홍씨 묘표와 이숙기 묘포가 세워져 있고 계절의 무너짐을 막기 위해 일부에 시멘트로 보수를 했다.

약천 남구만과 용인 장사래 고개

"동창이 밝았느냐 노고지리 우지진다 소치는 아이는 상기 아니 일었느냐 재 너머 사래긴 밭을 언제 갈려 하나니"

약천 남구만이 지은 '동창이 밝았느냐' 시조를 모르는 국민이 있을까. 용인 시청에서 모현읍으로 가다보면 사래긴 밭, 장사래 고개가 나온다. 시조 때문인지 정감이 느껴지는 고개다. 의령남씨 문충공파 종중과 용인문학회가 매년 약천문학제를 치르면서 남구만을 기리고 있어서 시민들에게 잘 알려져 있다. 남구만 학술대회도 개최해 남구만의 학술적 가치를 전파시키고 있다. 남구만 문학상도 제정해서 곧 실시한다는 계획이라고 한다.

남구만은 충청도 해미에서 태어나 유년시절을 보내다가 한양으로 이주하여 생애 대부분을 도성에서 지냈다. 남구만이 한양 다음으로 오래 머문 곳이 용인이다. 남구만은 71세에 지금의 용인시 모현읍 파담마을에 자리 잡고 12년 가까이 살았다. 남구만이 용인에 자리 잡게 된 배경은 선영이 있는 남사면 꽃골을 오가다가 지나는 길목인 파담마을의 풍광에 매료되었고 이곳에 은거하여 저술활동을 하고 싶다는 마음을 품게 되면서다.

남구만은 폐서인 되었던 인현왕후가 복위되자 중전에서 빈으로 다시 강등

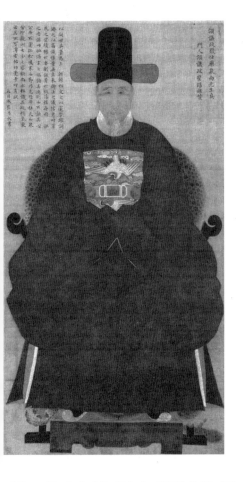

된 장희빈에게 사약을 내려야 한다는 서인 강경파에 맞서 세자(경종)를 낳은 희빈을 사사하는 것은 불가하다고 강력 주청하였다. 당시 서인의 영수는 우암 송시열이었다. 송시열은 희빈의 사사를 주장했고 끝내 자신의 의지를 관철했다. 희빈이 사사되고 인현왕후가 폐위된 후 잠깐 정권을 잡았던 남인은 실각했다. 희빈의 사사를 계기로 서인도 분열하여 노론과 소론으로 나뉘었는데 분당된 소론의 영수가 남구만이다.

희빈의 사사를 주도한 노론의 영수 송시열은 소론을 핍박했고 정치에 환멸을 느낀 남구만은 모현 파담마을에서 은거생활에 들어갔다. 약천(藥泉) 남구만 선생이 비파를 타며 말년을 보낸 파담마을에는 비야수라는 마을이름과 정자모탱이라는 속지명이 지금까지 남아있다.

약천 남구만(1629~1711)은 숙종시대 영의정, 좌의정, 우의정을 지낸 대정치가이다. 효종, 현종, 숙종 3대에 걸쳐 정치, 경제, 행정, 군정 등 국정 전반에 경륜을 폈을 뿐만 아니라 시문과 서화에도 뛰어났던 인물이다. 김익희, 이경여, 송준길 등의 문하에서 수학(修學)했고 효종 때 문과에 급제하여 1657년 정언이 되었다. 1664년 현종비 명성왕후의 백부 김좌명을 탄핵했다가 파직되어 3년 후 승지로 복직되었고 연이어 이조참판, 형조참판, 성균관 대사성, 도승지, 형조판서를 역임하는 등 출세가도를 달렸다.

남구만의 말년 작품 활동의 대부분이 용인 모현 파담마을에서 이루어진 인연을 들어 용인문학회는 남구만이 일 년 남짓 머물렀던 강릉에서는 그의 업적과 발자취를 대대적으로 기리는데 용인시는 약천선생에 무심하다고 지적한다. 전적으로 동감한다.

말년을 용인에서 보낸 남구만은 고향 충청도 홍성으로 돌아가 83세를 일기로 세상을 떠났다. 남구만의 유택은 양주에 모셔졌다가 현재의 위치인 모현 초부리로 이장했다. 모현 갈담리 파담마을에는 그의 신위와 영정을 모신 사당인 별묘가 용인시 향토 유적 53호로 지정돼 있다. 별묘 근처에는 남구만의 묘소가 향토 유적 제5호로 지정돼 있다. 남구만은 후일 숙종의 묘정에 배향되었다.

주(注) 현종비 명성왕후는 을미사변으로 일제에 시해된 명성황후와 혼동하기 쉽다. 명성왕후는 조선왕조 유일무이한 일부일처(一夫一妻)를 쟁취한 왕후이다. 현종은 결혼생활 동안 단 한명의 후궁도 들이지 못했다. 오직 일편단심 중전만 바라보고 살았는데 세계사적으로도 매우 드문 일이다. 명성왕후는 가장 행복했던 왕비라 할 것이다. 투기할 이유가 없었으니까.

조선의 가례를 집대성한 도암 이재

이재는 김창협의 문인으로 노론의 핵심적 인물의 한사람이다. 본관은 우봉, 자는 희경, 호는 도암(陶庵), 한천(寒泉)이다. 여흥부원군 민유중의 외손자이며 인현왕후의 친조카이다. 즉 숙종의 처조카이기도 하다. 요즈음 기준으로 로얄 패밀리의 일원이다. 숙종 28년 알성문과에 급제하여 출사했으며 복권된 단종실록 편찬에 참여했다. 이재는 숙종 45년 파직되었고 강원도 인제에 은거, 성리학 연구에 전념하다가 영조 원년 이조참판에 제수되었다. 이후 수차에 걸쳐 관직을 제수 받았으나 출사하지 않았다.

도암 이재는 말년에 용인에서 후학 양성에 매진하면서 사례편람을 저술했다. 명절 상차림이나 제사 상차림을 할 때 참고하는 상차림 도감이 그것으로 충렬서원 원장을 지내기도 한 도암 이재(1680~1746)가 최초로 펴냈다. 사례편람은 이후 이광정(헌종 1844)이 재차 간행했고 광무4년(1900)에 황필수, 지송욱이 증보, 증간(증보사례편람)하여 오늘에 전해지고 있다.

조선은 주자의 가례를 거의 맹목적으로 시행하고 있었는데 가례의 미비점을 보완하고 현실적으로 사용하기에 편리하도록 엮었다. 사례편람은 조선시대부터 현대에 이르기까지 관혼상제의 지침서로 영향을 끼치고 있다.

이재는 이이, 김장생, 송시열, 김창협으로 이어지는 기호학파의 학맥을 이어오면서도 그 나름대로의 학통을 수립한 대학자다. 성리학과 예학에서 유명했을 뿐만 아니라 홍문관의 영수로서 당색은 노론이었으나 학풍에서는 당색을 초월한 인물이었다.

정조를 도와 개혁에 매진한 명재상 번암 채제공

채제공은 개혁군주 정조대왕 치세의 명재상으로 널리 알려져 있다. 영조시대 후반과 정조시대 남인의 영수로 정조의 최측근 인사이며 사도세자의 스승이었다. 본관은 평강, 자는 백규, 호는 번암(樊巖), 번옹(樊翁), 시호는 문숙(文肅)이다. 충청도 홍주목에서 1720년 태어나 1799년 한성부에서 세상을 떠났다. 1735년 15세에 향시에 급제하고 1743년 문과정시에 급제하여 사도세자와 세손이었던 정조를 지근거리에서 보좌하였다.

역북동 작은 마을에 위치한 묘소. 주민과 시민들로부터 별 관심을 받지 못한 채 조용히 잠들어 있는 체제공의 묘를 찾았다. 마을 외곽에 위치한 묘소 주변에 아파트 단지가 들어서면서 좀 더 세련되게 동네가 바뀌긴 했지만, 콘크리트 회색 아파트에 둘러싸인 채제공의 묘소는 을씨년스러웠다. 채제공의 묘소만이 아니라 대부분의 문화재들이 난개발에 따른 주변 환경과의 언밸런스가 심각하다. 근본적인 보완책은 충분한 시간을 갖고 문화재 전문가와 숙의하여 해법을 찾아야 할 것이다.

채제공은 수원 화성 축성의 총 책임자였다는 점에서 용인과는 무관한 수원의 문화인물이라는 생각이 들곤 했던 게 사실이다.

1758년 서른아홉의 나이에 도승지가 되었는데 가히 파격인사였다. 채제공은 영조가 사도세자 폐위에 관한 명이 담긴 비망기를 내리자 목숨을 걸고 반대했다. 영조는 명을 거두면서 채제공에게 더욱 두터운 신임을 보였다. 이 사건으로 후일 영조는 채제공을 가리켜 세손 정조에게 "진실로 나의 사심 없는 신하이고 너의 충신이다"라고 말했다. 채제공은 대사헌, 대사간, 경기도 관찰사를 역임했다.

1762년(영조38), 모친상으로 관직에서 물러났는데 그해 윤5월 사도세자가 폐위되고 뒤주에 갇혀 죽었다. 영조 46년(1770) 병조판서가 되었고 같은 해 예조판서를 거쳐 호조판서에 올랐다. 이듬해 동지사(冬至使)로 청나라에 다녀왔다. 영조 48년(1772), 세손우빈객(世孫右賓客/세손의 스승)이 되어 세손 정조의 교육과 보호를 담당했고 이조판서를 역임했다.

영조가 승하하고 보위에 오른 정조가 가장 믿고 의지한 신하가 바로 채제공이었다. 1779년(정조3년) 실세였던 홍국영과 충돌하여 벼슬을 버리고 낙향했다가 이듬해 홍국영이 실각하자 다시 예조판서에 등용되었다.

한때 노론의 탄핵을 받아 정조의 곁을 떠나 있기도 했는데 1788년 정조는 특명을 내려 채제공을 우의정으로 삼았다. 정승에 오른 채제공은 정조에게 "황극을 세울 것, 당파를 없앨 것, 의리를 밝힐 것, 탐관오리를 징벌할 것, 백성의 어려움을 근심할 것, 조정의 기강을 바로잡을 것" 등을 담은 이른바 6조를 간곡하게 진언했다.

채제공은 노론이 주류였던 조정에서 영의정, 우의정이 공석인 상태로 3년 동안 홀로 좌의정을 맡아 독상(獨相)으로서 정조를 보필하기도 하였는데 의정부가 삼정승 체제가 아닌 독상체제로 운영된 사례는 찾아보기 어렵다.

정조대왕은 재위기간 내내 당시 집권세력인 노론과 긴장관계를 유지해야 했다. 정약용을 중용하고 서얼을 등용하는 등 노론의 발호를 억제하기 위해 부단한 노력을 기울인 정조는 남인의 영수이자 구심인 체제공에 크게 의지하였다. 정조는 말년에 장용영을 설치하고 수원에 화성을 축성하면서 총 책임자로 채제공을 임명했다.

정조의 화성 축성은 세자가 15세 성년이 되면 대리청정을 시키거나 아예 선위하고 상왕으로 물러나 군권과 주요권한을 보유한 채 개혁에 박차를 가하기 위한 심모원려(深謀遠慮)에서 비롯된 것이었다. 채제공은 정약용을 공사감독관으로 삼아 2년 8개월 만에 축성을 완료했다. 화성 축성이 3년도 못되는 짧은 기간에 끝난 것은 정약용이 발명한 거중기를 활용한 과학적인 축성술에 기인한바 크지만 가장 큰 이유는 화성건설에 동원된 목수, 석공, 백성들에게 후한 급료를 지불한 것에 있다.

세계문화유산에 등재되어 수원시는 물론 경기도의 문화 랜드마크로 자리잡은 수원 화성은 번암 채제공의 총지휘 하에 축성된 조선 후기 대표적인 건축물로 이전의 성곽과 확연하게 차별되는 아름다운 문화유산이다.

채제공은 신해통공책을 실시했는데 이는 대상인인 시전상인의 특권인 금난전권을 폐지하고, 소상인인 난전상인에게 자유로운 상업 활동을 하게 하는 것이었다. 오늘의 기준으로 보면 대형유통업체의 독점을 규제하고 재래시장과 골목상권을 보호하는 정책을 추진한 것이다.

1793년(정조 17년) 채제공은 일인지하 만인지상(一人之下 萬人之上)의 자리인 영의정에 올랐다. 채제공은 천주교도들에 대한 박해가 시작되자 천주교 신봉자를 옹호한다는 이유로 노론의 탄핵을 받아 파직과 유배를 겪기도 했으나 정조의 신임으로 바로 복직되었다. 그가 정승으로 있던 10여년 동안은 천주교에 대한 박해가 크게 확대되지 않았다. 채제공은 1798년(정조22년)에 사직을 청했다. 정조는 의자와 궤장을 하사 하면서 사직을 만류했지만 굽히지 않았다. 정조는 그를 명예직인 판중추부사에 임명하고 조정의 원로로 정사에 조언할 것을 당부했다.

번암 채제공은 정조가 승하하기 한해 전에 세상을 떠났다. 진심을 다해 보필했던 군주의 죽음을 보지 않고 먼저 세상을 등질 수 있었던 것은 어찌 보면 복 받은 죽음이었다 할 것이다. 채제공이 죽자 정조는 "50여년 동안 벼슬을 하면서 굳게 간직한 지조는 더욱 탄복할 만하다"며 슬퍼했다. 채제공에 이어 이듬해 정조마저 승하하자 개혁은 좌초되고 조정은 노론의 독무대가 되었으며 조선은 망국의 길로 한발 한발 내딛었다.

뇌문비를 내려 채제공의 죽음을 애도한 정조

번암 채제공은 1799년 1월 18일에 죽었고 장례는 3월 26일 남인계 사림장으로 치루었다. 용인 역북에 안장되있으니 무려 66일장이었다.

정조가 쓴 채제공 뇌문비의 내용을 보면 정조가 얼마나 슬퍼했는지를 보여준다. 뇌문이란 왕이 신하의 죽음을 애도하면서 손수 고인의 공적을 기리기 위해 쓴 조문 형식의 글인데, 이를 비석에 새긴 것이 뇌문비로 다음은 그 일부이다.

소나무처럼 높고 높아 우뚝 솟았고, 산처럼 깎아지른 듯 험준하여라

그 기개는 엷은 구름같이 넓고 도량은 바다를 삼킬 듯 크다

조정에 채제공이 없었다면 종묘사직을 어찌 보존 했겠는가

대마도를 정벌한 이종무 장군

왜구의 소굴이었던 대마도를 정벌한 것으로 유명한 이종무 장군
(1360~1425). 광교산 기슭 능말(용인시 수지구 고기동 산 79번지)에 고려 말
에서 조선 초기의 명장인 이종무 장군의 묘소(경기도 기념물 제 25호)가 있다.
묘가 실전된 것으로 알려졌다가 1972년에 후손이 장수이씨 문중에 내려오는
양후공산도를 근거로 향토사가와 함께 현지 조사를 해서 찾아냈다고 한다.

어려서부터 활쏘기와 말 타기를 잘했고, 스무 살 때는 아버지를 따라 전쟁
터에 나가 왜구를 격파해 그 공으로 중앙군에 들어갔다고 한다. 태어날 때부
터 무관의 기질을 가지고 태어난 용맹스런 장군이었던 이종무는 왜구의 노략
질이 극심해지자 세종 원년(1419) 본거지인 대마도 정벌에 나섰다. 당시 군권
을 장악하고 있던 상왕 태종은 이종무에게 왜구의 본거지인 대마도(쓰시마)를
쳐서 왜구를 발본색원(拔本塞源)하라는 밀명을 내렸다. 태종의 선위를 받아
즉위한 세종은 이종무를 삼군도체찰사(三軍都體察使)에 제수하고 전선 227
척과 65일분의 군량, 군졸 1만 7285명을 주어 대마도 정벌에 나서도록 했다.
마산포를 출발한 정벌군은 6월 20일 오시(午時) 대마도에 도착해 적선 129척
을 나포하고 두지포로 상륙하여 가옥 1993호를 불태웠으며 조선인과 중국인
포로를 구출하였다.

이종무 장군은 대마도에 주둔하면서 무력시위를 벌였다. 한 달 여 동안 대마도 점령군으로 계엄통치를 펼친 이종무 장군은 대마도주의 충성을 다짐받고 거제도로 철군하였다. 이종무 장군의 정벌 이후 삼남지방에서 왜구의 노략질은 자취를 감추었다. 대마도는 산세가 험준하고 섬의 97%가 산지로 이루어져 구조적으로 식량이 턱없이 부족했다.

대마도주는 1436년 식량 사정이 어려워지자 대마도를 조선의 한 고을로 편입시켜 달라는 상소를 올렸다. 조선은 대마도를 경상도에 예속시키고 도주를 태수로 봉했다. 고려말 이래 조선의 해안 지방을 노략질하던 왜구의 활동이 거의 사라지고 임진왜란 전까지 대마도와 평화적인 통상 관계가 지속됐다. 이종무 장군은 정벌의 공으로 장천군(長川君)에 봉해졌다. 큰 공을 세웠음에도 조정 대신들은 왜구의 기습으로 전사한 박실 등 사상자가 발생한 것에 대해 죄를 물었고 세종은 이종무를 감쌌다. 이종무 장군에 대한 조정의 치죄는 끈질겼는데 불순한 자들을 정벌군에 편입시킨 의도가 의심스럽다는 탄핵을 받고 의금부에 하옥되었다. 장군은 "늙은 놈이 살아 돌아온 것이 잘못이다. 대마도에서 죽는 것이 옳았다"고 탄식했다.

조정은 이종무에게 중죄를 내릴 것을 거듭 주장했으나 세종은 듣지 않고 이듬해 장군을 방면했다. 장군은 방면된 후 도성 밖에 거주하며 은거하다가 1423년 복직되어 사은사(謝恩使)에 임명되어 명나라에 다녀왔다. 이공으로 숭록대부(崇錄大夫)에 올랐다가 다시 보국숭록대부로 품계가 승진되어 찬성사(贊成事)에 보임되었다.

장군은 세종 7년(1425) 향년 66세의 나이로 세상을 마쳤다. 세종은 3일간 조회를 중단하고 양후(襄厚)라는 시호를 내렸다. 6월 17일 내린 교서에서 "만리장성이 갑자기 무너졌다"라고 비통함을 전했다.

이종무 장군은 고려 공민왕 때 장수 이씨 문중에서 태어나 우왕 시절(1381) 14세의 나이로 무관에 임용되어 창왕, 공양왕을 모셨고 조선개국 이후 태조, 정종, 태종, 세종 네 명의 임금을 섬겼다. 66세의 일기 동안 두 왕조에 걸쳐 여덟 명의 군주를 경험하는 파란만장한 삶을 살았다. 1995년 5월 18일 대한민국 해군은 1200톤급 다섯 번째 잠수함을 이종무함이라 명명했다.

나는 이종무 장군의 묘소를 돌아보고 장군의 기록들을 찾아보면서 당시 조정의 논공행상이 얼마나 불합리 했는지 절실히 느꼈다. 조정의 실권을 틀어쥐고 있는 성리학자로 이루어진 사대부 집단은 무관출신 신료에 대한 뿌리 깊은 멸시가 자리 잡고 있었다. 만약 문관 고위직이 삼군도체찰사에 임명되어 대마도를 정벌했다면 최상의 칭송과 최고의 벼슬, 작위를 내려야 한다고 주청했을 것이다.

사대부의 눈에 이종무 장군은 성리학도 모르는 무식한 무부(武夫)에 불과했던 것이다. 문관 사대부의 입장에서는 장군의 전공을 온전하게 인정한다면 자신들이 독점하고 있는 정치권력이 위태로워질 수 있다고 판단했던 것이다. 더욱 의아한 것은 사은사로 명나라에 다녀온 공로로 숭록대부(종일품), 보국

숭록대부(정일품)를 내렸을 때는 일언반구도 반대하지 않았다는 점이다. 이 얼마나 사대주의(事大主義)의 극치인가. 대마도를 정벌하여 왜구로부터 삼남의 해안지방을 안전하게 보호한 공로가 어찌 중국황제에게 사신으로 다녀온 공로보다 못하다는 말인가. 장군의 대마도 정벌 이전 삼남의 해안지방에 대한 왜구의 노략질은 연례행사처럼 잦았다.

역사적으로 한반도는 수백회가 넘는 일본의 침략을 받았다. 그것이 정규군의 전면 침공이든 소규모 왜구의 분탕질이든 말이다. 반면 우리군대가 일본을 침공한 것은 두 차례에 불과하다. 고려시대 원(몽골)의 침공에 무릎을 꿇고 여몽연합군을 편성하여 대마도를 거쳐 일본 규슈에 상륙하려 했던 일본정벌이 좌절된 이후 이종무 장군에 의해 대마도가 정벌된 것이다. 일본을 침공하여 승리한 단 한차례의 전쟁, 그것이 이종무 장군의 대마도 정벌이다.

이종무 장군의 대마도 정벌의 역사적 의미는 크고 또 크다 할 것이다. 독도를 다께시마(竹島)라고 우기며 끊임없이 영유권을 주장하는 일본의 후안무치(厚顔無恥)한 행태를 볼 때 장군의 대마도 정벌과 경상도 복속(세종실록)을 근거로 대마도에 대한 영유권을 주장하자고 제안하고 싶은 심정이다.

주(注) 여몽연합군 일본정벌−1차 원정 : 1274년 10월 4일 여몽연합군은 일본본토 원정을 단행했다. 고려는 원의 요구로 불과 넉 달만에 900척의 전선을 건조해야 했고, 백성의 고초는 이루 헤아릴 수 없었다. 원정군 총사령관은 원나라의 몽골인 흔도, 고려군은 김방경이 총사령관이었다. 병력은 원나라 2만5000명, 고려군 1만4700명이었다. 이튿날인 10월 5일, 대마도에 상륙한 연합군은 단 2시간만에 가마쿠라 막부군을 전멸시키고 섬을 점령했다. 10월 14일 여몽연합군은 규슈 인근 이키섬을 점령했다. 10월 17일 연합군은 규슈 다카시마(섬)를 점령했고, 10월 19일 규슈 하카다만 서부해안에 상륙,

10월 20일에는 김방경이 이끄는 고려군이 삼랑포(현 사와라)를 거쳐 내륙으로 진격, 막부군을 닥치는 대로 도륙하며 승전했다. 연전연승하던 여몽연합군은 10월 20~10월 21일 이틀간 불어 닥친 태풍으로 900척의 함선 중 몽골군 전함 200척이 침몰하자 전의를 상실, 철군해야 했다. 제1차 일본원정은 바람 앞에 좌절됐다. 일본역사는 이날의 태풍을 신푸(神風)라 부르며 오늘날까지 기리고 있다.

여몽연합군 일본정벌-2차 원정 : 1276년 남송의 수도 임안(항저우)을 함락한 원 세조 쿠빌라이는 남송군대까지 원정에 동원할 계획을 세우고 재차 일본을 칠 것을 명하였다. 1280년 2차원정군이 편성되었는데 동로군과 강남군으로 편성되었다. 몽골군 총사령관은 흔도, 부사령관은 고려인으로 원에 귀화한 홍다구로 병사 1만명이 동원되었다. 고려군은 김방경을 총사령관으로 전투병 2만명, 뱃사공 1만7천명, 함선 900척, 군량 12만3천석이었다. 강남군은 주로 멸망한 남송군이었는데 총사령관 범문호, 병력 10만 명이 동원되었다. 이듬해 1281년 5월 26일 출병한 동로군은 1차원정과 동일한 경로로 진격했다. 초반의 전세는 동로군이 우세한 가운데 한 달 여 동안 전개되었다. 하지만 강남군의 합류가 보름 넘게 늦어지면서 차질이 빚어졌다. 우여곡절 끝에 강남군이 3천여척의 대함대를 거느리고 합류, 7월 27일 총공격을 준비했다. 막부군은 전면전은 엄두도 못 내고 소규모 기습전으로 응전했다. 하늘은 이번에도 일본 편이었다. 태풍이 연합군을 가로 막았다. 7월 30일 태풍이 몰아쳐 수천의 함선이 침몰했다. 상륙한 연합군은 막부군의 포위공격에 전멸했다. 고려군의 피해는 비교적 적었는데 2만7천명 중 1만9천여명이 살아 돌아왔고 몽골군과 강남군은 궤멸되어 극소수만이 생환했다. 두 번의 원정이 참패로 끝나자 쿠빌라이도 일본정벌을 단념했다. 이후 일본은 자신들을 신이 보호하는 나라 즉 신국(神國)이라 굳게 믿게 되었다. 이러한 믿음은 3백여년 후 임진왜란을 일으키는 토양이 되었고 20세기 대동아공영권을 꿈꾸며 중일전쟁, 태평양전쟁을 일으키는 일본제국주의의 사상적 기반이 되었다.

허난설헌, 허균, 허씨 5문장의 가족묘

허균

허균은 홍길동전의 저자로 널리 알려져 있으며, 조선 중기의 문인으로 학자이자 작가, 정치가, 시인이다. 영화 '광해 왕이 된 남자'에서 배우 류승룡이 도승지 허균 역을 맡아 국민일반에 널리 알려졌다(허균은 도승지는 못했고 동부승지, 좌·우승지를 역임했다. 영화의 해석이 틀렸다고 할 수는 없다). 일천만을 훌쩍 상회하는 관객이 이 영화를 봤으니 허균은 이제 친숙한 인물이 되었다. 세종대왕, 이순신 장군의 명성에는 비할 바 못되지만 웬만한 국민은 허균을 알고 있다해도 무방할 것이다.

허균은 1569년 11월 3일 강원도 강릉 초당에서 태어났고 1618년 8월 24일 오십의 나이에 죽었다. 홍길동전을 쓴 허균은 당대의 문장이었다. 허균의 본관은 양천, 자는 단보(端甫), 호는 교산(蛟山) 또는 학산(鶴山)으로 불렸고 후에는 백월거사(白月居士)로도 불렸다. 1594년(선조27) 문과에 급제하여 승문원 사관으로 시작, 예조좌랑, 공주목사를 지내기도 했으나 순탄치 않았다. 탄핵을 받아 파면과 유배를 거듭하다 광해군 때 대북에 가담, 실세로 부상했고 벼슬은 정헌대부(정2품) 의정부좌참찬 겸 예조판서에 이르렀다. 광해군 10년 (1617), 인목대비 폐비에 적극 가담하였다.

신분제도와 서얼 차별에 항거, 서자와 불만계층을 규합하여 혁명을 계획하다 발각되어 능지처참되었다. 그의 작품은 모두 인멸될 뻔 했으나 죽음을 예감한 허균이 당시 소년이었던 외손자 이필진에게 전해 후세에 남게 됐다.

허균에 대한 당대의 평가는 재주는 출중하나 성격이 경박하고 불교를 숭상하는 등 사상이 불손하다는 것이 주류를 이룬다. 허균이 광해군 시대에 인목대비 폐비에 지나칠 만큼 앞장섰고 권력지향적인 모습을 보인 것을 볼 때 그의 역모사건은 구체적인 행동이 동반되지 않았던 것으로 추정된다. 다만 그의 내면에 세상을 뒤엎고 싶다는 욕망이 잠재해 있었던 것은 확실해 보인다. 허균은 당시의 지배질서에 반하는 사상을 품었을지언정 체제에 위협이 될 만한 행동을 하지는 않았고 그럴 여건도 못되었다. 허균은 대한제국이 1910년 멸망할 때까지 복권되지 못했다. 그는 시대를 잘못 만난 불운한 천재이자 이단아(異端兒)였다.

허난설헌

허균의 손위 누이 허난설헌(1563~1589)은 불세출의 여류시인이자 작가, 화가였으며 천재였다. 조선 중기 남녀차별이 극심했던 시절, 허난설헌은 당송의 고전에 정통하였고 학문의 깊이는 당대의 석학과 견주어도 손색이 없었다. 어려서부터 자태와 천품이 뛰어났던 허난설헌의 본명은 초희, 다른 이름은 옥혜이다. 호는 난설헌, 난설재이고 자는 경번이다. 허난설헌은 여성이 드러내놓고 학문에 정진할 수 없는 시대인지라 처음에는 오라비와 동생의 틈에서 어깨너머로 글을 깨우쳤다. 허성은 이복 오라비, 허봉은 동복 오라비, 허균은 동복 동생이다. 부친 허엽은 허난설헌의 재주가 안타까워 직접 글과 서예를 가르쳤다. 허균과 함께 이달(李達)의 문인이 되어 본격적으로 시와 학문을 배웠고 천재적인

시재(詩才)를 발휘하였다. 1577
년(선조 10년) 김성립과 혼인했
으나 결혼생활은 원만하지 못했
다. 슬하에 1남1녀를 두었지만 어
려서 요절하였다. 난설헌은 300
여수의 시와 산문, 수필을 남겼
고 213여수가 현재까지 전해진
다. 허난설헌은 당시의 여성 중
이름과 당호가 오늘날까지 전해
지는 몇 안되는 인물이다.

1608년 동생 허균이 명나라 사
신 주지번(朱之蕃)에게 전하여 중
국에서 시집 '난설헌집'(蘭雪軒集)
이 간행되어 격찬을 받았고, 1711
년 '분다이야 지로'(文台屋次郞)
에 의해 일본에서도 간행, 널리 애

송되었다. 허난설헌은 중국과 일본에서부터 명성을 떨치고 조선조 후기 국내에
서도 높은 작품성과 예술성을 인정받기에 이른다. 문학사적 업적으로 치면 난설
헌은 허균보다 뛰어나고 송강 정철, 고산 윤선도에 견주어도 손색이 없다. 조선
조 오백년 동안 배출된 여류 명사 중 문학적 성취가 그녀를 능가한 사람은 없었
다. 허난설헌에 대한 연구가 보다 세밀하게 이루어지고 영화나 드라마로도 만들

어져 그녀의 문학과 일생이 국민 일반에 널리 알려지길 기대해 본다.

허엽, 허성, 허봉

초당(草堂) 허엽은 강릉의 바닷물로 원조 초당두부를 만든 사람이며 동지 중추부사를 지냈다. 서경덕과 이황의 문인이다. 첫 부인 청주한씨 사이에 장남 허성과 두 딸을 낳고 사별한 뒤 강릉김씨 김광철의 딸과 재혼하여 허봉, 초희, 허균 3남매를 두었다. 첫째 아들 허성은 이조판서와 병조판서를 역임했으며, 둘째 허봉은 허균을 가르칠 정도로 학문이 뛰어났던 인물이다. 부친 허엽, 장남 허성, 차남 허봉, 삼남 허균, 게다가 여식 허난설헌까지 모두 출중한 문장가였으니 대단한 천재 집안이었다.

허씨 5문장 묘역

원삼면 맹리 일대는 양천 허씨가 입향 해 450년 이상 세거하고 있는 집성촌이다. 17번 국도를 따라 백암 방향 좌찬(좌전은 일제식지명. 2017년 지명위원회에서 '좌찬'으로 표기하기로 함)고개를 넘으면 왼편으로 처음 맞이하는 마을이다. 특히 맹골의 능안 마을은 이들 허씨 5문장의 세장지가 위치한 곳으로 유명하다.

원래 허씨 5문장의 묘역은 경기도 시흥군 신동면 서초리에 있었으나 경부고속도로 개설 공사로 인해 1968년 초당 허엽 선생의 유허지인 이곳으로 이전했다. 길에서 보면 묘역의 모습이 어떤지 가늠이 안 된다. 초입을 들어서면 마치 공원과도 같은 아름다운 묘역이 나타난다. 묘역이 둥근 타원형이고 안장된 인물들이 당대

의 문사들이어서 그러한지 아기자기하게 마치 공원 같이 잘 꾸며져 있다. 묘역에는 이장을 기념하는 천봉기념비를 비롯해 허엽 신도비, 난설헌 시가비가 세워져 있다. 허엽의 신도비 음기(陰記)는 선조 때의 명필로서 성균관 진사였던 한석봉이 썼다. 능말 양천허씨 묘역에 있는 허균의 묘는 능지처참참형을 당한 탓에 시신이 없는 허묘로 알려져 있다.

이곳에 허난설헌의 묘는 없다. 1969년 국어국문학회에서 건립한 시비 앞면에는 난설헌 허초희 시비라 쓰여 있고, 좌측 상단에는 한견고인서(閒見古人書)라고 새긴 난설헌의 친필을 새겨 놓았다. 허난설헌 묘소는 경기도 광주시 초월면 지월리에 있다.

전란 중 피란일기 '쇄미록'을 남긴 오희문

전쟁이 났을 때 장군이나 군인으로서만 공을 세우는 것이 아니다. 조선시대 서생으로 본관이 해주였던 오희문(吳希文1539~1613)은 당시 임진왜란의 전황과 처절했던 사회 상황을 기록으로 남김으로써 귀중한 자료를 후대에 전했다.

인조 때 문신이자 영의정을 지낸 오윤겸(1559~1636)의 아버지인 그는 피란 일기인 쇄미록을 남겼다. 그가 장흥 성주 등지의 노비들한테 신공을 받으려고 한양을 나섰다가 임진왜란이 나자 집에 돌아오지 못하고 전라남도와 충청남도 등지에서 9년 3개월 간 피란살이를 하면서 쓴 일기다.

보물 1096호로 지정돼 있는 쇄미록은 모두 7책(冊)으로 방대한 기록을 꼼꼼히 담고 있다. 충무공 이순신의 난중일기(亂中日記), 서애(西厓) 유성룡(柳成龍)의 징비록(懲毖錄)과 함께 임란시기 3대 사료로 꼽힌다. 쇄미록은 오희문이 피란을 다닌 전라도 장수, 충청도 홍주와 임천, 강원도 평강 등지에서 가솔과 함께 겪은 고단한 피란살이를 기록했다. 역병이 돌면 온 가족이 병에 걸릴 것을 우려해 흩어졌다가 진정이 되면 다시 모이는 등 가문의 절손을 염려한 갖가지 피란 방법은 눈물겹기조차 하다.

오희문은 해주오씨의 종손마저 죽자 자신이 조상의 제례를 지냈는데 피란 중에도 수많은 제사와 제례를 올렸고 이를 기록했다. 1595년 17회, 1596년 22회, 1597년 20회, 1598년 28회, 1599년 24회, 1600년 24회를 지내고 제수는 어떻게 차렸으며 아무것도 없으면 갱물만 올리고 제사를 지냈다는 기록도 있다. 오희문은 종친 오충일이 조상의 제례를 지낸다는 소식을 듣고서야 제례를 멈추었다.

임진왜란 당시의 상황과 군량운반, 세금징수, 백성의 생활상 등을 다루기도 했고 왜군의 살인, 방화, 부녀자 강간 등을 기록했다. 명군의 약탈과 행패도 사실적으로 기술했다. 쇄미록의 백미(白眉)는 전란중의 민초의 삶을 기술한 대목이다. 부모가 자식을 버리고 도주하고, 기아를 견디다 못해 인육을 먹고, 죽은 어미의 젖을 만지며 배고픔과 공포에 질려 우는 어린애의 모습, 역병이 돌아 속절없이 죽어 나가는 백성들의 참상을 기록한 것이다. 오희문의 쇄미록을 보면 백성에게 전란 중 가장 무서운 존재는 왜군도 명군도 아닌 역병과 굶주림이었다는 것을 생생히 알 수 있다. 피란 상황에서도 당시의 전황과 민초의 고단한 삶을 꼼꼼하게 일기로 남긴 오희문의 기록정신이 존경스럽다.

오희문은 살아서는 관직에 오르지 못한 백면서생이었으나 자식 오윤겸을 잘둔 덕에 사후 선공감 감역에 추증되었다. 오희문을 비롯한 해주 오씨 묘는 용인시 모현읍 오산리 산 5번지에 잘 조성되어 있다.

남양 홍씨 무관 집단 묘

용인의 진산인 석성산에서 뻗어 내린 기흥구 중동 나지막한 능선에 남양 홍씨 일파의 묘역이 있다. 시조는 조선 중기 무관이었던 홍제(1553~1635)로서 용인 출신의 무관이었다. 홍제는 무과에 급제한 후 오위낭청을 거쳐 임진왜란 때 군관으로 수원 방어에 공을 세웠다. 이 공으로 원종공신 3등에 서훈되었고 대호군의 직위에 올랐다. 사후 군기시정에 추증 되었다. 그의 묘 아래에 후손의 묘가 5기가 있는데 홍제의 후손들이 모두 무관이어서 한 가문 출신의 무관들이 집단묘역을 이루고 있다. 문관들의 묘역은 많지만 무관들로만 이뤄진 묘역은 매우 드물다.

오달제와 삼학사

한 시대가 가고 또 한 시대가 시작되는 것은 역사적 관점에 바라보면 당시의 시대적 상황과 인과(因果)에 따른 결과물이다. 오달제와 삼학사. 홍익한, 윤집, 오달제를 일러 삼학사(三學士)라고 역사는 기록하고 있다. 병자호란, 1636년 병자년(丙子年)에 벌어진 청의 조선 침공은 동아시아의 정세가 급격하게 요동치는 가운데 벌어진 것으로 피할 수 없는 전쟁이었다.

현재의 관점에서 보면 충분히 피할 수 있는 전쟁이었지만 당시의 조선은 죽을지언정 청에 머리를 조아린다거나 대국으로 섬길 수 없는 입장이었다. 조선이 섬기는 대국은 오직 명나라뿐이었고 청은 무도한 오랑캐일 뿐이었다. 성리학을 국가이념으로 삼은 조선은 대의명분에 어긋나는 정책을 펼칠 수 없었다. 명나라의 국운이 풍전등화 신세였지만 여전히 대륙을 지배하고 있는 것은 명이었고 청은 강맹한 위세를 떨치고 있었으나 변방이었다.

청군은 12만 병력으로 병자년 음력 11월 28일 조선을 침공했다. 인조와 조정은 남한산성에 들어가 결사항전의 의지를 다졌으나 역부족이었다. 1만 여명이 넘는 병사가 난공불락의 요새인 성을 방어했고 각지에서 근왕병이 모집되어 지원했으나 용인에 이르러 근왕군이 청군에 대패하여 흩어지고 산성에서는 군량미와 땔감마저 떨어졌다.

영화 남한산성에서 당시 조선조정의 사정이 생생하게 그려지고 있다. 조정은 주전파(主戰派)와 주화파(主和派)로 나뉘어 대립했다. 주전파의 중심인물은 김상헌, 주화파는 최명길로 대표된다. 오달제는 스물아홉의 나이에 홍문관 종오품 부교리 벼슬에 있었다. 오늘로 치면 중앙부처 과장급에 해당된다. 홍익한, 윤집, 오달제는 간관(諫官)의 위치에 있어 주화론을 펼치는 최명길을 탄핵하며 죽음으로 청과 싸울 것을 주청하였다. 인조는 내심 최명길에 동조하는 입장이었다. 결국 항전 46일만에 인조는 성을 나와 삼전도에서 청태종에 항복하고 군신의 예를 맹약했다. 청은 항전을 주장한 세력을 일소할 목적으로 포로로 데려갔는데 청의 포로가 되길 자청한 인물들이 오달제를 비롯한 삼학사이다. 삼학사는 청의 수도인 성경(심양)에서 처형되었다.

용인 모현읍 오산리 산 45-14에 삼학사의 한분이었던 추담(秋潭) 오달제(1609~1637)의 묘가 있다. 본관이 해주인 오달제 선생의 묘 안에는 시신은 없고 혁대와 주머니만 묻혀있다. 병자호란이 끝난 뒤 청나라 성경으로 끌려가 죽임을 당했기 때문에 시신을 찾아오지 못했다.

오달제는 인조 때 장원급제 하여 관직에 올랐던 인물로 척화파였다. 청나라와 사신 교환을 적극 반대했고 병자호란 후 적장인 용골대가 호의를 베풀며 회유했으나 끝내 뜻을 굽히지 않았다. 오희문이 양조부이다. 부친은 오윤해로 오희문의 양자로 입적했는데 아마도 가세가 빈한하여 넉넉한 오희문의 양자로 들어간 듯 싶다. 오달제는 홍익한, 윤집과 함께 사후 영의정에 추증되었다. 슬하에 자식이 없어 사후 양자를 들여 가계를 이었으며 해주오씨 추담공파의 중시조가 되었다.

조선의 마담 퀴리 이사주당

　모현, 한국외국어대학교 뒷산 정광산 자락에 자리한 향토유적 이사주당과 유한규 합장묘를 찾았다. 용인이 태교도시가 된 것은 이사주당의 태교신기 때문이다. 외대 옆으로 이사주당 묘에 오르는 둘레길과도 같은 완만한 숲길이 새롭게 조성됐다. 숲길을 따라 오르니 신선하고 상쾌한 바람이 살랑인다. 가을 단풍과 발 아래로 펼쳐지는 탁 트인 전경을 내려다보면서 천천히 묘역에 올랐다.

　이사주당 묘는 원래 외대에서 올라가는 길 뿐이었다. 입구를 몰라 묘역에 가자면 산속을 헤매기 일쑤였는데 이사주당기념사업회가 10여년 전부터 이사주당의 태교신기를 널리 알리면서 안내 표지판도 세우고 태교음악회도 개최했다. 그 결과 용인이 태교도시로 지정되고 둘레길과 같은 진입로가 조성되기에 이르렀다. 외대 진입로로 올라도 임도가 뚫려 기념사업회에서 세운 안내 표지판을 따라 왼쪽 산길로 오르면 이사주당 묘에 이른다.

　이사주당은 세계최초의 태교전문서인 태교신기를 지은 조선 후기의 여성이다. 태교에 대해서는 잘 알지 못하지만 상당히 과학적이라 한다. 어떻게 조선의 여성이 태교에 관한 서책을 지었는지 놀라운 마음을 금할 수 없다. 이사주당은 타고난 천재가 아니었나 싶다. 그녀는 자신의 태교법으로 역시 천재적인 아들 유희와 딸 셋을 낳았다.

이사주당은 엄청난 독서량으로도 유명하다. 여성에 대한 비하와 멸시가 일반화된 조선시대, 선비들도 이사주당한테 배우기를 자처했다고 하니 그녀의 학문적 깊이가 대단한 경지에 올랐음을 짐작할 수 있다. 그녀는 사서오경 같은 경서뿐만이 아니라 남편 유한규와 혼인한 후에는 천문학, 역학, 의학 등 이른바 서양학문까지 배움의 폭을 넓혔다 한다. 유한규는 결혼 운이 좋지 않았다. 세 명의 부인과 사별하는 불행을 겪고 이사주당과 네 번째 혼인을 하였다. 네 번째 만난 이사주당은 천재였고 천생연분이었다.

유한규는 부인을 오누이처럼 다정하게 대했다고 전해진다. 이사주당은 스물다섯, 혼기를 훌쩍 넘긴 나이에 유한구에게 출가했다. 두 사람은 나이 차이가 무려 21세나 되었다. 부녀지간과도 같은 연령차에도 불구하고 부부의 금슬은 남달랐다. 유한규는 그녀에게 남편이라기보다 스승 같은 존재가 아니었나 싶다. 초야를 치루며 유한규는 아내에게 말하기를 "내 어머니는 올해 일흔 둘이신데 눈이 어두워 거동이 불편하시고, 역정을 잘 내시는 편이오"라고 말하자 이사주당은 "세상에 옳지 않은 부모는 없습니다"라고 화답(和答)했다고 한다. 이사주당은 연로한 시어머니를 극진히 모셨고 유한규는 아내를 지어미이자 학문적 동반자로 대했다.

이사주당 사후 아들 유희가 쓴 행장에 "어머니와 아버지는 식사 도중에도 경서에 대해 논했다"고 전한다. 두 내외는 시도 때도 없이 학문을 논했던 사이였던 것 같다. 유한규는 학문적으로 출중했던 아내를 당대의 학자로서 존중했던 것이다.

이사주당은 1739년 영조시대에 충청도 청주에서 태어났다. 어린 시절부터 그녀의 천재성과 학문적 성취는 소문이 자자하여 호서의 거유(巨儒)였던 한원진, 송명흠 같은 대학자들이 사주당이 여식(女息)이어서 직접 대면할 수 없음을 안타까워했다고 한다. 남녀가 유별한 시대, 친척이 아니면 남의 여식을 직접 대면하기 어려웠던 점을 아쉬워했던 것 같다. 요즘 같으면 얼마든지 찾아가 만나볼 수 있었겠지만 당시의 시대상에선 도리에 어긋나는 일이었다. 사주당이라는 호는 성리학을 집대성한 주자에게서 배운다는 뜻을 담고 있다고 한

다. 그녀가 여자로 태어나지 않고 남자로 태어났다면 조선 후기를 대표하는 대학자가 되고도 남을 재주와 천품을 가졌던 게 틀림없어 보인다. 청주 인근, 이씨 가문의 남자 중에 사주당의 학문을 능가할 사람은 없었다고 한다. 그녀는 태종이 특별히 총애했던 서자, 경녕군의 11대손으로 노론 가문이었다. 남편 유한규는 소론 가문이었다.

이사주당은 자식에 대한 교육열이 높아 아들 유희는 물론이고 딸들에게도 아궁이에 불 때는 것도 시키지 않고 책을 읽혔던 것으로 알려져 있다. 유희는 어머니의 뜻에 따라 평생 출사하지 않고 학문에 정진했다. 이사주당의 세 딸들도 매우 똑똑했을 것으로 추측되지만 시대적 한계로 평범한 삶을 살았을 것으로 짐작된다.

태교신기는 1880년 이사주당이 예순의 나이에 한문으로 저술했는데 이듬해 유희가 언문으로 번역하고 편집하여 출간, 규방의 아낙들이 쉽게 읽을 수 있도록 했다. 유희는 실학의 대가로 훈민정음을 연구하여 '언문지'를 펴낸 한글학자이기도 하다. 태교신기에 따르면 "스승의 가르침 10년보다 태중의 열 달 교육, 즉 태교가 더 중요하다"고 하였다. 이사주당 묘소를 돌아보며 문득 폴란드의 과학자 '마담 퀴리'가 떠올랐다.

이사주당 태교의 결정체 유희-걸작 문통을 남기다

유희는 목천 현감을 지낸 아버지 유한규가 11세 때 세상을 뜨자 그때부터 어머니 이사주당에게 학문을 배웠다. 유희는 어머니를 대학자로 존경했다. 유아시절부터 총명했던 것은 어머니 사주당의 태교 덕분이다. 사주당은 4남매를 낳고 자신의 임신 출산 경험을 토대로 태교신기를 저술한 것으로 알려졌다. 오늘날 태교는 클래식음악을 듣고 음식을 가려 먹으며 적당한 독서를 하는 것으로부터 시작한다. 조선시대 여인의 삶을 살아야 했던 사주당은 학문에 정진함으로써 머리 좋고 품성이 곧은 아들을 낳고 싶었던 것으로 보인다. 사주당의 태교 결과, 유희는 신동(神童)이었다.

유희는 어머니의 뜻에 따라 벼슬길에는 오르지 않고 향리에서 농사를 지으며 학문에 몰두했다. 그가 남긴 문통이라는 책을 보면 경서, 문학, 음악, 수학, 천문학, 역학에 이르기까지 다방면의 연구를 했음을 알 수 있다. 성리학을 제외한 학문은 잡학(雜學)이라 천시하던 시대에 잡학에 열성을 쏟았으니 유희는 서학에 매료되었음이 틀림없다. 부친 유한규가 특히 수학에 능했다고 하니 유희의 학문은 아버지와 어머니의 영향을 골고루 받았음을 알 수 있다.

열하일기(熱河日記)의 저자 연암 박지원(燕巖 朴趾源)은 영·정조 시대를 살

며 고리타분한 성리학에 맞서 잡학(雜學)에 심취, 실천적 정열을 쏟은 실학의 대가(大家)였다. 정조 임금이 그의 학식과 재주를 아껴 등용하려 했으나 끝내 출사하지 않았다. 유희는 성리학에서도 일가를 이룬 대학자다. 연암과 같은 사상을 갖고 은둔했는지는 알 수 없지만 유희 선생에 대한 연구가 제대로 이루어져 그의 진면목이 널리 알려지길 기대해 본다.

PART 2

국권회복에 온몸 던진
선열의 유적

충정공 민영환 의사, 자결로 민족혼을 일깨우다

1905년 조선통감 이토 히로부미(伊藤博文)는 을사오적(乙巳五賊)을 앞세워 고종을 핍박, 외교권을 박탈하는 것을 골자로 한 을사늑약을 강제했다. 민영환은 원로대신 조병세 등과 백관을 인솔해 고종을 알현하고 을사 5적 처형과 조약을 파기할 것을 요구하다가 뜻을 이루지 못하자 자결했다.

민영환(1861~1905) 의사의 묘는 기흥구 마북동 구성초등학교 뒷산에 있다. 의사의 묘는 수지구 풍덕천동 토월마을에 봉분 없이 평장돼 있었다. 일제강점기를 거치면서 봉분이 허물어져 버렸는데 1959년 이승만 대통령의 특명으로 현재 위치로 이장하고 묘비 전면에 이승만 대통령이 '계정민충정공영환지묘'라고 썼다.

민영환은 고종 15년(1878)에 문과에 급제해 도승지, 예조판서, 주미공사 등의 요직을 거쳤다. 친부는 민겸호, 양부는 백부(伯父) 민태호이다. 민겸호가 임오군란 때 피살되자 3년상을 치렀다. 민영환은 특명전권공사로 러시아 로마노프 왕조 마지막 황제(짜르) 니콜라이 2세의 대관식에 참석하고 영국, 미국, 일본 등을 돌아보면서 서양의 발전된 모습을 직접 체험했다. 1897년(광무 1년)에는 영국, 독일, 프랑스, 러시아, 이탈리아, 오스트리아, 헝가리 등 6개국의 특명전권공사에 임명되어 외유하면서 깊은 인상을 받았다. 귀국 후 고종에게 유럽열강의 제도를 받아들여 정치를 개혁하고 민권을 대폭 신장할 것을 건의 했으나 받아들여지지 않았다. 독립협회를 적극 지원하여 민씨 일가와 친일 내각에 의해 배척을 당하였다.

망국의 길로 치닫는 나라를 걱정하며 '대한제국 이천만 동포에 고함'이라는 유서를 남기고 민영환은 1905년 11월 30일 오전6시에 인사동 이완식의 집에서 자결했다. 민영환의 죽음은 조병세, 김봉학, 홍만식, 이상철 등이 뒤를 따라 목숨을 끊는 계기가 됐다.

민영환이 자결한 후 피묻은 칼을 상청 마루방에 두었는데 그 다음해에 보니 대나무 네 줄기가 마루의 피 묻은 곳을 뚫고 올라와 자라고 있었다. 이를 절개의 대나무, 즉 절죽이라 부르게 됐다고 한다.

민영환 의사의 순사(殉死)는 경향각지에서 의병이 궐기하여 일제의 침탈에 대대적으로 저항하는 도화선이 되었다. 의사가 죽은 지 4년 후 1909년 국권침탈의 원흉(元兇) 이토 히로부미는 만주 하얼빈 역에서 대한제국 참모중장 안중근 의사에게 사살되었다.

대한독립군의 산파 김혁 장군

만주 등 국경지역에서 의용군과 대한독립군을 조직해 항일운동을 펼쳤던 김혁(1875~1939) 장군은 용인시 기흥구 농서동에서 태어났다. 1898년 대한제국 무관학교에 입학해 대한제국 육군 정위로 1907년 8월 군대가 해산되기까지 근무했다. 군대 해산 후 고향인 용인에 내려와 1919년 3. 1 독립만세 시위에 참여했고 일본의 눈을 피해 만주로 망명했다.

1925년 21개의 독립단체가 모여 결성한 신민부의 중앙집행위원장으로 선출됐는데, 군사부 위원장은 김좌진이었다. 신민부가 성동사관학교를 설립하자 김혁 장군은 교장에 취임했고, 김좌진은 교감을 맡아 매년 2기씩 군사교육을 시켜 약 500명의 생도를 배출, 무장독립군을 양성했다.

김혁 장군은 1928년 신민부 총회를 개최하던 중 일제 경찰의 습격을 받아 체포돼 10년 형을 선고 받았다. 출감 뒤 옥고를 치루며 발병한 병환으로 순국했다.

구갈동 강남대학교 옆 성지중학교 맞은편 김혁 공원에는 경주김씨 문중에서 제작한 오석 김혁 선생 독립운동기념비가 세워져 있다.

런던에서 순국한 이한응 열사

이한응 열사(1874~1905)는 대한제국 주영국공사관의 3등 참서관으로 런던에 부임했다. 열사는 일본이 제1차 한일의정서를 강제로 체결하자 일제의 침탈을 만국에 알리기 위해 런던에서 자결했다. 기울어져 가는 조선의 국운을 어떻게 해서라도 살려보고자 목숨을 초개처럼 던졌던 꽃다운 나이의 청년 열사다.

이한응은 용인 이동면 화산리에서 출생해 16세에 관립 영어학교를 졸업하고 21세에는 성균관 진사시험에 합격했다. 세상이 바뀌어서 영국 벨기에 양국공사관의 참사관으로 부임했고 공사였던 민영돈이 본국으로 귀국한 뒤 특명서리공사로 임명됐다. 영국에 있는 동안 대한제국의 외교관으로서 기울어져 가는 나라를 구하기 위해 온 힘을 다 바쳤으나 열강은 대한제국의 생존에 냉담했다. 1905년 5월 12일 이한응 열사는 부인과 형에게 유서를 남기고 음독, 순국했다.

황성신문에 이한응 열사의 순국 사실이 알려지자 수많은 애국지사와 백성들이 비탄의 눈물을 흘렸다. 고종황제가 친히 제문을 내려 선생의 애국충정을 높이 치하하고 관직을 추증해 장춘단에 배향했다. 열사의 친필유서와 일지 등이 전해오고 있다. 1962년 건국훈장 독립장이 추서되었다.

그의 묘는 이동읍 덕성리에 있다. 향토유적으로 지정돼 있는 열사의 묘에서 덕성리 마을이 한눈에 내려다보인다.

주(注) 1904년 발발한 러일전쟁은 1905년까지 전개되었다. 1905년 5월27일~28일, 러시아와 일본이 대한해협, 쓰시마 인근에서 벌인 해전에서 예상을 뒤엎고 일본 해군이 대승을 거두었다. 쓰시마 해전에서 러시아가 패함으로써 대한제국은 일본의 지배하에 놓이게 되었다. 당시 고종황제와 정부는 미국, 영국과 우호적인 관계를 수립하기 위해 필사의 노력을 벌였다. 미국과 영국에 사절단을 보내 대한제국이 독립국의 지위를 지킬 수 있도록 애걸에 가까운 호소를 했다. 당시의 정세를 보면 일본의 배후세력은 미영제국이었다. 대한제국은 미영의 실체를 몰랐다. 미영제국은 일본을 앞세워 동아시아, 특히 중국을 지배하려는 야욕을 노골적으로 드러내고 있었다.

마지막 걸림돌이 러시아였다. 영·미는 일본을 총력 지원(1902년, 영일동맹)하였다. 미국 대통령 '시어도어 루즈벨트'는 1905년 7월 29일 육군장관 '윌리엄 태프트'를 도쿄에 파견, 내각 총리대신 '가쓰라 다로'와 회담을 갖도록 하였다. 미-일 회담에서 양측은 "조선의 지배권은 일본이 갖되 미국의 필리핀 지배에 반대하지 않는다"는 협약을 맺었다. 역사에 기록된 '태프트 가쓰라 밀약'이 성사됨으로써 대한제국은 국권을 상실하게 된다. 미국과 영국의 야욕을 간파하지 못한 고종과 대한제국 정부의 무능을 무조건 탓할 수 없다는 생각이 필자만의 소견일까.

제국주의 열강의 식민지 쟁탈전이 노골적으로 전개된 20세기 길목의 엄혹함을 탓하는 게 차라리 당시의 역사를 바라보는 객관적 시각일 것이라는 생각이 든다. 민영환 의사, 이한응 열사의 순국을 시작으로 헤이그 열사에 이르기까지 우국지사들의 죽음. 끝내 망국의 길로 치달을 수밖에 없었던 대한제국 종말을 둘러싼 열강의 각축이 2017년 동아시아 정세에 오버랩 되면서 치욕과 회한의 역사는 반복될 수도 있는 것인가 마음 심란하다. 부디 기우이길 간절히 소망해 본다.

용인의 독립운동가와 3.1 만세운동기념공원

용인에는 독립운동가가 많았다. 의병으로 활약한 독립운동가 중에 임옥여, 정주원, 이익삼 등의 의병장이 있다. 또 임오교, 이덕경, 김순일, 윤성필, 정용대, 윤관문 등 의병부대를 조직한 독립운동가도 있다. 여준, 김혁, 남정각, 정철수, 오의선, 이홍광 등 해외 항일투쟁에 앞장섰던 인물도 있고, 이한응과 유근 등 외교활동 및 언론을 통해 독립운동을 전개한 인물도 있다. 유근 같은 경우는 남궁억 등과 함께 황성신문을 창간했고, 1905년 11월 일제가 을사늑약을 강제 체결하자 장지연의 시일야방성대곡을 게재하는 등 일제의 야욕을 폭로했다. 언론계의 지사들은 신민회, 조선광문회 등에서 활동했고, 저술을 통해 일제에 저항했다.

원삼면 죽능리에 오인수 의병장을 중심으로 아들 오광선 장군과 딸 오희영, 오희옥 등 3대가 독립운동에 참여한 것을 기리는 삼대독립항쟁기적비(三代獨立抗爭紀蹟碑)가 세워져 있다. 기적비를 읽으며 숙연해지고 감사한 마음을 가눌 길이 없다. 내가 그 시대를 살았다면 일제의 악랄하고 무자비한 총칼 앞에서 과연 이들처럼 나라를 위해 목숨을 던져 항일운동, 독립운동에 앞장설 수 있었을까 싶다.

기미년 삼일운동을 기리기 위해 원삼면 좌찬고개에 '3.1 만세운동 기념공원'

이 세워져 있다. 이곳은 삼일절이 아니면 갈 일이 없다. 의례적인 연례행사처럼 용인시민 대부분이 일 년에 단 한번 삼일절을 기억한다. 삼일절도 기념식에 공식적으로 참여하는 인사를 제외하고는 일반시민들의 관심에서 희미하게 빛바래 가고 있다. 역사에서 교훈을 얻지 못하는 민족과 국가의 미래는 불행할 수밖에 없다. 일제 강점기와 3. 1 운동의 역사적 사실을 시민들이 늘 보고 일상에서 기억할 수 있도록 기록을 모으고 보전할 제대로 된 기념관이 필요하다고 생각한다.

1919년 3월 21일 새벽 3시, 원삼 좌찬고개에서 주민 1000여명이 모여 용인 최초로 대한독립만세를 외쳤다. 이를 기화로 용인 전역에서 만세운동이 일어났고 연 인원 1만3200여명이 참여해 35명이 사망했고, 139명이 실종되는 등 총 741명이 희생됐다고 한다. 용인시는 이를 기념하고 만세운동의 역사적 의미를 되새기기 위해 지난 2011년에 기념탑과 기념공원을 조성했지만 내용이 부실하다. 차근차근 알차게 내용을 채워나가야 할 것이다.

주(注) 박근혜 정부는 역사교과서 국정화를 밀어붙이며 '건국논쟁'을 촉발시켰다. 국정교과서는 박근혜 대통령이 탄핵되면서 폐기되었지만 건국절 논쟁은 현재 진행형이다.

기미년(己未年) 삼일만세운동이 전국으로 확산되고 수만의 희생자를 낳으면서 본격적인 독립운동이 시작되었다. 1919년 4월 13일 중화민국 상하이에 최초의 망명정부가 수립되었다. 같은 해 9월 11일 각지의 임시정부가 통합되어 '상해임시정부'는 단일한 '유일합법망명정부'가 되었다.

임시정부는 '임시헌법'을 제정, "대한제국의 영토를 계승하고 황실을 우대한다"고 명시했다. 임시정부는 여러 어려움을 겪으면서도 1945년 8월 15일 해방을 맞이하기 까지 항일독립운동의 구심이 되었다. 미군정 3년을 거쳐 1948년 7월17일 대한민국 제헌헌법이 공포되었다. 7월 17일이 제헌절이 된 것은 1897년 7월 17일 대한제국이 선포된 것을 기념한 것이다. 대한민국이 대한제국을 계승한 유일합법정부라는 정통성을 확보하기 위한 것이었다.

제헌헌법은 기미년 대한민국을 건립하고 1948년 재 건립한다고 명시했다. 이후 9차례 헌법개정이 이루어졌고 상해임시정부의 법통을 계승한다는 전문조항은 변함없이 유지되어 왔다. 1948년 최초의 관보에도 대한민국 30년이라고 명시되었다. 역사적 사실에 기초할 때 대한민국 건국년도는 1919년이 명백하다.

1948년 8월15일을 건국절로 봐야한다는 주장은 '뉴라이트' 계열의 학계에서 비롯되었다. 주장의 핵심은 임시정부의 법통을 인정할 수 없다는 것이다. 이들은 이승만 국부론을 내세우며 온갖 논리를 끌어다가 임시정부의 정통, 적법성을 부정해왔다. 임시정부는 국가구성의 3대 명제인 국민, 영토, 주권을 갖추지 못했기 때문에 실제적인 국가로 볼 수 없다는 것이다.

1948년 건국절 주장의 숨은 의도는 일제 강점기 친일부역자의 죄를 사면하기 위한 것이다. 이들이 이승만 국부론을 내세운 것은 일종의 명분 확보용 물 타기 전략이다. 이승만 대통령은 상해임시정부의 초대 대통령이다. 대한민국 건국의 국부 중 중요한 한분으로 모신다고 해서 문제될 것이 없다. 문제는 박정희 대통령의 일본군 경력과 친일 행적이다. 상해임시정부를 건국의 기원으로 삼아 정통성을 부여하면 박정희 대통령의 일본군 경력과 친일 행적은 정통합법정부에 대한 반역 행위가 된다.

1948년 8월 15일 건국절 주장의 이면에는 바로 박정희 대통령의 친일행적을 지우기 위한 의도가 숨어 있다. 일각에서 산업화와 근대화의 아버지로 추앙하는 박정희 대통령의 명백한 친일 행위를 은폐하기 위해서는 나라를 빼앗겼기 때문에, 합법정부가 없었기 때문에 어쩔 수 없었다는 변명이 필요했던 것이다. 박근혜 정부가 온갖 무리수를 쓰면서 '역사교과서 국정화'를 강행한 것은 결국 아버지에 대한 왜곡된 부정(父情)에서 비롯된 것이었다.

미국의 독립기념일, 즉 건국일은 1776년 7월 4일이다. 1773년 보스턴 차사건을 계기로 영국의 통치에 저항할 것을 선언한 미국은 1776년 7월 4일 13개주 대표가 모여 독립을 선언, 새로운 아메리카 합중국이 대륙을 대표한다고 공포했다. 영국군과 대륙군(독립군)의 치열한 전쟁이 전개되었다. 1781년 마침내 아메리카 합중국 군대는 영국군을 요크타운 전투에서 무찔러 무조건 항복을 받아냈다. 1783년 아메리카 식민지 종주국이었던 영국은 '파리평화조약'을 맺고 미국의 독립을 인정했다. 미합중국 연방 제헌헌법이 1788년 발효되었다. 1789년 독립군 총사령관 '조지 워싱턴'을 연방헌법에 따라 '미합중국 초대 대통령'에 선출함으로써 비로소 미국은 완벽한 국가체계를 갖추었다.

1948년 건국을 주장하는 사람들도 미국의 건국이 1776년이라는데 이의를 제기하지 않는다. 1948년이 건국이라면 미국의 건국도 1789년이 되어야 한다. 덧붙여 미국의 국부는 단수(조지 워싱턴)가 아니다. '파운딩 파더스'(Founding Fathers), 즉 건국의 아버지들은 아메리카 합중국 '독립선언서'와 '권리장전'(연방수정헌법10개조) 제정에 참여한 복수의 건국자들을 일컫는다. 이승만 대통령이 국부냐, 아니냐는 논쟁 역시 부질없는 짓이다. 독립은 한사람의 출중한 리더십이 아니라 수많은 사람들의 피와 땀으로 쟁취되는 것이다.

용인 땅에 살며 제대로 살펴보지 못한 곳이

너무나 많다는 사실을 자각하게 되었다

용인의 역사 유적지를 중심으로 꼭 가봐야 하는 곳을 천천히 돌아보기로 했다

PART 3

용인의 역사유적
랜드마크

신라시대 숨결이 서린 할미산성

할미산성에 오르면 타임머신을 타고 시대를 거슬러 올라간 듯 오랜 세월의 흔적을 고스란히 느낄 수 있다. 설레는 마음을 진정하고 찬찬히 둘러보면 할미산성의 진면목을 제대로 감상할 수 있다. 축성 방식과 출토 유물로 추정해서 6~7세기 때 신라가 쌓은 것이라고 하는데, 그 오래전에 쌓은 성곽이 이렇게 잘 남아있다는 게 참으로 신기할 따름이다.

할미산성은 기흥구 동백동과 포곡읍 마성리 중간에 위치한다. 해발 350여 m의 산에 타원형을 이루는 형태로 촘촘하게 쌓았다. 마고선인이라는 할머니가 쌓은 성이라는 전설이 전해오기 때문에 노고성, 할미성, 마성, 또는 할미산성 등으로 불리워지고 있다.

할미산성은 용인의 진산인 석성산을 넘어서 등산을 겸해 찾으면 참으로 경관도 좋고 운동도 되고 가히 일석삼조(一石三鳥)다. 석성산은 봉수 터가 남아있는 산성이다. 아직도 성문이 남아있고, 성벽의 흔적도 곳곳에 남아있다. 석성산과 할미성과의 관계는 알 수 없지만, 이 일대가 용인을 지키는 중요한 요새였음을 알 수 있게 한다. 석성산에서는 새해 해돋이 행사가 열리고 있고, 용인시청에서 등산로를 따라 오르면 도달하게 되는데, 시청부터 석성산을 통해 할미산성까지 등산을 하자면 상당한 기초 체력이 필요하다.

용인 할미산성 3차 발굴조사
● 기　간 : 2014년 7월 14일 ~ 2014년 11월 30일 (실 조사일수 : ▒▒일)
● 주　관 : 용인시　한국문화유산연구원

서봉사지와 현오국사탑비

신봉동 전원주택 단지 끝자락, 실개울에 놓인 돌다리를 건넌다. 광교산 시루봉, 토끼재에 오르는 산길로 400m 남짓 가면 갈림길이 나온다. 오른쪽 광교산 정상 시루봉 아래 서봉사지가 고즈넉이 자리 잡고 있다.

지금은 폐허가 된 절터가 황량하지만 규모가 상당했던 사찰인 것만은 확실하다. 절터 가운데 현오국사탑비가 덩그렇게 서 있다. 지난날 광교산에 오르면서 수차례 지나치기도 했던 곳이다. 무심히 서봉사지를 지나쳤다. 이른 봄 얼음이 녹으며 흐르는 계곡물 소리, 이름 모를 산새들의 지저귐이 귓가에 맴돌던 기억이 생생하다.

연원도 알 수 없고 이름도 알 수 없던 폐허로 버려진 사찰이 서봉사라고 밝혀진 것은 얼마 되지 않았다. 현오국사탑비를 보호하기 위해 비각을 세우는 공사를 하다가 사찰의 연원을 밝혀줄 단서가 남아있는 기와조각이 발견되면서 서봉사지가 세상에 모습을 드러냈다. 무명의 사찰이 비로소 본래의 이름을 찾게 된 것이다.

서봉사는 수원시와 경계인 광교산 동남쪽 해발 260m 선상의 구릉에 있다. 전해지는 이야기에 의하면 임진왜란 때 절에서 나온 쌀뜨물이 개울을 따라 10여리나 흘러내려가니 왜군이 물길을 따라 올라가 절을 불태웠다고 한다. 서봉

사는 숭유억불(崇儒抑佛) 정책이 시행되던 조선시대의 사찰 혁파 대상에서 제외 되어 보존할 수 있었다고 한다. 산속 깊이 외진 곳에 자리한 덕이었을 것이다. 광교산 자락 경사지에 지형의 흐름에 따라 지어진 서봉사지는 남북으로 길이가 130m, 동서 로 폭 90m 정도로 추정된다. 평수로 환산하면 3500 여평의 상당한 규모다.

태종실록 1407년 기록에 의하면 용구현의 서봉사를 나라의 복을 비는 사찰인 자복사의 하나로 정했다는 기록이 나온다. 또 1530년에 편찬된 신증동국여지승람과 1799년에 편찬된 범우고에도 서봉사에 대한 기록이 있어 19세기 초까지는 존속됐던 것으로 추정하고 있다. 그러나 20세기 초에 편찬된 사탑고적고에는 폐사(閉寺)된 것으로 나와 있어 19세기 중에 절문을 닫은 것으로 추정되고 있다.

현재 보물로 지정돼 있는 현오국사탑비는 현오국사의 행적을 후대에 알리기 위해 고려 명종 15년(1185)에 세워진 탑이다. 현오국사는 고려중기의 승려로 세속의 성은 왕씨였으며 속명은 종린이었다. 15세에 불일사에서 승려가 된후 부석사 주지를 거쳐 명종 8년 53세의 나이로 입적했다. 명종은 크게 슬퍼하며 그를 국사로 삼고 현오라는 시호를 내렸다

서봉사터에 대한 대대적인 발굴 작업이 어느 정도 마무리 단계에 있는 것 같다. 앞으로 용인시가 어떻게 활용해 나갈지 기대가 된다.

세계 최강, 몽골군을 쳐부순 역사의 현장 처인성

남사면 아곡리에 있는 처인성은 작은 토성이다. 남사면 일대가 개발되면서 우후죽순(雨後竹筍) 들어설 아파트 숲속의 작은 소공원이 될 운명에 놓여있다. 고층 아파트에 둘러싸여 초라하게 한 켠에 밀려나게 될 처인성 지(址). 볼품없어 보일만큼 주변의 시멘트 구조물에 짓눌려 신음하게 될 이곳이, 800여년 전 치열했던 항몽전투의 전장(戰場)터다.

승장(僧將) 김윤후 장군이 파죽지세(破竹之勢)로 고려 강토를 짓밟는 몽골 군대에 분연히 맞서 싸워 승리한 현장. 비장했던 처인성 전투가 벌어졌던 전적지는 무차별적인 개발에 짓눌려 빈사상태에 신음하고 있다. 부끄러운 일이다. 유라시아 대부분의 지역을 파죽지세로 점령, 연전연승을 거둔 불패의 침략군 몽골군대를 격파, 역사에 길이 남겨 기려야할 사적지가 아파트 숲에 둘러 싸이게 됐다.

고려 고종19년(1232) 몽골의 2차 침입 당시, 처인 부곡민과 인근의 승려들이 힘을 모아 항전했다. 이때 백현원에 거주했던 것으로 알려진 김윤후가 몽골 장수 살리타이를 활로 쏴서 사살했다. 장수를 잃은 몽골군은 더 이상 남하하지 못하고 철군했다.

몽골 군대는 당시 세계 최강의 군대였다. 징기스칸에서 그의 손자 쿠빌라이

에 이르기까지 몽골군대는 최단기간에 역사상 가장 넓고 광활한 영토를 점령했다. 중세 유럽의 기사들이 몽골군대에 맥없이 쓰러졌다. 서양이 동양에 처참하게 짓밟히고 속절없이 무너진 거의 유일한 역사다.

김윤후 장군의 승전은 세계 최강의 군대와 고려 민초들이 맞붙어 이긴 전투다. 최씨 무신정권 치하의 고려 조정은 김윤후에게 상장군(고려 군제의 최고 계급)을 제수하려 했으나 거절하고, 하급 무관에 해당하는 섭랑장 직을 받았다(후에 김윤후 장군은 상장군에 올랐다). 이 승리로 인해 처인 부곡은 처인현으로 승격됐고 부곡민 모두 평민이 됐다. 부곡은 지금의 부락과 같은 명칭인데, 백정, 광대, 갖바치와 같은 천민들이 모여 살던 곳이다. 처인성 전투의 승리로 부곡민들이 면천(免賤)하게 되어 집단적으로 천민의 신분에서 양민으로 승격된 것이다.

1414년 조선 태종14년에 용구현과 처인현을 합쳐서 용인으로 부르게 됐다. 용인의 향토사학계에서는 그동안 처인성의 위치를 둘러싸고 여러 추측이 있어왔지만 지금까지 확실하게 밝혀진 바는 없다. 현장에 가본 사람들은 느낄 테지만 이렇게 야트막한 토성에서 과연 세계 최강의 몽골군과 맞서 싸워 이길 수 있었을까 하는 의구심이 들게 마련이다. 10년이면 강산도 변한다고 한다. 800년이면 강산이 80번 변했을 긴 세월이다. 지금의 풍광으로 800년 전을 유추한다는 것이 부질없는 짓이라는 생각에 차라리 이곳을 처인성이라 믿어버리고픈 생각도 든다. 그러나 고산자(古山子) 김정호의 대동여지도에는 처인성이 산성으로 표기되어 있다. 아직 논란중인 처인성은 둘레가 425m, 높이가 3~6m 가량 되는 작은 토성이다. 맞은편 들판이 적장 살리타이가 날아오는 화살에 맞아 죽었다고 전해지는 사장(死將)터이지만 이곳은 개발로 인해 사라졌다. 처인성의 위치나 사장터의 위치는 대동여지도 산성 표시 외에 어느 문헌에도 정확하게 나와 있는 곳이 없다.

김윤후 승장에 대해서도 처인성 전투와 충주성 전투를 승리로 이끌었으나 거의 알려진 바가 없다. 역사적 승리였던 처인성 전투에 대해서도 제대로 알려진 것이 별로 없고, 변변한 기록이 없다. 김윤후의 항몽 승전기록은 고려가 한 세기 동안 원나라의 부마국이자 속국으로 전락하였을 때 삭제되었을 가능성이 높다.

처인성 유적으로 추정되는 현재의 위치에서 고려시대 도검이 출토됐다고 한다. 이 도검은 우리나라에 단 두 점밖에 남아있지 않은 고려시대 칼이다. 역사학자들은 이곳에서 고려시대 칼이 출토됨으로써 이곳이 처인성 전투의 현장이었음을 증명하는 단서라 말한다. 과연 역사는 유물을 낳고 유물은 역사를 증언한다는 말이 사실일까. 처인성은 고려시대부터 동서와 남북을 잇는 요지로서 군사적으로도 중요한 지역이었고, 군량을 저장하던 군창이 있었을 것으로 추정되고 있다.

처인성이 현재의 위치였는지 아니면 다른 곳인지, 그것은 일차적으로 고려사를 연구하는 역사학자, 고고학자들이 끊임없는 연구와 고증으로 밝혀낼 문제이다. 용인시 당국도 더 늦기전에 지역향토사학계와 함께 처인성의 흔적을 발굴 복원하는 노력을 다했으면 한다.

서리 고려백자요지

용인대학교 진입로를 따라 올라가다가 이동읍 천리 방향으로 계속 직진하면 왼편에 고려시대 가마터가 보인다. 함박산 남서쪽 산줄기 끝자락이다. 사적 제329호인 고려백자요지는 예전에는 길옆을 지나다보면 한눈에 들어왔지만 지금은 문화재를 보호하는 담장과 가로변의 시설물들로 인해 한눈에 확연하게 들어오지 않는다.

1960년대에 발굴된 이 가마터는 고려 초기의 백자 요지다. 우리나라 백자

역사를 10세기 고려시대 초로 끌어올린 매우 중요한 유적이다. 이곳은 학술적 가치는 물론 조선백자의 원조가 고려백자에서 비롯되었음을 고증해 준다. 9세기 중반부터 12세기까지 청자와 백자를 생산했던 곳으로 벽돌 가마와 진흙가마터가 발굴됐다. 벽돌 가마는 우리나라에서 처음 밝혀졌다. 거대한 퇴적층에 가마의 유구와 백자, 청자, 도기조각 등과 가마터 관련 유적이 확인됐다. 특히 해무리굽완이 많이 출토됐다. 백자 조각도 다양하게 출토돼 통일신라 말기부터 고려 전기에 이르는 도자기 연구에 획기적인 정보를 제공했다. 백자 연구에 중요한 역할을 한 것은 물론이고 고려시대 청자의 상감기법이 사용된 시기를 100년 이상 끌어올리는 획기적인 상감청자 조각이 출토되어 고고·역사학계를 흥분시켰다.

특이한 유물은 갑발이다. 수북하게 쌓여 있는 채로 출토된 갑발은 고급자기, 혹은 중급 이상의 자기를 구울 때 그릇에 재와 같은 티끌이 묻지 않도록 겉에 씌워 굽는 거친 흙으로 만든 용기이다. 갑발이 대거 출토된 것으로 볼 때, 서리 요지에서는 질이 좋은 자기를 전문적으로 생산했던 것을 입증해준다.

해마다 여주 이천 광주를 중심으로 대대적인 도자기 축제가 열리고 있다. 반면 고려백자 유적지가 고스란히 남아 있는 용인은 빠져 있다. 경기도와 논의하여 용인도 도자기 유적지 벨트에 포함시켜야 할 것이다. 여주, 이천을 중심으로 도자기 축제를 하는 것은 도자기를 생산하는 공방들이 많은 것도 주된 이유다. 용인에도 가마터 주변 일대에 고려 백자와 청자를 현대적으로 재해석한 도자기를 생산하는 공방들을 유치하고 지원한다면 부가가치가 큰 관광자원으로 거듭날 것이다.

석성산 봉수터

용인의 진산인 석성산에는 석성의 흔적과 함께 봉수터가 남아있다. 석성산은 용인시청에서부터 이어지는 등산로를 비롯해 동백지역에서도 곧장 올라갈 수 있어 많은 시민들로부터 사랑을 받고 있다. 매년 새해, 해맞이 행사가 이곳에서 열렸다. 새해 일출을 보며 시민봉사자들이 나눠주는 떡국을 먹는 맛이

기막혔던 기억이 난다. 나는 시민들이 새해 덕담을 나누며 훈훈한 정을 나눌
수 있다는 게 무엇보다 좋았다.

　대개 석성산을 등산하기 좋은 산으로 알고 있지만 이곳은 조선시대에 중요
한 통신의 요지였다. 봉수 전문가인 김주홍 경상남도 문화재위원에 따르면 석

성산 봉수터는 조선시대 내내 운용됐다고 한다. 봉수는 당시 가장 빠른 통신 수단이었다. 봉수의 간선(幹線)은 직봉(職烽)이라 하였다. 직봉을 번역하면 봉화를 올리는 직책이라는 뜻이다. 봉수대가 국가안보에 얼마나 중요한 역할을 담당했는지 알 수 있다. 조선시대 봉수는 동북면은 경흥(慶興), 동남은 동래(東萊), 서북 내륙은 강계(江界), 해안은 의주(義州), 서남은 순천(順天), 다섯 곳을 기점(起點)으로 하여 한성부(漢城府) 목멱산(木覓山/남산)을 종점으로 하였다. 봉화대에 배속된 봉군은 다른 군역에 종사할 수 없었으며 오직 망보는 역할만 담당했고 인근의 거주자를 뽑았다.

세종 때 만들어진 조선시대 봉수제도는 평시에는 한 개의 봉수를 피웠다. 적이 나타나면 두 개, 국경에 접근하면 세 개, 국경을 넘으면 네 개, 전투가 벌어지면 다섯 개의 봉수를 피웠다. 낮에는 연기로 밤에는 불빛으로 신호를 보냈다. 악천후로 봉수를 피우지 못하면 봉졸들이 말을 달려 상황을 알렸다.

봉수는 적군이 쳐들어 왔을 때 사용하는 신호로 보통 알고 있지만, 위기 상황을 알리는 기능만 있는 게 아니었다. 석성산에서 조선 왕조 500여년간 매일 초저녁 일정한 시간에 거화되는 봉수의 모습은 인근 주민들의 구경거리이기도 했다. 당시의 봉수 모습은 구전으로도 전해지고 있다. 수원 화성의 봉수대에서 보면 석성산이 동쪽으로 거의 일직선상에 보인다. 조선 말기에 서

양인들이 황혼 무렵에 한양의 남산에서 피어오르는 봉수의 모습을 보면서 경이로움을 느끼며 그들의 견문록에 싣기도 했다.

또한 문인들에게 봉수는 시상(詩想)을 떠올리는 소재가 되기도 했다. 전쟁이 닥치면 위급 상황을 알릴 목적으로 만들었지만 평시, 한 개의 봉수가 피어오르면 평온한 일상을 상징했던 것이 봉수대다. 조상의 슬기로운 지혜와 태평성대를 염원하는 간절한 소망이 깃들어 있는 훌륭한 문화유산이 아닐 수 없다.

주(注) 병자호란이 발발하면서 청나라는 조선 침공군 선발대로 5백의 기병(騎兵)을 한양으로 전력 질주하게 했는데, 봉수와 거의 동시에 도착했다고 한다. 이준익 감독의 영화 '최종병기 활'을 보면 개경이 함락되는 장면이 나온다. 지축을 뒤 흔드는 청나라 기병의 말발굽 소리가 인상적이었다. 당시 청나라 기병의 진군 속도는 오늘날 전차부대의 진격속도에 맞먹을 정도였다.

PART4

용인의 종교시설

1200년 역사가 서린 고찰(古刹) 백련사

용인에서 가장 오랜 된 1200년 전통의 사찰 백련사를 찾아 나섰다. 에버랜드로 진입한 뒤에 유스호스텔 방향으로 좌회전, 1km 정도 가면 향수산 자락에 백련사가 있다. 신라시대에 지어진 사찰이라고 해서 고색창연한 고찰을 연상하면 실망이 크다. 백련사는 최초의 명칭 그대로 백련사라는 점에서 의미를 찾아야 한다.

일본의 사찰을 보면 화재나 지진으로 재건축한 경우가 아니면 옛 모습을 잘 간직하고 있다. 규모도 상상을 초월할 정도이다. 우리는 문화적 국수주의에 빠지는 오류에 매우 둔감한 편이다. 일본의 사찰이 본래의 모습을 잘 간직하고 있는 것은 불교가 일본 종교의 본산으로 일관되게 유지 발전 되었고 외침이 전무했던 역사에 기인한다. 메이지유신(明治維新 /1868) 이후 천황중심체제로 재편되면서 정책적으로 신도(신토/神道/일본의 다신교고유신앙)가 장려되고 불교는 다소 억압을 받았다. 천황을 살아있는 신으로 섬기기 위해서는 불교를 위축시킬 필요가 있었던 것이다. 이 과정에서 사찰과 승려에 대한 직접적인 박해는 없었다.

우리나라 사찰의 역사는 수난의 연속이었다. 수많은 외침에 소실되고 화재로 폐허가 되었다. 조선시대 억불 정책으로 중건도 쉽지 않았다. 구한말 신흥

세속종교 기독교가 널리 퍼지면서 사찰은 점점 더 고립되었다. 백련사가 오랜 역사에도 불구하고 본래의 모습을 간직하지 못한 이유는 그만큼 수난이 많았다는 것을 말해준다.

백련사는 대한불교조계종 제2교구 본사인 용주사의 말사인데 신라시대인 801년(애장왕 17)에 신응이 창건한 이래 1404년 왕사 무학이 십팔나한을 조성하면서 이 절을 중건했다. 1671년(현종 12년) 6월에 화재로 일부 당우가 소실된 것을 수경스님이 중건했고, 1789년(정조 11)에 석담이 중건해서 오늘에 이르고 있다.

고종28(1891)에 편찬된 용인현 읍지, 사찰조에 백련사가 나온다. 조선후기까지는 사찰이 잘 유지됐음을 보여주는 기록이다. 1988년 성월스님이 부임해 대웅전, 지장전, 요사채 등을 중창불사 하면서 오늘날의 모습을 갖추었다. 1960년대까지는 요사채와 대웅전의 용마루에 고려 때부터 전해오던 청기와가 한 개 씩 얹혀 졌다고 하는데, 그 뒤 모조품으로 바뀌었다고 한다. 현재 십팔나한 가운데 조선후기 나한 열세구가 존재하며 모두 화강암으로 조성됐다. 백련사 북쪽에는 수경당 도원의 부도가 있다. 높이 132cm의 석종형 부도로서 조선 중기의 작품이다. 산신각 앞 석단에는 높이 66cm의 석조여래좌상이 있는데 고려시대의 작품으로 추정된다.

향수산 자락 오랜 전통을 간직하고 있는 사찰에는 많은 불교신자들이 찾는다. 에버랜드에 들렀던 사람들도 백련사를 많이 찾아 늘 북적인다.

한국 기독교 100주년 순교자 기념관

한국 기독교 100주년 순교자 기념관은 양지면 추계리에 있다. 수많은 전국
의 기독교인들의 발길이 끊이지 않는 곳이다. 이곳은 한국 기독교가 뿌리내린
100주년을 기념하기 위해 기독교 100주년 기념사업회가 전국 교회 신도들의
헌금을 모아 건립했다. 기념관 앞마당에 세워져 있는 흰색 대형 십자가를 보
면 저절로 마음이 숙연해진다. 이 땅에 전래된 종교 중 천주교와 함께 가장 가
혹한 박해를 받았던 기독교 순교자들의 영혼이 깃들어 있는듯하다.

기념관은 1989년에 11월 준공되었다. 1500평의 대지에 360평 3층 건물로 지
어졌다. 1층에 들어서면 대형 도자기에 그려진 예수상과 순교 장면이 담긴 대
형 그림이 벽면에 걸려 있다. 조선 땅에 기독교 복음을 전파하기 위해 1866년
제너럴셔먼호에 승선한 영국인 선교사 '로버트 저메인 토마스'가 선교활동을
하다가 대동강 양각도에서 참수당하는 장면이다. 토마스 목사는 개신교 최초
의 순교자이다. 김원숙 화가가 그린 예언자 요나 그림도 함께 걸려 있다. 물고
기가 삼켰다가 뱉어놓은 요나 이야기가 담겨 있다.

기념관에는 교계 관련 서적과 1920년대부터 오늘날까지 성경의 변천사를
알 수 있는 각종의 성경도 전시돼 있다. 우리나라 기독교 순교자는 모두 2600
여명에 이르며 이곳에 600여명이 모셔져 있다고 한다.

마르틴 루터(1483~1546)에 의해 16세기 초 시작된 종교개혁은 '장 칼 뱅'(1509~1564)에 의해 완성되었다. 로마 교황청이 천국에 가는 문서인 면죄부를 남발하는데 대한 저항으로 촉발된 종교개혁은 봉건 사회가 붕괴되고 자본주의 사회가 착근하는 도화선이 되었다. 개신교는 자본주의 사상을 선도하는 방향타였다. 개신교의 역사는 곧 자본주의 역사다.

로마 가톨릭(천주교) 교회는 봉건제 사회를 떠받치는 기둥이었다. 봉건영주, 귀족, 승려가 지배하는 철저한 신분제 사회 봉건시대는 신흥 부르조아지(중소상공인)의 지지를 받는 개신교에 의해 위축되었고 가톨릭교회는 많은 나라에서 주류의 위치를 내어주게 된다. 조선에 개신교가 상륙하면서 본격적인 자본주의 태동의 맹아가 싹트기 시작했다. 조선 후기 보부상이 경제의 한축으로 성장하는 배경, 신학문의 전래, 평등사상의 전파 과정에서 개신교의 역할은 지대했다. 개신교가 뿌리내리고 갑오개혁(甲午改革)으로 반상(班常)의 구분이 철폐되었다. 배재학당, 연희전문학교, 이화학당의 설립이 개신교 선교사들에 의해 주도 되었다.

개신교는 일제의 조선병탄에도 저항했다. 본국의 제국주의 팽창정책에 본의 아니게 이용되기도 했지만 대부분의 선교사들은 조선 민중과 동거동락하며 선교에 헌신했다. 조선은 급속도로 기독교를 받아 들였고 대한제국 말기, 일제강점기에는 독립운동을 지탱하는 버팀목이 되었다. 기독교 장로인 이승만 박사는 말할 것도 없고 백범 김구, 도산 안창호 선생도 기독교인이 되었다. 남강 이승훈, 우당 이회영·성재 이시영 형제, 여운형, 김규식, 유관순도 기독교인이었다. 1911년 105인 사건의 주모자 중 92인이 개신교 신도였다.

개신교는 창씨개명과 신사참배에 저항하는데 앞장섰다. 개신교 목회자 중 상당수는 일제에 회유되어 창씨개명과 신사참배에 적극 찬동하기도 했지만 구한말과 일제 강점기를 거치며 개신교는 사회적 영향력이 대폭 커졌다.

양지면 추계리 기독교 100주년 순교자 기념관을 둘러보기 전 이 땅에 전래된 개신교의 역사를 살펴보는 것도 의미 있겠다는 생각이 들었다. '역사는 아는 만큼 보이고, 아는 만큼 느낄 수 있다'는 경구를 되새겨 본다.

우리나라 최초의 사제 김대건 신부

김대건 신부의 영혼이 깃든 은이 성지

용인에는 전국의 카톨릭 신도들이 생전에 한번은 찾는 곳이 있다. 바로 은이 성지다. 이곳은 천주교 성지순례 코스 첫 번째 시작점이기도 하다. 양지면 남곡리에 위치한 이곳은 천주교 박해시기에 천주교인들이 숨어서 살던 동네라는 뜻을 가지고 있다. 최초로 사제 서품을 받고 신부가 된 김대건 신부가 세례를 처음 받은 곳도, 처음 미사를 집전한 곳도 이곳 은이 성지다.

전국에서 모여드는 천주교 신자들은 김대건 신부가 목회를 하던 은이 성지로부터 안성 미리내 성지까지 10km를 걸으며 '안드레아 김대건' 신부와 천주교 수난사(受難史)를 가슴 깊이 느끼며 새기고 있다. 산길을 넘어 걷다보면 신덕고개라는 표석이 나온다. 그다음에는 망덕고개, 그다음에는 애덕고개가 있는데 이를 삼덕 고개라고 한다. 김대건 신부는 한번 가는 것도 힘든 이곳을 매일 밤마다 걸어 다니면서 사목 활동을 했다고 한다.

이 길은 김대건 신부의 사목의 길이면서 동시에 사후 유체의 이동 경로 중 일부이기도 하다. 김대건 신부는 1846년 모진 고문을 당하고 양화진 새남터에서 반역죄로 순교를 당한다. 김대건 신부의 유체는 안성 미리내 성지 작은 경당에 모셨다(1960년 서울 혜화동 카톨릭 대학교로 이장). 이 길을 천주교 신자들이 도보로 순례를 하는 것이다. 지금 은이 성지에는 김대건 신부의 석상이 세워져 있다.

은이 성지는 1836년 조선 땅에 최초로 입국한 프랑스 선교사인 모방 신부가 16세 소년이었던 김대건에게 안드레아라는 세례명을 주고 신학생으로 선발, 마카오 신학교로 유학을 보냈던 곳이다. 유학에서 신부서품을 받고 귀국한 김대건 신부는 이곳에서 처음으로 미사를 봉헌했다.

근처 양지 컨트리클럽 내에 소재해 있는 골배마실에는 김대건 신부가 살던 집터가 보존돼 있다. 그의 석상과 제대, 초가집과 어머니 고씨의 모습을 새긴 부조가 남아있다. 골배마실은 충남 당진에서 박해를 피해 숨어든 김대건 신부의 할아버지 김택현과 그의 후손들이 생활하던 산골마을이다. 1961년 양지 본당 5대 주임이었던 정원진 신부가 발굴을 시작해 돌절구와 맷돌, 우물터, 구들장 등을 발견해 성지 개발에 착수하게 됐다. 이곳은 7살의 어린 김대건이 꿈을 키우던 곳이다.

김대건 신부가 사제서품을 받은 김가항 성당

중국 상해에 있던 김가항 성당은 1845년 조선인 첫 사제 김대건 안드레아가 '페레올' 주교(제3대 조선교구장)에게 사제서품을 받은 역사적인 장소다. 2001년, 김가항 성당이 상해시 도시개발로 헐리게 되자 철거 직전 단국대 김정신(스테파노/건축학)교수는 정밀한 실측조사로 기록을 남겼다.

이 기록을 바탕으로 15년 후인 2016년, 시공간을 이동하여 은이 성지에 복원되었다. 헐린 철거부재를 부분적으로 사용하여 복원의 의미를 최대한 살렸다. 복원된 김가항 성당은 최대한 본래의 모습을 살렸다. 성당 내부에는 220명이 앉을 수 있는 의자가 설치되었다. 더 많은 신도들이 미사를 드릴 수 있도록 규모를 확대하자는 의견도 있었으나 원래 180석이었던 원형에 최대한 근접하도록 최소한의 좌석을 늘리는데 그쳤다.

17세기에 지어진 김가항 성당은 세 차례 증축했다. 은이 성지에 복원된 모습은 헐릴 당시인 2001년의 모습으로 재현되었다. 김대건 신부의 순교(1846.9.16.) 170주기를 기념해 2016년 9월24일 카톨릭 수원교구장 이용훈 주교의 주례로 봉헌되었다. 김가항 성당의 복원으로 은이 성지는 김대건 신부의 사목정신을 기리는 성소로서 보다 충실한 내용을 갖추게 되었다.

김대건 안드레아 신부의 귀환과 순교

1837년, 김대건은 신학공부를 위해 마카오로 떠났다. 마카오 신학교에서 신학, 철학, 지리, 역사, 라틴어, 프랑스어를 배웠다. 병을 얻어 1839년 필리핀으로 옮겨 성 도미니코 수도원에서 요양하기도 했다. 필리핀 시절 김대건은 르네상스 문화를 배우고 심취하였다. 그를 지도한 교수들은 사제가 되지 않았다면 화가가 되었을 것이라 평가 했다고 한다. 실제 김대건의 그림 솜씨는 전문가 수준이었다. 1844년 부사제서품을 받았다. 부사제 때 잠시 귀국했다가 상하이로 갔다. 1845년 8월17일 상하이 김가항(金家港) 성당에서 천주교 조선교구장인 장 조제프 페레올 주교의 집전으로 사제서품을 받았다. 유학을 떠난지 8년 만이다. 사제 김대건은 1845년 10월 12일 귀국했다. 마침내 조선인 최초의 사제가 탄생한 것이다. 김대건은 어머니를 위로하고 12월까지 한양과 경기도 일대에서 사목활동에 전념했다.

김대건은 페레올 주교로부터 선교사들이 잡히지 않고 들어올 수 있는 항로를 개척하라는 밀명을 받았다. 그는 경기도 연평도 앞바다에 비교적 안전한 항로가 있음을 알아내었다. 김대건은 1846년 6월 5일 비밀 항로를 그린 지도를 청나라로 가는 어선에 전달하려다 순찰을 돌던 관헌들에게 체포되었다. 체포된 김대건은 옥중에서 몇몇 대신들의 부탁을 받고 조선 최초의 세계지도를 만들었다. 그는 영국에서 만든 세계지도를 번역하여 색칠까지 했다. 김대건이 만든 지도는 헌종에게 바쳐졌다. 일부 대신들은 김대건의 재주를 아까워하며 구명운동을 벌이기도 했다.

김대건의 처형 결정은 영의정 권돈인이 주도했다. 그는 서학의 무리들과 접촉하고 혹세무민(惑世誣民) 한다는 죄목으로 9월 15일 사형판결을 받고 이튿날 9월 16일 새남터에서 참수형에 처해져 순교했다. 귀국한지 1년도 못된 시점에 생을 마감한 것이다. 이 사건을 역사는 병오박해(丙午迫害)로 기록하고 있다.

김대건의 유해는 새남터 모래사장에 가매장 되었다. 천주교 신자인 당시 17세의 빈센시오 이만식이 40일 만에 몰래 유해를 수습하였다. 이만식은 김대건의 유해를 등에 지고 야밤에만 이동했다. 그는 밤길을 걷고 걸어서 경기도 안성 자신의 선산이 있는 미리내에 김대건 신부의 유해를 안장했다. 미리내가 천주교의 성지가 된 배경에는 신앙심 지극한 청년 이만식이 있었다. 당시 우리 나이 17세, 지금의 기준으로 고등학교 1학년이다. 마음이 숙연해 진다.

김대건은 페레올 주교에게 유언을 남겼다. "주교님 어머니를 부탁드립니다." 신자들에게도 다음과 같은 편지를 남겼다. "나는 이제 마지막 시간을 맞았으니 여러분은 내말을 똑똑히 들으십시오. 내가 외국인들과 교섭한 것은 내 종교와 내 하느님을 위해서였습니다. 나는 천주를 위해 죽는 것입니다. 영원한 생명이 내게 시작되려고 합니다. 여러분이 죽은 뒤에 행복하기를 원한다면 천주를 믿으십시오. 천주께서는 당신을 무시한 자들에게는 영원한 벌을 주시는 까닭입니다."

1857년 교황 비오 9세는 김대건을 '가경자'로 선포했다. 1960년 7월5일 교황 비오11세는 그를 '복자'로 선포했다. 1984년 교황 요한 바오로 2세는 사제 김대건을 성인으로 시성하였다. 김대건은 한국 천주교회 성직자들의 수호성인으로 모셔졌다.

김대건의 가계(家系)는 순교로 점철되었다. 증조부(曾祖父) 김진후의 순교(殉教)를 시작으로 종조부(從祖父) 김한현, 부친 김제준, 김대건 까지 4대가 천주(天主)의 제단에 목숨을 바쳤다.

김대건을 국문하고 죄상을 기록한 대목은 헌종실록에 상세히 기록되어 전해지고 있다. "김대건은 용인사람으로서 나이 15세에 달아나 광동(廣東)에 들어가서 양교(洋教)를 배우고, 계묘년(1843)에 현석문 등과 결탁하여 몰래 돌아와 도하(都下/도성 아래)에서 교주(敎主)가 되었다. 이해 봄 해서(海西)에 가서 고기잡이를 하는 당선(唐船)을 만나 광동에 있는 양한(洋漢)에게 글을 부치려 하다가 그 지방사람에게 잡혔는데, 처음에는 중국 사람이라 하였으나 마침내 그 본말(本末)을 이실직고(以實直告) 하였다."(헌종실록 13년)

주(注) 가경자(可敬者) —시복후보자에게 잠정적으로 주는 칭호. 복자– 순교복자(殉教福者)를 일컬음. 순교자 가운데 행적이 뚜렷하여 모든 신자의 공경을 받을 사람으로 교회에서 인준한 순교자.

병인박해의 현장 손골 성지

병인박해 순교자를 모신 수지 손골 성지는 용인시 수지구 동천동에 있다. 가장 많은 순교자가 나온 병인박해의 천주교 신자를 기념하는 성지이나 은이 성지에 비해 잘 알려져 있지 않다.

손골 성지는 1866년 병인박해(丙寅迫害) 때 순교한 프랑스 외방전교회 소속 선교사, 성 '피엘(베드로) 앙리 도리(St. Pierre-Henri Dorie)' 신부와 '오매뜨르 피엘(베드로)' 신부의 순교를 기리기 위해 세워진 성지다. 앙리 도리 신부의 조선 성명(姓名)은 김도리다.

도리 신부는 1839년 9월 23일 프랑스의 한 농장을 돌보는 부부 사이에서 여섯 번째 아들로 태어났다. 그 농장은 성 힐라리오. 딸몽(St. Hilaire di Talmont)에 있는 뽀르트(Port) 라는 시골마을의 벳세이(Bessay) 백작 소유의 농장이었다. 도리의 아버지는 농장을 관리해주는 관리인이었던 듯싶다.

그가 태어나던 해 1839년(기해년己亥年) 9월21

일 조선에서는 프랑스 외방 전교회가 배출한 세 명의 프랑스 선교사가 순교했다. 도리가 태어나기 이틀 전 사제 '피에르 필리베르 모방', 사제 '자크 오노레 샤스탕', 주교 '로랑 조제프 마리위스 앵베르'가 세상을 떠난 것이다. 우연의 일치로 치부하기에는 너무 드라마틱하다. 그의 탄생은 마치 하느님의 안배였던 것 같은 느낌마저 든다. 그는 27년 후 선배들이 전교활동을 벌이던 동방의 작은 나라 조선에서 사목을 하다 같은 장소에서 처형된다.

도리는 마을 성당 보좌신부의 추천과 백작의 후원으로 소년 신학교에 입교하였다. 8년 과정의 신학교를 마친 도리는 1860년, 루쏭(Lucon) 대신학교(신학대학교)에 입학하였다. 1863년 12월21일, 삭발례를 받은 도리는 다음해인 1864년 파리 외방전교회에 입회를 청원 하였다. 그해 5월31일 도리는 사제서품을 받았다. 외방 전교회는 명칭 그대로 가톨릭을 적대시하는 외국에 선교사를 파견하는 교회이다. 외방 전교회에서 사제서품을 받으면 가톨릭 불모지에 가서 전교활동을 하는 임무가 주어진다. 순교를 각오한 자기희생과 신앙심이 없으면 불가능한 일이다.

1864년 7월 19일 프랑스 마르세이유에서 배를 타고 동료선교사 3명(브르트니에르, 볼리외, 위앵 신부)과 함께 믈라카 해협을 통과하여 사이공, 홍콩, 상하이, 랴오닝(요녕)을 거쳐 작은 배로 갈아타고 백령도에 들렀다가 충청도 해안에 1865년 5월 27일 상륙했다. 신부는 걸어서 부임지인 용인 손골리까지 잠입했다.

손골에서 8개월간 선교활동을 하며 조선말을 익히던 도리 신부는 조선 교구장 베르뇌 주교가 체포되었다는 소식을 들었다. 신자들에게 피해가 가지 않도록 피신시키고 나서 1866년 2월 27일 이선이의 밀고로 체포되었다. 볼리외 신부가 먼저 청계산 국사봉 아래 하오고개에서 체포 되었고 도리 신부는 산능선에서 붙잡혀 함께 한양으로 압송되었다.

도리 신부는 3월7일 군문효수형을 선고받고 참수되었다. 그의 나이 청춘, 스물일곱이었다. 마치 모방신부가 환생하여 똑같은 인생을 두 번 산 것 같은 생각이 든다. 27년 전 새남터에서 참수형을 받아 순교한 세 명의 선교사가 조선 땅에 묻혔듯이 도리 신부도 조선 땅 손골 마을에 묻혔다.

PART5

용인 청동기시대의
돌문화

옛날 선사시대 인류는 어떻게 그토록 커다란 돌을 잘 다룰 수 있었을까 궁금하다. 용인에는 고인돌을 비롯해 선돌 등 선사시대 돌 문화가 곳곳에 많이 남아있다.

모현면 · 원삼면 지석묘(고인돌)

용인 모현면 왕산리의 고인돌은 탁자형의 북방식 고인돌인데 그 크기가 엄청나다. 주변에 돌이 흔하게 있는 것도 아니어서 어딘가에서 옮겨왔을 것 같은데, 도대체 이 큰 화강암을 무엇으로 운반해왔으며, 어떻게 쪼개었을지 궁금하다. 고인돌 주변인 한국외국어대학교가 위치한 정광산자락의 돌을 가져왔다고 하더라도 쉽지 않은 대역사이었을 것 같다. 청동기 시대 정치 권력자의 무덤일 듯싶은데, 권력이라는 것이 예나 지금이나 과도한 힘을 가졌음을 보여주는 것 같아 씁쓸하다.

한국외국어대학교 교문 방향으로 가다가 오른쪽 동네로 들어가면 고인돌 2기가 보존돼 있다. 1기는 받침돌이 남아있어 원래 3기가 있었던 것으로 보인다. 이들 중 가장 크고 보존상태가 좋은 고인돌은 개석의 길이만 해도 5.3m이고, 폭은 4.1m, 두께 0.9m, 지상 높이 1.4m이니 대형 고인돌이라고 할 수 있다.

나머지도 길이가 4.2m, 폭이 3.8m, 두께 0.8m에 달해 이 또한 웅장한 느낌을 주는 지석묘다. 자연석 화강암으로 이뤄져 있다.

양지면 주북리에도 탁자식 고인돌이 있고, 원삼면 맹리에도 고인돌이 있다. 맹리 고인돌은 성혈이라고 불리는 큰 알구멍이 40여개나 있다. 성혈을 왜 만들었는지 확실하게는 알 수 없으나 아들을 낳기를 기원한다든가 풍년을 기원하는 고대신앙과 연관이 있을 것으로 짐작된다. 최근 학계 일각에서는 별자리를 표시한 것으로 추정하기도 한다.

맹리 지석묘는 지하에 돌방을 만들고 그 위에 덮개돌을 올린 바둑판식의 남방식 형식을 가지고 있다. 1985년 이 고인돌이 발견되면서 용인 지역에는 북방식과 남방식이 공존했음이 확인됐다. 한편 주변에 놓여있는 돌들이 탁자식 고인돌의 받침돌일 가능성도 있다고 보는 견해도 있다.

사암리 선돌

마을 입구에 우뚝 서있는 둥글납작한 돌들이 마치 수문장처럼 마을을 수호하고 있다. 원삼면 농업기술센터를 가다보면 길옆에 세 개의 커다란 돌이 우뚝 서있는 모습을 볼 수 있다. 보통 한 두개의 선돌을 세우는 것이 일반적인

데 이곳 선돌은 세 개가 나란히 서있고, 근처에도 2기의 선돌이 있어 특이하다. 고대 묘지인 고인돌은 집단을 이루는 경우가 많지만 선돌이 무리를 이루는 것은 드물다. 크기는 보통 2m 내외이고 폭은 1m 가량 된다. 두 개 가운데 하나에는 마을 이름을 써놓아 마을 안내석으로 사용하고 있다.

창리 선돌

창리 선돌은 윗부분이 사선으로 다듬어진 모양새를 해 한쪽이 뾰족해 보여 마치 칼을 꽂아 놓은 모양 같다. 마을에서는 검바위 라고도 부른다. 선돌이 쓰러지면 마을에 재앙이 생긴다는 말이 전해진다. 마을 사람들은 선돌을 신앙의 상징으로 여겼던 것으로 보인다. 선돌은 마을을 지켜주는 수호신으로 여겨졌으며, 선돌 아래쪽에 돌로 두들긴 흔적이 있어 주술적 행위에 사용됐던 것으로 보인다.

PART6

삼국시대와 고려시대
불상과 탑문화

용인에는 신라시대부터 고려 초기에 이르는 불상과 석탑들이 많이 존재한다. 고대의 유적이 많은 것은 자연환경에 순응하며 살아야 했던 시대에 재해가 적고 땅이 기름지며 전란의 피해도 크지 않았던 곳임을 설명해주는 증거이다. 그만큼 용인은 고대사회부터 비교적 살기가 수월했던 곳이었음을 말해주는 것이다.

극락정토(極樂淨土)는 불자들이 염원하는 이상향이다. 기독교에서 말하는 천국과는 개념이 다르다. 부처님이 주재하는 곳으로 온갖 번뇌와 고통이 없는 청정한 땅이라는 의미다. 불교유적이 유난히 많은 것은 옛 조상들이 용인을 정토에 가까운 곳이라 여기면서 살았음을 입증해주는 것이다.

용덕사 석조여래입상

이동읍 묵리, 경치가 수려한 곳에 위치한 용덕사에는 석조여래입상이 있다. 이 불상은 경기도문화재로 지정돼 있는데 용덕사 미륵전 안에 보관돼 있다. 목과 복부 부분이 절단 된 것을 수리해 붙여 놓았다. 하체 부분은 원형을 유지하고 있다. 원래는 이동읍 천리 용덕 저수지 아래에 있던 천리 석조여래입상이었다. 신라 때 천리에는 거밀현이라는 관아가 있었고, 이 불상은 그 관아에서 모시던 불상이었다고 전해진다.

이 불상은 오른손에 연봉을 들고 있는데 이를 용화봉이라고 부른다. 용화봉은 중생의 구원을 위해 도래할 미래 부처 미륵불의 지물이다. 이 불상은 용화봉을 지닌 대표적인 불상 가운데 하나로 불상의 조성 시기가 통일신라 말기에서 고려초기로 추정되고 있다.

미평리 약사여래입상

약사여래는 불교에서 중생의 병을 고쳐주는 부처를 말한다. 4.3m로 우뚝솟은 원삼면 미평뜰의 약사여래입상을 보면 참으로 경이롭다는 생각이 든다. 용인 지역 불상 가운데서 제일 큰 규모로 전체가 하나의 돌로 만들어졌다. 커다란 귀, 뭉툭한 코, 소박하고 친근한 얼굴 모습은 부처가 백성들의 삶과 동떨어져 있는 존재가 아니라는 생각을 절로 갖게 만든다.

이 불상의 가장 큰 특징은 왼손에 정병을 들고 있는 것이다. 원래 정병(淨甁)은 관음보살의 지물로 알려져 있는데 말 그대로 맑고 깨끗한 물을 담는 병이다. 학술적으로는 설명하기 어려운 측면이 있지만, 고려시대에는 불교가 관이 아니라 민간으로 크게 번지면서 민간이 주도한 불상을 제작해서 이러한 약사여래입상이 만들어진 것으로 보인다. 일률적인 부처님보다 백성들의 뜻을 담은 부처님이 아닌가 싶다. 불상의 주위에 빙 둘러서 돌기둥이 있어 불당이 있었던 것으로 추정된다. 미륵불과 함께 백성들이 가장 믿고 의지했던 부처.

오랜 세월이 흘러도 변함없이 미평 뜰을 지키면서 약사여래 입상은 마을의 안녕과 백성의 건강을 지켜주고 있다.

문수산 마애불

패러글라이딩 맴버들이 즐겨 찾는 원삼면 곱등고개 에코브릿지를 지나자마자 우측의 문수산 정상 부근에 암반에 새겨진 마애불상이 있다. 산속에서 커다란 바위에 새겨진 불상을 만나면 참으로 신비로운 느낌이 든다. 동쪽에 문수사지로 추정되는 절터가 있다.

마애불은 바위에 새긴 불상을 일컫는다. 문수산 마애불상은 높이 약 2.7m의 마애보살인데 두 부처님이 새겨져 있다. 두 불상의 공통점은 손이 매우 크게 표현돼 있고 신체 비례가 어색하다는 것이다. 또한 윗옷이 목 부분과 소매만 표현돼 있어 마치 나신처럼 보인다. 이는 고려시대 이전 시기의 반가사유상에서 흔히 보이는 수법이다. 대담하고 단순하게 형태를 묘사한 것으로 제작시기를 고려 전기로 추정하고 있다. 오른쪽 부처님은 미소를 짓고 있어 마치 여성의 얼굴처럼 보인다.

동도사 석불좌상과 삼층석탑

이동읍 어비리 저수지 앞 동도사에는 신라시대 석불좌상과 삼층탑이 있다. 석불좌상과 삼층석탑은 어비리 저수지로 수몰된 마을에 있던 것인데, 1963년 저수지 조성 공사로 인해 어비리 일대가 수몰되면서 옮겨졌다. 원래는 수몰 지역 뒷산에 있던 절에 소재해 있었다 한다. 동도사에서 저수지 건너편을 바라보면 세 봉우리가 보이는데, 그 맨 왼쪽 봉우리에 있던 사찰에 석불좌상이 있었다고 한다. 임진왜란 때 절이 불타면서 석불좌상과 삼층탑이 아래 마을로 굴러 떨어졌다고 전해진다.

석불좌상은 삼국시대에 조성된 것으로 밝혀졌다. 불상은 왼손에 약함을 들고 있어 약사불로 여겨졌으나 불상을 덮고 있던 석고와 이물질을 제거한 결과 항마촉지인의 불상으로 밝혀졌다. 항마촉지인은 오른손을 무릎위에 올려놓고 두 번째 손가락으로 땅을 가르치는 손 모양을 말하는 것이다. 좌대는 상대석 중대석 하대석을 모두 갖추고 있었으나 동도사로 이전한 직후 중대석이 사라졌다고 한다. 중대석은 팔각 모양으로 각 면마다 여래상과 공양보살상 등이 조각돼 있다. 연화문 표현 기법이 우수한 것 등으로 미뤄 신라말에서 고려초에 만들어진 불상으로 추정되고 있다.

삼층석탑은 네모난 2중 기단위에 삼층탑이 올려져있다. 상층 기단부 덮개

위에 옥신 받침이 있는데 별석의 탑신 괴임이 있는 점이 특징이다. 처음에는 탑의 조성 연대를 고려 중기로 봤으나 원형을 복원한 후에 신라 후기 8~9세기까지 소급돼 경기도 유형 문화재로 재지정 되기에 이르렀다.

화운사 목조아미타좌상과 약사여래좌상

삼가동에 위치한 화운사 대웅전과 선원의 본존불인 목조아미타좌상과 약사여래좌상은 조선 후기 불교조각사 연구를 위한 귀중한 자료로서 경기도유형문화재 제 200호로 지정돼 있다.

절을 중창한 월조 지명스님이 1960년 김제 금산사에서 옮겨왔다. 두 불상은 얼굴의 표현과 옷의 주름 조각 방법을 볼 때 한 조각가가 제작한 것으로 추정되고 있다. 선원에 안치되어 있는 아미타좌상은 무릎 너비가 좁은 편이지만 전체적으로 안정감이 있다. 불상의 밑 부분에 서방불이라는 글씨가 있어 아미타불상임을 알 수 있고 제작시기도 1628년으로 밝혀졌다.

대웅전에 안치돼 있는 약사여래좌상은 밑에 동방불이라는 글씨가 있어 약사여래상임을 알 수 있다. 전체적으로 안정감이 있다. 이 불상들은 금산사에서 가져왔다는 점에서 금산사 대적광전의 5불상과 유사한 불상일 가능성이 있다.

PART7

용인의 보물

금동미륵보살 반가사유상

　호암미술관에 있는 보물 제643호인 금동미륵보살반가사유상은 높이 11.1cm 의 작은 금동불이다. 반가란 반가부좌를 의미한다. 부처님이 왕자 시절에 상념에 빠져있던 모습에서 비롯되었다. 미륵보살은 56억7천만년 뒤에 이 세상에 나타나 중생을 제도하는 부처이다. 도솔천에 머물면서 장차 중생 제도를 기다리는 미륵보살은 왕자 시절 부처님 모습을 닮았다고 한다.

　머리를 자세히 보면 산봉우리 모양이다. 삼산관이라고 하는데 봉우리가 거의 동일선상에 있어서 눈길을 끈다. 얼굴은 몸에 비해 큰 편이고 목이 없어 투박해 보인다. 조각수법이나 표현기법이 별로 세련되지 않지만 아주 오래된 반가상 양식을 가지고 있어 가치가 높다. 허리가 굵고 상체를 강조해서 중국 제나라나 주나라의 양식과 비슷하다. 6세기 후반 신라시대 작품일 가능성이 높다.

　미소를 머금은 모습의 반가사유상은 일본에도 있다. 나무로 된 반가사유상으로 이는 백제 때 건너갔거나 만들어졌을 것으로 여겨진다. 우리나라 국보 83호 금동미륵보살 반가사유상과 쌍둥이처럼 닮았다.

수월관음도

　수월관음도는 여러 모습으로 중생 앞에 나타나 고난에서 안락의 세계로 이끌어 주는 관음보살의 자비를 상징한다. 용인대학교박물관에 있는 수월관음도는 1998년 보물 제1286호로 지정되었다. 고려시대 작품으로 가로 52cm, 세로 1m 크기이며 복원작업으로 본래의 모습을 상당히 되찾아 상태가 매우 양호하다. 관음보살은 화불이 있는 보관을 쓰고 치마를 입은 모습이다. 보관에서부터 전신을 감싸는 베일을 걸치고 있다. 오른발을 왼 무릎 위에 올려놓은 반가좌 자세로 몸의 각도를 약간 틀어 오른쪽을 응시한 채 바위에 사뿐히 앉아 있다.

　관음보살의 등 뒤로는 한 쌍의 대나무가 있다. 앞으로는 버들가지가 꽂힌 꽃병이 놓여 있다. 얼굴 주위에 금가루 원형을 그려 놓았다. 왼쪽 아래 구석에는 허리 굽혀 합장한 자세의 선재동자가 배치되어 있다. 윤곽선과 세부묘사는 붉은색을 주로 사용했다. 베일의 바탕과 주름 선은 백색으로 그린 다음, 금가루에 아교를 섞은 금니로 겹쳐 그려 넣었다. 안쪽에는 고려불화의 특징인 연화당초원문을 금니로 그려 넣었다. 치마는 주사 빛이 도는 붉은색을 칠하고 백색으로 거북등껍질 문양을 그린 다음 그 위에 먹선으로 덧그려 문양이 뚜렷하다.

전체적으로 절제미를 갖춘 안정된 모습이며 고려 불화의 전통적인 기법을 충실히 따르고 있다. 수월관음도의 시대적 흐름을 파악하는 데 있어 귀중한 자료가 되는 뛰어난 걸작이다. 수월관음도는 몇 작품 남지 않았다. 이 작품은 완벽한 복원을 거쳐 고려시대 수월관음도의 격조를 온전하게 살려냈다. 정말 경탄할 만큼 아름다운 수월관음도가 용인의 대학에 있다는 것이 자랑스럽다.

포은 정몽주 초상화

정몽주의 초상화가 처음 그려진 것은 1390년 공양왕을 추대한 공으로 좌명공신이 되었을 때로 전해진다. 이때의 초상화를 원본으로 해서 여러 점의 이모본이 그려졌는데 임고서원에 소장돼 있다. 경기도박물관이 소장하고 있는 보물 제1110-2호인 정몽주 초상은 1555년에 제작된 이모본으로 추정하고 있다. 오사모에 단령을 입고 손을 모은 채(拱手) 앉아있는 전신교의 좌상이다. 원래 청포였으나 색이 바래 회색빛을 띠고 있다.

이 초상화는 옷과 모자, 얼굴이 간결하게 묘사돼 있다. 또 의자의 방석 끈, 같은 방향으로 놓인 흑피화, 단령의 트임 사이로 첩리와 답호가 겹겹이 내보이는 것 등 고려 말기에서 조선 초기 공신도상의 특징을 잘 보여주고 있는 초상화다. 비록 원본은 아니지만 원본의 양식적 특징이 잘 반영된 조선 중기의 이모본으로서 가치가 높다. 또 정몽주 초상화로서 가장 오래된 것으로 알려져 왔던 보물 제1110호보다 70년이나 앞선 작품이라는 점에서 가치가 높다.

종 모양의 희귀한 묘지

종 모양을 한 묘지석은 다른 사례에서 찾아볼 수 없는 매우 희귀한 유물이다. 경기도박물관에 소재해 있는 보물 제 1830호인 분청사기 상감 정통4년명 김명리 묘지는 조선시대 성천도호부 부사였던 김명리의 묘지석이다. 전체적으로는 위 부분에서 아래 부분으로 내려오면서 직경이 약간 좁아지는 비대칭 원통형이다. 위 부분에 연꽃 모양의 꼭지가 붙어있다. 묘지문은 몸 전체에 백상감 기법으로 새겨져 있다.

내용은 김명리의 가계를 비롯해 부모 이력 등을 적은 행장이다. 지은이는 유의손이다, 김명리가 죽은 1438년 12월 이듬해인 1439년 10월 하순에 행장이 쓰여 졌으므로 묘지의 제작은 그 이후로 추정하고 있다. 묘지가 초기 사대부 개인의 것이긴 하지만 조선 초기 사료를 보완할 수 있는 중요한 내용이어서 자료 가치가 높고 해서체의 각서는 조선 초기 서예사 연구에 도움을 주고 있다. 또 출토지가 분명하고 제작 시기가 명확하며 희귀한 종 모양을 한다는 점에서 도자기 연구나 서예 연구에도 큰 가치를 지니고 있다.

백자태호 및 태지석

보물 제1065호인 백자태호 내·외호 및 태지석은 용인대학교박물관이 소장하고 있다.

조선 왕실에서 왕자와 왕녀가 태어났을 때 그 탯줄을 물과 술로 깨끗하게 씻어서 항아리에 넣어 매장했다. 그 항아리가 바로 태항아리인데 외항아리와 내항아리 두 개를 썼다. 태지석은 태의 주인인 왕자, 혹은 왕녀의 이름과 생년월일을 기록한 표식으로 태항아리와 함께 묻었다.

태지석은 정사각형의 검은 돌로 돼 있다. 윗면에 태항아리들의 제작 시기를 짐작할 수 있는 글이 있다. 이 태항아리들은 1581년 이전에 만들어진 것으로 추정된다. 이 유물들은 조선왕실이 16세기 후반에 사용했던 백자의 형식과 유약, 바탕흙을 알 수 있는 중요한 자료다.

이경석 궤장 및 사궤장 연회도 화첩

이경석 궤장 및 사궤장 연회도 화첩은 보물 제930호로 경기도박물관에 소재한다. 이경석(1595~1671)은 조선 중기의 문신으로 선조 때부터 현종 때까지 요직에 있으면서 임진왜란과 병자호란을 겪었고 인조가 청나라에 항복했을 때 청나라의 승전을 찬양하는 삼전도비의 비문을 썼다. 그때의 일로 그는 글을 배운 것을 후회했다고 한다.

이 보물은 현종이 이경석에게 궤장을 내리고 축하연을 베푼 것을 그린 그림이다. 궤장은 의자와 지팡이를 아울러 부르는 말이다. 조선시대에는 신하가 일흔 살이 넘으면 왕이 신하에게 공경의 뜻으로 의자인 궤와 지팡이인 장, 그리고 가마를 하사하는 것이 관례였다. 현종은 1668년 11월, 관례에 따라 원로대신 이경석에게 공경의 뜻으로 궤 1점과 장 4점을 하사했고 연회를 베풀면서 도화서 화원에게 그림을 그리게 했는데 이 그림이 사궤장연회도이다.

이 유물은 조선 중기의 궤장 제작 규정 양식을 알 수 있는 공예품이며 연회도 화첩 역시 당시 풍속도로 회화적 가치가 큰 작품이다.

백자대호

백자대호는 조선시대 후기에 만들어진 커다란 백자 항아리로 달 항아리라고도 부른다. 용인대학교박물관이 소장하고 있는 국보 제262호인 백자대호는 높이 49cm, 아가리지름 20.1cm, 밑 지름 15.7cm다. 이렇게 큰 항아리는 숙련된 장인들도 모양을 빚거나 구워낼 때 어려움을 느낀다. 물레로 항아리를 만들다보면 원심력과 흙의 무게 때문에 모양이 일그러지기 때문이다.

이 유물은 짧은 아가리가 사선으로 작은 각을 이루며 맵시 있게 꺾였다. 아가리 주변 아래서부터 목이 따로 없이 자연스런 곡선을 그리면서 벌어지다가 몸체 중앙의 접합부를 지나면서 다시 좁아진다. 아가리 지름과 비슷한 크기의 굽에 이르는 형태를 지니고 있다.

장인들은 물레로 항아리의 윗부분과 아랫부분을 따로 만들고 두 개를 접합시켜 전체 모양을 완성했다. 이 항아리는 조선시대 백자의 특징인 온화한 백색과 유려한 곡선을 고루 갖춘 항아리로 17세기 말에서 18세기 중엽에 만들어진 조선 백자의 대표작이라고 할 수 있다.

용인지역의 갈 곳을 꼽으니 어림잡아도 수십 군데가 되었다

이런 저런 행사로 들렀던 곳이 많지만

찬찬히 둘러본 적은 별로 기억이 없다

PART8

조선시대 교육기관

향교는 공자를 비롯한 성현의 제사를 지내고 지방민의 교육과 교화를 위해서 나라에서 세운 교육 기관이다. 나라에서 내려준 토지와 노비로 운영비용을 마련하고, 임금이 하사한 서책으로 학생을 가르치는 학교였으나 오늘날에는 교육 기능은 없어지고 제사 기능만 남아 있는 게 대부분이다.

현재 용인에는 용인향교와 양지향교 두 개의 향교가 있다. 두 곳 모두 시민들을 대상으로 충효 및 한문, 서예, 예절 등의 교양 강좌를 하면서 오늘날에도 교육기관으로서의 역할을 다 해내고 있다. 비록 아파트 숲에 자리하고 있지만 향교의 대성전 강당에 오르면 마치 조선시대로 돌아간 듯 경건한 마음이 우러난다.

용인향교

용인 향교는 조선 정종 때인 1400년에 건립됐으니 지금으로부터 617년 전에 세워졌다. 구성동주민자치센터 옆에 위치해 있기 때문에 구성 향교라고 불리기도 했지만 용인 향교가 올바른 이름이다. 고종 때 과거제도가 폐지되고 일제치하를 거치면서 낡고 퇴락한 건물을 폐쇄했으나 지방 유림들의 정서를 생각해 마북리에서 현재의 기흥구 언남동 위치로 대성전을 옮겨 오늘에 이르고 있다. 기존 건물 재목을 다시 사용하기도 했다. 새로 지었음에도 옛 향교의 무게와 세월의 흔적을 느낄 수 있다.

향교 앞에는 대소하마비가 세워져있다. 벼슬을 한 사람이든, 하지 않은 사람이든 향교 앞에서는 말에서 내리라는 의미인데, 이는 향교에 공자를 비롯한 성현을 모셨기 때문이다. 보통 향교에는 은행나무가 심어져 있지만 이곳은 향교를 옮긴 곳이기 때문에 은행나무가 없다. 공자가 제자들을 은행나무 아래서 가르친 행단에서 유래하고 있다.

요즘은 연세 드신 노인분들이 소일거리 삼아 들러 한문을 익히고, 서예도 배우는 등 배움의 즐거움을 느끼고, 동네 어르신들끼리도 어울릴 수 있는 평생교육 공간의 역할을 톡톡히 하고 있다.

석전대제를 올리는 것을 구경하고 싶으면 매년 8월에 올리니 짬을 내어 한번 구경하는 것도 좋을 것 같다.

양지향교

양지 향교는 명륜당과 대성전만 갖춘 작은 향교이다. 향교의 전통 양식을 잘 보여주는 건축물의 배치공간이 조화를 이루고 있다. 명륜당 현판은 한석봉이 직접 썼다고 전해진다.

특히 이곳은 어린이와 청소년들을 대상으로 충효교육과 예절교육을 가르치는 등 현대에도 공간활용이 잘 되고 있다. 도포와 망건을 쓰고 절을 배우고, 붓글씨를 써보며, 다식을 만들어 차와 함께 마셔보는 다도 시간을 갖는 등 다양한 전통 교육이 이뤄진다. 마당에서는 전통놀이 체험도 행하고 있다.

양지 향교는 용인 최초로 근대 교육도 이뤄져 대성전에서 찍은 졸업 사진이 오늘날까지 전해지고 있다.

PART9

용인을 대표하는
용인8경

용인을 대표하는 여덟 곳의 아름다운 자연 경관이 있다. 용인 8경이다. 용인 땅에 아름답고 유서 깊은 곳이 8곳만 있는 것은 아닐 것이다. 용인 8경 선정위원들의 고심이 컸을 것으로 짐작된다. 8경은 중국 송나라시대 양자강 유역의 아름다운 경관을 그린 소상팔경도에서 유래한다.

역사적 유래라든가, 경관의 수려함 등을 골고루 고려해서 선정한 용인 8경은 홍보가 잘 되지 않아서인지 그 존재조차 모르는 시민이 많다. 용인은 아름다운 고장이다. 그중에도 으뜸으로 치는 것이 8경이라 틈내어 찾아 나섰다.

용인 제1경, 성산(석성산)일출

가을, 성산에 오르는 길이 울긋불긋 단풍으로 장관이다. 가을산에 오르는 것은 단풍을 보기 위함이다. 설악산 흘림골의 울긋불긋 화려한 가을을 본 사람에게 성산의 단풍은 단조롭겠지만 나에겐 가장 정겹고 부담 없는 소박한 아름다움이다. 성산의 가을 풍경은 둔탁하고 과묵하게 붓 칠한 수묵화와 닮아 좋다.

동백지구가 조성되고 용인시청에서 오르는 등산로가 새로 만들어지면서 성산은 수많은 시민들로 북적인다. 산길이 닳고 달았다는 표현이 어울릴 정도로 수많은 발길이 오갔음을 느낄 수 있다.

새해 첫 일출을 성산에서 보았던 기억이 있다. 깜깜한 새벽 하얀 입김을 토하며 성산에 올라 떠오르는 새해 첫 해를 바라보면서 소원을 빌었다. 성산 봉우리가 발 딛을 틈 없이 시민들로 가득한 가운데 "복 많이 받고 대박 나라"는 덕담을 나눴다. 장엄하게, 황홀하게 떠오르는 일출을 보면 왜 용인 제1경에 꼽혔는지 설명이 필요 없다. 혼자 맞이하는 새해가 아니어서 그런지 더욱 들뜨고 행복한 해맞이였다. 두 팔 벌려 햇살을 가득 안고서 행복해 했던 기억이 생생하다. 일출을 보고 하산하는 발걸음이 경쾌했고 마음도 상쾌했다. 올라갈 때는 칠흑의 어둠에 묻혀 있던 천지사방이 밝은 햇살 속에서 마치 한해를 예견해주듯 희망차게 빛나던 기분 좋았던 기억이 난다.

용인 제2경, 어비낙조

용인의 진짜 모습을 모르고 8경을 정한다는 것은 다분히 주관적이다. 어비리 근처에 살지 않으면서 어찌 호수가 무심하게 삼키는 처연하리만큼 아름다운 일몰을 느낄 수 있을까. 용인의 곳곳을 손금처럼 꿰고 있지 않다면 어비낙조의 장관(壯觀)을 느낄 수 있을까. 이동면 어비리 저수지는 웬만한 강보다 넓어 보인다. 어비리 저수지는 물안개가 아름답기로도 널리 알려졌다. 어비리 저수지 옆 동도사 뜰에서 낙조를 바라보는 광경은 특히 일품이다.

용인 제3경, 곱등고개와 용담조망

용인송담대학교를 지나 좌회전, 원삼 백암 방면으로 직진하면 경안천 상류로부터 흘러내리는 아름다운 하천을 조망하며 드라이브를 즐길 수 있다. 한참을 달리면 곱등고개가 시작되는데 고개 초입 좌측으로는 와우정사가 있다. 동남아 관광객을 실은 수 십대의 버스가 연일 들락거리는 대형 사찰이고, 세계 최대의 누워있는 부처가 있어서 유명한 곳이다. 이곳에는 세계적인 불상들이 다양하게 모셔져 있어서 마치 불상 박물관 같다. 용인시에서 불상박물관을 조성하면 좋겠다는 생각을 해본다.

계속 고개를 오르다보면 마치 대관령 고개를 넘는 것 같은 착각이 들기도 한다. 고개를 넘으면서 내려다보이는 주변 경관이 빼어나다. 곱등고개에는 임꺽정이 나타났다는 설화가 있고, 석유 비축기지가 있는 해시리 마을 옆에는 호랑이가 출몰했다고 해서 호동이라는 지명도 존재한다.

곱등고개 정상 부위에 서면 원삼면 뜰이 한눈에 내려다보인다. 용담 저수지와 넓은 논이 한폭의 수채화처럼 펼쳐진다. 장관이다. 나에게 용인 일경을 꼽으라면 곱등고개에서 바라보는 풍경을 꼽을 것이다. 기름진 들판이 풍요롭다. 쌀밥이 귀했던 시절, 누런 들판을 보는 것만큼 아름다운 풍경이 있었을까. 해질녘 집집마다 피어오르는 밥 짓는 연기만큼 가슴 푸근한 아름다움이 또 있을까. 용담 저수지는 원삼면 일대의 너른 뜰에 풍부한 농업용수를 공급한다. 원삼 뜰에서 용인의 명품 백옥 쌀이 생산된다. 어려운 시절을 살았던 기억 때문인지 풍요로운 가을들판이 여전히 정겹고 아름답다.

용인 제4경, 광교산 적설

광교산은 용인의 수지구와 수원의 장안구에 걸쳐 있는 해발 582m의 수려한 산이다. 광교산은 백운산, 바라산을 거쳐 서울 청계산까지 이어진다. 광교산은 용인시민은 물론 수원 시민의 허파와도 같은 산이다. 광교산은 한남정맥의 최고봉이기도 하다.

광교산 적설은 이미 수원 8경에도 들어 있어서 용인8경에 넣어야 하는 지에 대해 고민이 컸다고 한다. 광교산 적설을 경험해본 사람이라면 그 순백의 아름다움에 감탄한다. 완만한 산세를 따라 조성된 등산로는 세계에서 가장 안전한 등산로라 해도 과언이 아니다. 근래에는 눈이 귀해서 광교산 적설을 보기 어렵다. 등산이 일상화된 사람들은 수지성당이나, 수원 경기대에서 출발, 청계산까지 종주산행을 하기도 한다.

어렸을 적 해질 무렵, 친구들과 광교산을 올랐던 기억이 새롭다. 예전에는 이상기후가 없어 겨울눈이 적지 않게 내렸다. 눈이 수북이 쌓인 광교산에서 산토끼를 잡던 기억이 주마등처럼 떠오른다.

용인 제5경, 선유대 사계

조선시대 용인지역 선비들이 즐겨 찾아 시를 읊고 풍류를 즐겼던 아름다운 선유대. 현대인들은 옛 선조들만치 멋과 낭만이 덜한 느낌도 든다. 선유대의 유래를 잘 살려내 현대의 시인들이 모여 멋진 시를 낭송하면서 살아있는 선유대로 만들면 얼마나 좋을까 하는 마음이 든다. 경관 가운데 정자를 짓고 시를 읊었던 선유대는 신선들이 놀던 곳이라고 전해지는 이름만큼이나 아름답다.

용인 제6경, 조비산

　백암을 지나다보면 들판 가운데 뾰족하게 우뚝 솟은 산이 한눈에 들어온다. 마치 새가 나는 모습이라고 해서 조비산이라는 이름이 붙여졌을 것이라고 추측하는 사람들이 많다.

　조비산에는 여러 가지 유래가 전해지고 있다. 태조 이성계가 한양에 도읍을 정하면서 삼각산 자리에 산이 없자 아름다운 산을 옮겨오는 사람에게 큰 상을 내리겠노라고 말한다. 한 장수가 조비산을 들고 서울로 향하는데, 이미 삼각산이 와 있다는 소식을 듣고는 분을 못 이겨 조비산을 내려놓고 한양을 향해 방귀를 뀌었다.

　이 소식을 전해들은 조정에서는 조비산의 이름을 폐해 조폐산이라고 이름하고 역적산이라고 했다. 원래 우리나라 산의 머리는 한양을 향하고 있는데 조비산은 등을 돌려 머리를 남쪽으로 향하고 있어서 역적산이라고 불렸다는 이야기가 전해지지만, 1970년대에 규석을 캐기 위해 머리 부분을 훼손해버렸다. 동국여지지 죽산편에는 "현 북쪽 15리에 한 봉우리가 솟아 돌을 이고 있는데 산이 높고 가팔라서 기이해 보인다"고 적고 있다. 동국여지승람에는 "한 봉우리가 솟아 돌을 이고 있는데 돌구멍에서 흰 뱀이 나와 여름 장마철이 되면 천민에게 해가 되고 있다"고 적고 있다. 많은 재밌는 이야기를 간직하고 있는 조비산에 요즘은 암벽 등반가들이 종종 찾는다.

용인 제7경, 비파담만풍

"동창이 밝았느냐 노고지리 우지진다/ 소치는 아이는 상기 아니 일었느냐/ 재 너머 사래긴 밭을 언제 갈려 하나니"

조선 숙종 때 영의정을 지낸 약천 남구만 선생이 낙향해 살면서 정자를 짓고 비파를 타고 유유자적 했던 모현면 갈담리. 의령남씨 문중과 연세 지긋한 동네 주민들은 옛날에 이 곳을 흐르는 경안천이 비파 모양처럼 한쪽이 불룩 휘어진 모습으로 흘렀다고 하니 경안천이 흐르는 모양이 마치 비파를 닮아 비파담이라고 불렸던 것 같다. 천변을 거닐어보니 마치 시인이라도 된 듯 시심이 일어날 정도로 가을 운치가 고요히 멋스럽다. 경안천 건너편으로 너른 바위가 보인다.

300여년전 남구만 선생이 그곳에 올라 앉아 비파를 타고 시를 읊지는 않았는지 궁금하다. 남구만은 소론의 영수로서 정치가이면서도 문장과 서화(書畵)

에 능했다. 강릉으로 유배를 간 지 1년여 만에 유배 생활을 마치고 용인으로 낙향(樂鄕), 모현에 머물면서 목가적 시조를 지어 오늘날 온 국민이 애송하게 했으니 정치가이기 전에 시인 남구만의 서정(抒情)이 아름답다.

용인 제8경, 가실벚꽃

가실벚꽃은 에버랜드에 있다. 에버랜드가 곧 가실벚꽃이다. 백문이불여일견, 용인8경 중 가장 유명한 곳이고 육안으로 볼 수 있는 밤하늘의 별만큼이나 많은 사람이 다녀간 곳이 가실벚꽃이다.

용인시 처인구 포곡읍 향수산 자락에 터 잡은 에버랜드는 45만평의 널따란 놀이공원으로 아시아의 디즈니랜드에 비유될 만큼 지명도가 높다. 2015년 한 해 885만7천명이 다녀갔다. 누적 관람객은 2억명을 훌쩍 넘겨 3억명을 향하고 있다. 대한민국 국민의 대부분이 한두 번 이상 에버랜드는 구경했을 것이다. 삼성그룹의 창업자 고(故) 호암(湖巖) 이병철 회장이 1976년 4월17일 '용인자연농원'으로 개장하였다. 1996년 에버랜드로 개명하여 지금에 이르렀다.

에버랜드는 과거 전대리, 가실리를 삼성에서 전부 사들여 조성한 것이다. 가실벚꽃길은 가실리에 자리잡은 호암미술관 앞 호수를 둘러싼 벚꽃길이다. 4

월 중순이면 50년 이상 된 왕 벚꽃나무, 능수 벚꽃나무, 산 벚꽃나무 등 1만여 그루에 흐드러지게 핀 갖가지 벚꽃이 장관이다. 왕 벚꽃이 가장 먼저 개화하고 산 벚꽃이 가장 늦게 핀다. 진해, 여의도 등 국내의 유명벚꽃단지보다 개화기간이 긴 것도 가실벚꽃의 자랑거리다. 마성톨게이트에서 에버랜드 정문까지 구불구불 2.2km에 펼쳐진 벚꽃길도 아름답다.

가실 벚꽃을 즐기고 호암미술관에 들러 호암이 생전에 심혈을 기울여 수집한 국보급, 보물급 서화와 도자기를 감상하면 금상첨화이다. 호암미술관은 불국사를 본떠 건축한 것으로 보이는데 앞마당에 정교한 모조 다보탑이 있어 흥미롭다. 참고로 용인시 소재 문화재분포를 보면 국보 4점, 보물 41점, 도 기념물 13점인데 호암미술관이 소장하고 있는 국보와 보물이 포함되어서다.

그동안 용인지역의 많은 곳을 방문했지만

주마간산 건성건성 들렀다는 사실에 후회가 밀려왔다

이제는 천천히 돌아보기로 했다

EPILOGUE

에필로그

한국민속촌 문화재관리청에서 관리해야

나는 시의회 시절부터 한국민속촌을 국가에서 사들여 문화재 관리청이 관리해야 한다고 생각해왔다. 민속촌은 1974년 개장되었다. 경기도 용인시 기흥구 상갈동 민속촌로 90번지, 약 30 여만평의 부지에 세워졌다. 한국민속촌은 역사 드라마의 단골 촬영지로 전 국민에게 친숙하고 대한민국 국민 대다수가 한번쯤은 다녀간 곳이다.

조선시대, 북부지방, 중부지방, 남부지방의 전통가옥과 관아, 저자거리를 사실적으로 재현한 한국 민속촌은 뜻있는 개인에 의해 세워졌다.

박정희 대통령 시절 새마을 운동이 대대적으로 벌어지면서 수 천년 동안 이어온 한민족의 주거 형태인 초가집이 헐리고 지붕개량이 시작되었다. 슬레이트 지붕으로 개량하는 사업과 마을길을 시멘트로 포장하는 것이 새마을 운동의 핵심이었다. 새마을 운동의 와중에 헐려진 전통가옥의 자재를 모아 세운 것이 민속촌이다. 민속촌은 지자체와 방송국에서 세운 세트장과 다르다. 민속촌을 구성하고 있는 건물 하나하나가 실존했던 것이고 거의 완벽하게 전통양식으로 재현된 것이다. 민속촌은 대히트를 쳤고 용인은 물론 경기도를 대표하는 랜드마크가 되었다.

민속촌 주변에 경기도 박물관을 비롯한 여러 문화시설이 있다. 민속촌을 문화재 관리청에서 사들여 국가 소유로 하고 용인시가 위탁관리 한다면 수십년 후 한국의 전통가옥을 대표하는 문화유산이 될 것이라는 게 필자의 생각이다. 수원 화성의 역사는 2백년이 조금 넘었다. 민속촌을 구성하고 있는 건축물의 들보, 기둥, 서까래, 기와 중 2백년이 넘는 것도 많을 것이다.

민속촌을 중심으로 한국의 전통 문화를 길이 보전하고 후세에 전할 역사 특별구를 지정했으면 한다. 민속촌이 문화재청 소유가 되면 놀이시설 등 어울리지 않는 시설을 철거하고 고증에 의거, 더 다양한 조선시대 건축물을 지을 수 있는 공간이 확보된다. 민속촌 주변 공유지와 사유지를 매입하여 전통 숙박시설을 조성한다면 많은 관광객들이 보다 여유를 갖고 관광을 즐길 수 있다. 경기도, 수원시, 성남시, 용인시가 뜻을 모은다면 적당한 곳에 전통숙박시설을 넉넉하게 조성하여 테마관광지로 발전시켜 나갈 수 있다. 관광과 외식은 미래 산업이다. 용인시가 중장기적인 계획을 세워 잘 추진했으면 좋겠다.

중국 윈난성(雲南省)에 다녀온 지인에게 들은 이야기이다. 중국은 문화혁명(文化革命)의 소용돌이 속에 공자묘(孔林)를 파헤칠 정도로 전통유적을 파괴했는데 그후 모두 복원하여 관광자원과 역사교육의 체험장으로 활용하고 있다고 한다. 지인은 쓰촨성(四川省)을 거쳐 윈난성 차마고도를 여행했는데 리장에서 이틀을 머물렀다고 했다. 리장은 한때 대리국 나시족의 수도였던 곳으로 큰 규모를 자랑하는데 이 유적을 완벽하게 복원하고 숙박시설로 개조하였다고 했다. 대리국은 윈난성 일대에 937년 건국되어 약 3백여년간 존속된 왕조이다.

리장시 고성 구시가지는 1996년 대지진으로 크게 파손되었으나 복원되어 이듬해 세계문화유산에 지정되었다. 고성 구시가지 주요 유적지를 제외하고는 대부분 고대건축양식의 숙박, 관광시설로 유지되고 있다고 한다. 세계각국에서 모여든 수많은 여행객들을 보며 중국의 저력을 뼈저리게 느꼈다고 한다.

사드(THAAD)문제로 한중관계가 소원해지면서 유커(중국관광객)의 방한이 급감하여 관광유통업계가 아우성이다. 사드문제가 해소되면 중국관광객들이 다시 늘겠지만 정작 이들이 찾는 곳은 면세점이 전부라 해도 과언이 아니다. 내가 생각해도 우리의 관광산업은 근시안적이고 주먹구구식이다. 외국인 여행객이 와서 한국의 전통과 음식문화를 제대로 경험할 수 있는 관광인프라와 여행프로그램을 제대로 갖춰야 한다고 생각한다.

정몽주의 묘역부터 저헌 이석형 묘소에 들러

방계 후손의 한사람으로 추모 드리는 것이 좋을 듯 싶었다

일주에 한두 곳도 가고 바쁘면 한주 건너뛰기도 했다

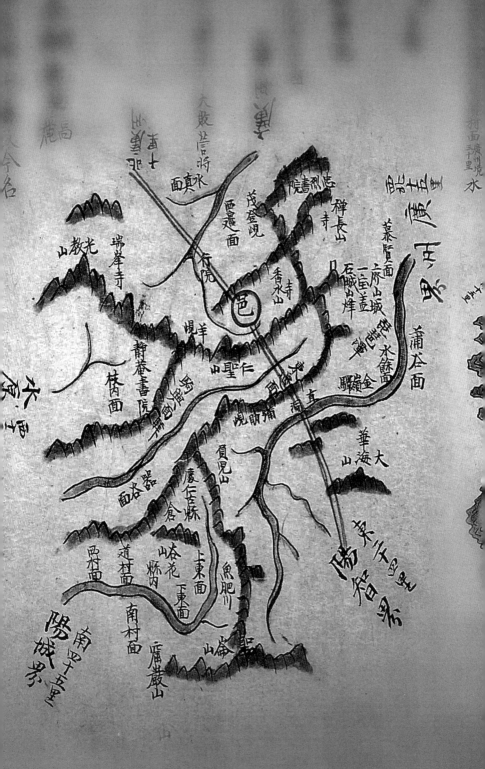

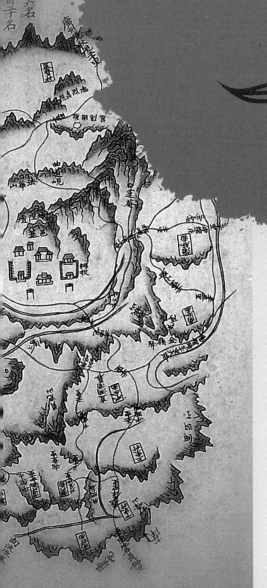

OLD MAP

용인 고지도

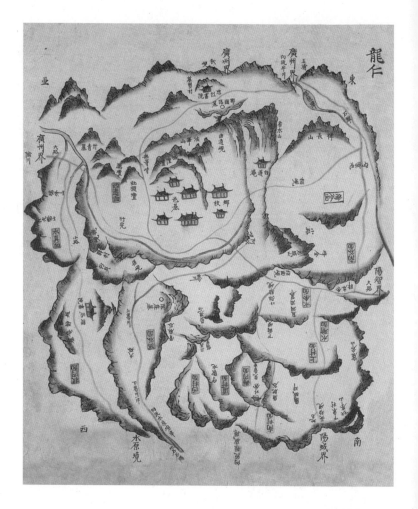

용인-해동여지도　　　　　　　　　　　1735년 · 31×37cm · 국립중앙도서관

해동여지도에 수록된 지도. 용인현의 관할 행정구역, 강줄기 등이 자세하며, 도로와 역이 잘 그
려져 있다. 향교와 관아, 서원 등이 잘 표기되었고, 십청묘(十淸墓), 음애묘(陰崖墓) 등의 위치를
표시하였다.

용인현–광여도　　　　　　1767~1776년 · 41×32cm · 서울대학교 규장각

광여도라는 지도책 속에 수록된 지도. 강줄기는 자세한데 도로 표시가 없다. 묘도식으로 산맥을 그렸으며 직동 주막을 표시하였다.

용인현–경기도지도　　　　　　　　　　　　18세기 중엽 · 국립중앙박물관

경기도 지도책 속에 수록된 용인현지도. 충렬서원 앞에 정몽주 묘를, 심곡서원 앞에 조광조 묘를 표시하였고 주막도 그려져 있다. 산맥을 푸른색으로 표시한 것이 특이하다.

용인현−여지도　　18세기 중엽 · 15.4×19cm · 서울대학교 규장각

여지도라는 전국의 지도책 속에 수록된 지도. 강줄기는 있으나 도로 표시는 없고 다만 대로, 중로, 소로라고 구분하여 일일이 표시하였다. 정몽주의 묘, 심곡서원과 조광조 묘를 표시하였고, 음애 묘과 십청헌 묘도 기록하였다.

용인현–해동지도 1750년대 · 30.0×47.5cm · 서울대학교 규장각

신맥, 강줄기, 도로 등이 잘 그려져 있고, 지도 상·하단에 지리지적 사항들을 자세히 기록하였다. 정몽주와 조광조의 서원이 있고, 십청헌과 음애의 묘소가 표시되어 있다.

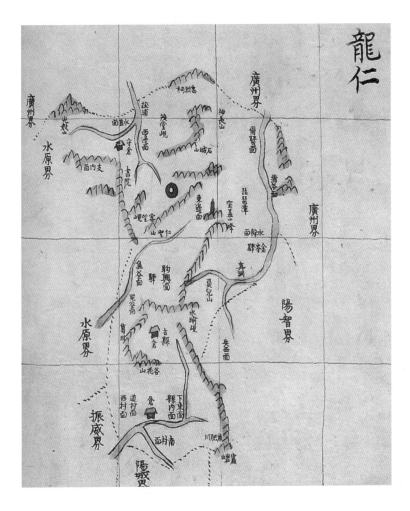

용인-해동여지도

1800년 · 18.0×25.0cm · 국립중앙도서관

경위표선식으로 제작된 해동여지도 속에 수록된 지도. 관할 면과 강줄기 도로 등이 잘 그려졌고 봉수터를 표시 하였다. 김정호의 청구도와 제작 기법이 비슷하다.

용인　　　　　　　　　　　18세기 후반 · 41×32cm · 정신문화연구원

방안도법에 의하여 제작하였기 때문에 정확성을 띠고 있다. 행정구역 중심으로 그렸으며 충렬
사만 표시하고 심곡서원이나 십청헌묘 등은 기록되어 있지 않다.

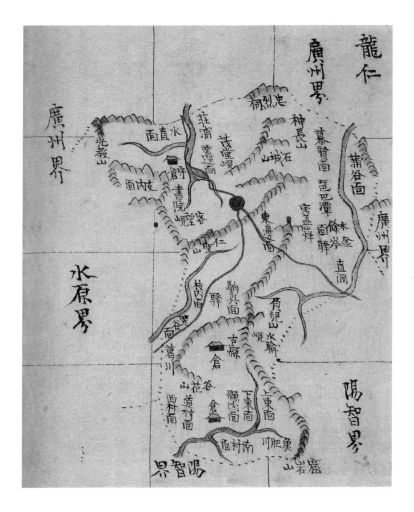

용인-팔도지도 1785~1800년 · 12×12cm · 국립중앙도서관

방안도법에 의해 전문 화공(畵工)이 그렸기 때문에 정교하다. 관할 면(面)의 명칭과 위치, 산과
하천, 도로 등이 잘 기록되었다. 충렬서원은 충렬사로 표시 되었지만 심곡서원은 표시가 없다.
보개산 봉수터를 그렸다.

용인-팔도 군현지도　　　　　1760년 · 37.8×49.8cm · 서울대학교 규장각

팔도군현 지도책 속에 수록된 지도. 방안도법에 의하여 그렸기 때문에 용인현의 크기, 면의 위치,
산의 위치, 창고와 봉수의 위치 등이 정확하다.

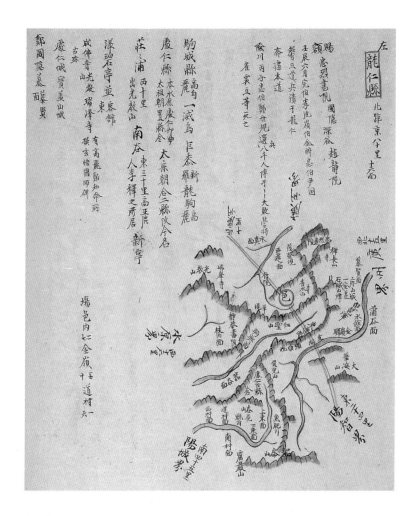

용인현–동국여도   1800년 · 고려대학교 박물관

지도를 개략적으로 그렸기 때문에 소략하고 지도 상단에 지리지적 요소를 적었다. 사액서원으로 충렬서원과 심곡서원이 있다고 적었는데 지도에는 심곡서원이라고 적지 않고 정암서원이라고 하였다. 강줄기는 자세한데 도로는 대로만 두줄로 그렸다.

용인　　　　　　　　1871년 · 79×118cm · 서울대학교 규장각

지도에 동서남북 방향을 표시하고 북쪽을 위쪽으로 하였다. 도로망이 소상하게 잘 그려졌고, 주막도 자세히 표시하였다. 각 관할 면의 명칭과 초경 · 종경을 기록하였으며, 특히 사창을 그리고 읍치로부터 얼마가량 떨어져 있는가를 일일이 기록하였다.

양지현 관내도

1880년대 · 서울대학교 규장각

양지군 읍지에 게재되어 있으며, 현(縣)내의 중앙지점에서 원근법을 사용치 않고 좌우를 살펴 그린 지도이다.

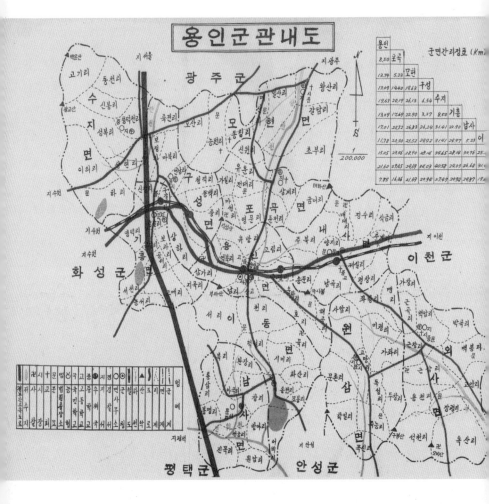

용인 관내도

1970년대 · 이인영 전 용인문화원장 제공

1970년대 경부고속도로가 개통된 후 용인군 관내도를 손으로 직접 그린 지도다. 공직사회에서
제작했을 것으로 추정되며, 관공서를 비롯한 '리계'까지 세세히 기록하고 있다.

용인관내도
2012년

용인시의 지도는 불과 20여년 만에 확 바뀌었다. 인구 100만 시대를 바라보는 수도권의 중핵도
시로 발돋움하고 있다.

참고자료

용인문화원, 용인역사문화지도, 2015

용인시, 쉽고 흥미로운 용인의 문화유산, 2015

용인시, 용인학, 2017

김주홍, '산성 이후 남겨진 관방, 석성산 봉수', 용인 관방유적 보존과 활용방안 학술포럼, 2016

노병식, '처인성의 축조양상과 경영의 시간적 변화', 용인 관방유적 보존과 활용방안 학술포럼, 2016

용인시, 용인처인성 홍보관 건립계획, 2015

용인향토문화연구회, 처인성의 역사와 문화, 2011

용인불교전통문화보존회, 승장 김윤후와 처인성 항쟁, 2017

한국문화유산연구원, 용인할미산성 발굴조사 성과와 보존 활용방안, 2015

용인시, (재)한백문화재연구원, '용인 서봉사지' 학술대회, 2016

한국실학학회, 아주대학교인문과학연구소, '서파 유희와 사주당이씨의 학문세계', 2016

용인시, 이사주당기념사업회, '이사주당의 생애와 학문세계', 2017

용인학연구소, 반계 유형원 실학사상 학술대회 발표 논문집, 2017

최인호, 유림, 2005

용인시청 https://www.yongin.go.kr

용인문화원 http://www.ycc50.org/

디지털용인문화대전 http://yongin.grandculture.net

위키피디아 백과사전 https://ko.wikipedia.org

한국민족문화대백과 http://encykorea.aks.ac.kr/

용인, 역사에서 길을 찾다

초판 1쇄 | 2018년 1월 20일
지 은 이 | 이우현
펴 낸 이 | 김종경
감　　수 | 이인영(전 용인문화원장)
　　　　　 이석순(전 수지농협 조합장)
편집디자인 | 코애드
출력 · 인쇄 | 올인피앤비
펴 낸 곳 | 북앤스토리
경기도 용인시 처인구 지삼로 590 (삼가동186-1)
전화 031-336-8585 팩스 031-336-3132
이 메 일 | iyongin@nate.com
등　　록 | 2010년 7월 13일 · 신고번호 2010-8호
ISBN | 979-11-962799-0-5
값 18,000원

이 도서의 국립중앙도서관 출판예정도서목록(CIP)은
서지정보유통지원시스템 홈페이지(http://seoji.nl.go.kr)와
국가자료공동목록시스템(http://www.nl.go.kr/kolisnet)에서
이용하실 수 있습니다.
(CIP제어번호 : CIP2018000964)